中国海洋大学一流大学建设专项经费资助

教育部人文社科重点研究基地中国海洋大学

海洋发展研究院资助

教育部人文社会科学研究规划基金资助

（14YJA810008）

本书为教育部人文社会科学研究规划基金：

"生态文明建设中的沿海滩涂使用与补偿制度研究"

（14YJA810008） 的资助成果

中国海洋大学一流大学建设专项经费资助
教育部人文社科重点研究基地中国海洋大学海洋发展研究院资助
教育部人文社会科学研究规划基金资助（14YJA810008）

生态文明建设中的沿海滩涂使用与补偿制度研究

王　刚◎著

ON THE DEVELOPMENT AND
COMPENSATION INSTITUTIONS OF
TIDAL FLAT IN THE CONSTRUCTION OF
ECOLOGICAL CIVILIZATION

中国社会科学出版社

图书在版编目（CIP）数据

生态文明建设中的沿海滩涂使用与补偿制度研究／王刚著 . —北京：
中国社会科学出版社，2017.10
ISBN 978 - 7 - 5203 - 0475 - 7

Ⅰ.①生…　Ⅱ.①王…　Ⅲ.①海涂资源 – 生态环境保护 – 研究 – 中国
Ⅳ.①P748

中国版本图书馆 CIP 数据核字（2017）第 124148 号

出 版 人	赵剑英
责任编辑	任　明
责任校对	闫　萃
责任印制	李寡寡

出　　版	中国社会科学出版社
社　　址	北京鼓楼西大街甲 158 号
邮　　编	100720
网　　址	http：//www. csspw. cn
发 行 部	010 - 84083685
门 市 部	010 - 84029450
经　　销	新华书店及其他书店

印刷装订	北京市兴怀印刷厂
版　　次	2017 年 10 月第 1 版
印　　次	2017 年 10 月第 1 次印刷

开　　本	710 × 1000　1/16
印　　张	17.5
插　　页	2
字　　数	252 千字
定　　价	75.00 元

凡购买中国社会科学出版社图书，如有质量问题请与本社营销中心联系调换
电话：010 - 84083683

前　言

随着沿海经济的发展，大量人口向沿海一线转移，这使沿海区域面临发展空间不足、资源匮乏等问题。为了解决上述问题，沿海区域开始大规模开发沿海滩涂，大量的沿海滩涂被改造成农业耕地、城市建设用地以及渔业养殖场所，这造成了大量的沿海滩涂被侵占。除了人为侵占滩涂之外，由于海平面上升、海浪冲击等自然原因，也使大量的沿海滩涂被侵蚀。然而，沿海滩涂不仅仅具有土地价值和资源价值，它还具有非常重要的生态价值。首先，沿海滩涂具有调节气候的生态价值。海洋、湿地和森林被称为"地球之肾"，是调节地球生态系统最为重要的三大系统。沿海滩涂融合了海洋与湿地的双重属性，是非常重要的全球气候调节系统之一。其次，沿海滩涂还具有保有生物多样性的生态价值。生物多样性对于人类的生存和发展具有极其重要的作用，人类所需要的粮食和药物，都要依赖于生物多样性基因库。如果全球的生物多样性不复存在，农业作物的基因将得不到及时改良，人类将面临农业减产和大饥荒的威胁。人类医治疾病的药物也将失去来源，一旦出现新的疾病，人类将无法找到医治药物。全球的生物多样性集中在森林、湿地、海洋等区域。其中，沿海滩涂又是保有生物多样性最为重要的区域之一。再次，沿海滩涂还具有净化环境、剔除海岸污染的生态价值。沿海滩涂可以吸附排放在海水、陆地上的一些重金属和污油，从而实现沿海环境的净化和改良。

毫无疑问，我们在开发和使用沿海滩涂时，需要实现其经济开发与生态保护的平衡。但遗憾的是，我们当前的沿海滩涂开发与管理并没有在此方面构建良好的制度与法律规制。当沿海区域单纯注重沿海滩涂的资源价值而忽视其生态价值时，过度无序开发、侵占沿海滩涂的行为就会愈演愈烈，从而造成了一系列的环境和社会问题。沿海滩涂面积被大量侵占，生物多样性降低，污染严重。目前，我国有关沿海滩涂的管理和法律法规，更有利于沿海滩涂的资源开发，而非生态保护。因此，要实现沿海滩涂经济开发与生态保护的平衡，需要从生态文明建设的高度，对我国目前沿海滩涂使用与补偿制度进行系统性、创新性研究。笔者希望通过本书的写作，能在沿海滩涂经济开发与生态保护的平衡上，贡献自己的学术智慧，对沿海滩涂的性质定位、管理体制、调控手段、补偿制度以及政府责任等进行系统的研究，从而化解当前沿海滩涂不当开发所衍生的一系列问题。鉴于笔者对"生态文明"的见解（详见第一章），沿海滩涂的保有是建设生态文明的重要组成部分。

不可否认，学界在此方面已经进行了相关研究，这些相关研究成为本书进一步深入探讨的基础。由于沿海滩涂的特性以及区域位置，有关沿海滩涂的研究，其关键词也不尽相同。概括而言，"海岸带""滨海湿地"等核心概念都指向了沿海滩涂的研究，只是不同的概念使用，体现了研究者不同的侧重点。尤其是"滨海湿地"的研究，构成了沿海滩涂相关研究的一个重要领域。诚然，"滨海湿地"与"沿海滩涂"处于何种关系，何以一部分研究者倾向于"湿地"，而另一部分研究者则更愿意用"滩涂"，笔者在第二章中对此作了分析与探讨。对于热衷这一领域的研究者而言，我们乐见学界在此方面的积极探讨与深入研究，不管是基于"滨海湿地"，抑或"沿海滩涂"。

本书内容共分为九章，可以分为三个部分：第一章、第二章与第三章是第一部分，主要从理论基础、滩涂概念、现实状况等角度，明确本书的研究主题"沿海滩涂"，从而为下一步的研究奠定基础。第四章、第五章、第六章、第七章与第八章为第二部分，分别从管理体制、性质定位、调整手段、"零净损失"与功能区划、补偿制度等各个方面，展开与沿海滩涂使用与补偿制度的研究。第二部分为本书的核心内容。第九章为第三部分，主要从政府责任的角度，去探讨实现第二部分所研究的使用与补偿制度。

任何的研究者都具有提炼、抽象自己的研究成果，并将之泛化的学术抱负，笔者也不例外。笔者希望自己的研究成果，不仅能够完善沿海滩涂的使用与补偿制度，而且还能对海岸带管理及保护的研究、湿地管理及保护的研究，有所启发。更为根本地，希望本书的研究，对生态文明研究的一些基本范畴做出学术贡献，从而促进我国的生态文明建设。

王刚

2017 年 5 月写于青岛中国海洋大学崂山校区五子顶侧

目　　录

第一章 生态文明的思想渊源、理论内涵 与实现路径

第一节 生态文明的渊源回溯及文献评述

国内大部分的研究者认为，"生态文明"是一个发轫于中国的概念，其概念的提出要早于西方，为中国的学者所创造和阐释。[①] 学界公认生态学家叶谦吉于 1984 年（也有资料认为是 1987 年）首次提出"生态文明"概念，并且学界主流将这一概念的英文表述翻译为"Ecological Civilization"。如果接受学界的这种英文表达方式，那么西方的"生态文明"概念的确要迟于中国。在西方学界，美国莫里森（Morrison）出版的《生态民主》（*Ecological Democracy*）一书，首次提出"Ecological Civilization"概念，并将其作为继工业文明之后一种新的文明形式。[②] 尽管莫里森并没有对生态文明做出明确的界定，但这依然可以看作是西方学界有关生态文明概念的滥觞。

实际上，不管是西方学界，抑或是国内学界，其对生态文明的建构和探讨，都离不开现实政治的支持和社会的需求。尽管从概念的角度，生态文明发轫于中国，但是对这一问题的关切，西方依然走在前列。继蕾切尔·卡逊《寂静的春天》以及梅多斯《增长的极限》问

---

① 北京大学的陈尚志教授对此持不同的观点，认为生态文明这个词是从国外传入中国的。具体参见陈尚志《论生态文明、全球化与人的发展》，《北京大学学报》（哲学社会科学版）2010 年第 1 期。

② Morrison, P., *Ecological Democracy*. Boston：South End Press, 1995：p. 281.

世之后，有关环境问题引起了西方社会乃至国际社会的关切。在随后的 30 余年中，联合国发挥了举足轻重的作用。1972 年，联合国在瑞典的斯德哥尔摩召开人类环境会议，发表了《人类环境宣言》，从而将全球环境问题呈现在世人面前。1987 年，联合国环境与发展委员会又发行了《我们共同的未来》。进入 20 世纪 90 年代，联合国在巴西的里约热内卢召开了"环境与发展大会"，大会产生了三个原则性文件，《里约环境与发展宣言》《21 世纪议程》与《有关森林保护原则的声明》，并将两项国际公约《气候变化框架公约》和《生物多样性公约》开放签署。里约环境大会对全球环境保护产生了深远的影响，它不仅设定了全球生态环境保护的规程，而且将生态环境保护的理念贯穿到世界各国，也包括中国。

经过 20 世纪八九十年代联合国在全球环境问题上不遗余力的推介，以及我国改革开放中经济发展模式对环境造成的问题逐渐凸显，我国政府开始逐渐意识到解决环境问题的重要性。与学界所提出的"生态文明"概念相呼应，早在 2002 年党的十六大报告中，就开始显现出"生态"的重要性。尽管当时党及政府的文件中还没有完整的生态文明概念，但是其提出的"生态良好"作为可持续发展一部分的要求，昭示着我国政府在官方文件中开始尝试一些新的生态环境保护概念和理念。2005 年，在中央人口资源环境工作座谈会上，时任总书记的胡锦涛首次接纳了"生态文明"，并作为一个重要的政府使用概念。这次大会对"生态文明"的肯定和运用，使"生态文明"在 21 世纪初终于从一个单纯的学术概念实现华丽转身，被政府所吸纳和接受。这种官方表述接受学界概念的事例，在我国并不多见，从中可以窥见我国政府对生态文明概念的认可以及对解决现实环境问题的急切心态。

2007 年党的十七大报告进一步提升了"生态文明"的地位。其提出的把建设生态文明列为全面建设小康社会目标之一、作为一项战略任务确定下来，提出要基本形成节约能源资源和保护生态环境的产业结构、增长方式、消费模式，推动全社会牢固树立生态文明观念。2009 年 9 月，党的十七届四中全会把生态文明建设提升到与经济建设、政治建设、文化建设、社会建设并列的战略高度，作为中国特色社会主义事业总体布局的有机组成部分。2010 年 10 月，党的十七届五中全会提出要把"绿色发展，建设资源节约型、环境友好型社会"，"提高生态文明水平"作为"十二五"时期的重要战略任务。2011 年 3 月，我国"十二五"规划纲要明确指出面对日趋强化的资源环境约束，必须增强危机意识，树立绿色、低碳发展理念，以节能减排为重点，健全激励与约束机制，加快构建资源节约、环境友好的生产方式和消费模式，增强可持续发展能力，提高生态文明水平。2012 年 7 月 23 日，胡锦涛在省部级主要领导干部专题研讨班上指出，必须把生态文明建设的理念、原则、目标等深刻融入和全面贯穿到我国经济、政治、文化、社会建设的各方面和全过程，坚持节约资源和保护环境的基本国策，着力推进绿色发展、循环发展、低碳发展。

经过十七大 5 年来的阐释和推介，"生态文明"开始深入人心。2012 年 11 月 8 日，胡锦涛总书记在十八大报告中提出，建设生态文明，是关系人民福祉、关乎民族未来的长远大计。面对资源约束趋紧、环境污染严重、生态系统退化的严峻形势，必须树立尊重自然、顺应自然、保护自然的生态文明理念，把生态文明建设放在突出地位，融入经济建设、政治建设、文化建设、社会建设各方面和全过程，努力建设美丽中国，实现中华民族永续发展。党的十八大报告表明，生态文明已经不仅成为一个重要和获得普遍认可的概念，而且生态文明建设也上升为国家意志和战略的高度。十八大报告对生态文明概念的使用和推广进入一个更为普遍和频繁的程度。

与政府文件高频率使用"生态文明"相伴随，我国学界对生态文明研究也报有极大的热忱，相关研究成果层出不穷。申曙光是我国较早对生态文明进行阐述和展开论述的研究者之一，其在 1994 年，相继发表了《生态文明：现代社会发展的新文明》[1]《生态文明及其理

---

[1]　申曙光：《生态文明：现代社会发展的新文明》，《学术月刊》1994 年第 9 期。

论与现实基础》①《生态文明构想》② 等文章。尽管这一时期对生态文明的论述，更多地停留在阐发与提倡的阶段，但是对于 21 世纪以来生态文明概念和理念的快速接受依然有着不可忽视的"启蒙"作用。近十年来，有关生态文明的研究呈现"勃发"状态，大量的论著、学术论文对此展开论述。纵览生态文明的研究进程，其研究的主旨与贡献集中在如下三个方面。

其一，注重探讨生态文明理念与我国现有文明建设的契合。例如，俞可平教授的《科学发展观与生态文明》一文，指出生态文明与物质文明、政治文明、精神文明建设是一个有机的整体，③ 从而试图回答生态文明与人们更为耳熟能详的物质文明等概念的关系。而王宏斌从更为宏观的社会制度角度去探讨生态文明与社会主义的关系，④ 代表了一批学者试图实现生态文明与其他文明理论、社会制度理论的逻辑自洽。其二，注重分析生态文明的内涵，并试图给予一个较为学理性的概念界定。例如，王洪波从学理考辨角度去追溯生态文明的源流，并指出生态文明源于人与自然的矛盾。⑤ 其他的不少研究者都尝试直接给予生态文明内涵一个明确的界定，很多年轻的研究者都在方面进行了尝试，王玉玲、⑥ 李良美、⑦ 张首先⑧等直接以阐述生态文明内涵为文章标题。这方面的研究成果不在少数。其三，注重从理论建构的角度去探究生态文明的涵盖内容。余谋昌认为生态文明是人类文明的新形态，并从环境哲学、环境伦理学、循环经济等方面较为翔实

---

① 申曙光：《生态文明及其理论与现实基础》，《北京大学学报》（哲学社会科学版）1994 年第 3 期。

② 申曙光：《生态文明构想》，《求索》1994 年第 2 期。

③ 俞可平：《科学发展观与生态文明》，《马克思主义与现实》2005 年第 4 期。

④ 王宏斌：《生态文明与社会主义》，中央编译出版社 2011 年版。

⑤ 王洪波：《生态文明：是什么与做什么》，《学习与探索》2005 年第 3 期。

⑥ 王玉玲：《生态文明的背景、内涵及实现途径》，《经济与社会发展》2008 年第 9 期。

⑦ 李良美：《生态文明的科学内涵及其理论意义》，《毛泽东邓小平理论研究》2005 年第 2 期。

⑧ 张首先：《生态文明：内涵、结构及基本特性》，《山西师范大学学报》（社会科学版）2010 年第 1 期。

地阐发生态文明的新形态、新形式。①

　　学界在生态文明方面的研究，契合了国家的现实需要与政治话语诉求，两者形成相互激发的状态。但是这种激发状态，仅仅是一种共同认可的概念的共鸣，缺少对生态文明本质属性的层次追问。上述研究成果表明，学界试图去回答"生态文明是什么"的问题，但是其回答，要么只是从直观和表层方面去辨析生态文明不同于工业文明，是一种新的文明形态，要么太过于学究气，试图从学理源流和学科架构的角度去搭建生态文明理论框架，反而没有对生态文明方面一些更为深层的东西进行追索与探究：大量的相关文献，依然没有洞悉生态文明的本质属性是什么。换言之，我们对生态文明的认知与界定，缺乏像"工业文明""资本主义"那样深邃和明晰的界定维度。而没有洞悉生态文明本质属性的任何概念界定、理论框架搭建，都将是"空中楼阁"，无法使生态文明获得更多和更为久远的认同。要获知生态文明的本质属性，最为重要的是需要进行两个方面的辨析和区别：生态文明与工业文明的本质区别是什么？难道仅仅是对自然生态环境认知的不同吗？如果是这样，那生态文明与生态良好的渔猎文明有何本质区别呢？笔者在对生态文明进行学理阐释之前，试图对渔猎文明、工业文明进行特质提炼，从而为生态文明的本质属性挖掘建立参照物和比照依据。②

第二节　前生态文明：渔猎文明、工业文明的特质提炼

　　要探究生态文明的本质属性，需要从其与渔猎文明、工业文明的对比中挖掘。这种基本的分析思路为学界所认可，其践行者也并不在

---

　　①　余谋昌：《生态文明：人类文明的新形态》，《长白学刊》2007 年第 2 期；余谋昌：《生态文明论》，中央编译出版社 2010 年版，第 74—165 页。

　　②　王刚：《生态文明：渊源回溯、学理阐释与现实塑造》，《福建师范大学学报》（哲学社会科学版）2017 年第 4 期。

少数，只是各自分析进路和切入的角度存在差异。例如龚天平、何为芳从人性基础的角度去辨析三者之间的关系，认为渔猎文明时期是自然人，工业文明时期是经济人，而生态文明时代则是生态—文化人。[①] 李玉杰、季芳等人则从人与自然关系的角度辨析，认为渔猎文明时期人与自然的关系是协调状态，工业文明时期人与自然的关系是对立状态。而生态文明时期人与自然的关系是和谐状态。[②] 不同的分析进路和分析视角的确可以让我们更为全面地认知生态文明，从而"构建"出生态文明的全新图景。但是按照马克思的理论，一个社会形态和文明的根本特征和标志是生产力的发展层次，其他的方面都是建立在适应生产力的基础上。而生产力的本质在于获取资源的能力。因此，笔者将从获取资源的角度去提炼渔猎文明、工业文明的本质特性，从而达到辨析生态文明本质的目的。

一　渔猎文明：保有但没有能力大规模获取自然资源的文明形态

在生态文明的研究视域中，人类的文明阶段可以划分为渔猎文明、农业文明、工业文明和生态文明。但实际上，"生态文明"的诉求缘起人们对工业文明的反思和否定，工业文明是辨析生态文明最为重要的一个阶段，因此，对工业文明之前的文明形态进行更为细致的划分，并没有太多的必要。基于上述理由以及篇幅所限，笔者将工业文明之前的渔猎文明和农业文明合并论述，所论述的渔猎文明，囊括了其他研究者所谓的渔猎文明和农业文明。

在生态环境保护者的话语体系及描述中，工业文明之前的渔猎文明，是一派田园牧歌式的场景。这种纯美的自然环境描绘甚至让当代很多对工业生产深恶痛绝者心向往之，以至于成为生态文明的蓝图描

---

① 龚天平、何为芳：《生态—文化人：生态文明的人学基础》，《郑州大学学报》（社会科学版）2013 年第 1 期。

② 李玉杰、季芳等：《文明史视域人与自然关系演化的三部曲》，《东北师大学报》（哲学社会科学版）2012 年第 6 期。

述。毋庸讳言，渔猎文明时期的自然与人类之间，是一种和谐共处的状态。人类生活在原始自然的包围之中，最低程度地从自然获取自己所需要的资源。人类起源于荒野，对荒野尤其是翠绿茂盛的森林、草原的向往，可能已经根植于基因深处。因此，当大片的森林被高耸的烟筒和水泥大厦取代时，我们对原始自然环境的渴望越发强烈。但实际上，如果时光能够倒流，回归渔猎文明的时代，相信我们见到那个时代的人们，一定会为我们的想法而惊叹不已。他们更渴望我们现在拥有的生活。就如同在20世纪70年代的斯德哥尔摩大会上，很多发展中国家对保护生态环境的不屑和无法理解，环境保护被认为是一种"富贵病"，是发达国家的矫揉造作，以至于有的发展中国家代表表示"让我在污染中死去吧"。想想看，连近在咫尺（不到半个世纪）的人们都有这种想法，何况千年之前的人类。

显然，我们美化了渔猎文明。尽管环境优美，生态良好，但是真实的渔猎文明时期的社会状态，远不是我们人类优质生活的目标和追求。那么，真实的渔猎文明是一种什么状态呢？

（一）渔猎文明时期的自然资源极大丰富，但是人类面临的危险也无处不在

渔猎文明所对应的原始社会、封建社会，人类人口稀有，数量有限，大部分的自然是一种原始自然，而非有着人类烙印的人类自然。自然资源以自己独有的新陈代谢规律运转，其间尽管也可能由于火山爆发、泥石流等自然灾害而引发大范围的生态环境危机，但是由于这些大事件的发生频率较低，发生间隔的时间较长，自然界本身都能加以修复，从而难以撼动自然界本身的生态平衡。诚然，与自然资源极大丰富相伴随的，是人类生存的危险无处不在。渔猎文明时期，有着丰富供人类猎杀的野生鹿群，但是也到处是可以置人于死地的大批虎狼；有着丰茂的可供采摘的植被浆果，但是也随处可见嗜血的虫蚊；有着大量的天然药材，但是也瘟疫横行。一言以蔽之，渔猎文明时期，一方面是自然资源的极大丰富，人们从来不用考虑资源的"可再生"与"不可再生"的问题；另一方面，人类在各个方面又都经受着生存的考验和危险。渔猎文明时期的人们，对自然及其资源的认知

和我们相去甚远，他们并不喜欢纯粹的自然，更喜欢人文化的自然。以至于约阿希姆·拉德卡认为，今天的我们也并不是真正喜欢真实的自然。他认为我们眼中的环境从来都不是"原始的自然"。关于"原始的自然"的模式只是一个幻境，是对童真崇拜的产物。①

（二）渔猎文明时期，人类无法有效获取大量自然资源，将自然资源转化为适合人类利用和使用资源的能力有限

尽管渔猎文明时期存在大量可供人类使用的自然资源，但是人类无法将其大规模转化为适合人类使用的财富。这种局限贯穿于渔猎文明的始终，其后工业文明的发轫，从某种程度上而言，就是人类渴求快速转化自然资源的彰显。不管是渔猎文明前期的刀耕火种，抑或是后期农业的人力犁耕，都是人类转化能力有限的一种表现。在面对大量可供人类享受但是无力转化的状况下，当时的人类形成两种截然不同的哲学观和价值观：一种是改变人类自身的心理预期，建立清心寡欲式的身体诉求，转而去追求精神上的富足。当时形成的宗教大部分具有这种特性，佛教尤为突出和具有代表性。另一种是力图提升人类的转化能力，将大量的自然资源转化为自己能够驾驭的财富和资源。但是这种转化能力极其有限，发展也相当缓慢，整个渔猎文明期间，人类对大自然资源的转化能力还处于相当原始的状态。人们对自然资源的转化，不仅数量和规模不能和后来的工业文明相提并论，而且其转化也更多地建立在与自然融洽的基础上。例如人类所建造的房屋，更多地采用草木（尤以中国为甚）来建构，一旦废弃，也会很自然地被自然风化，而融入自然环境；人类所排放的生活废弃物，也很容易被大自然腐蚀和转化，从而被生活在周边的植物和动物所消耗，不会造成今天的环境污染。甚至可以说，在渔猎文明时期就没有环境污染。今天，我们将环境污染定义为环境发生了对人类不利的变化：通过能源结构、辐射水平、物理和化学组成，以及大量有机物的变化，

---

① ［德］约阿希姆·拉德卡：《自然与权力：世界环境史》，王国豫等译，河北大学出版社 2004 年版，第 4 页。

对环境带来直接或间接的影响。① 在渔猎文明时期，人类还无法通过能源结构、辐射水平、物理和化学组成以及大量有机物的变化，对环境带来非常显著的影响。但是这种状态，随着工业文明的到来，一切都改变了。

二 工业文明：单纯追求获取自然资源能力的文明形态

由于在渔猎文明中，人类面临大量的自然资源，但是苦于无法大规模有效汲取，因此如何提升自己的资源获取和转化能力就成为工业文明发轫的动机。这种状况延续到工业文明，使人们更看重转化自然资源的能力，而非自然资源本身。从社会生产力的衡量标准而言，工业文明是一种单纯追求获取自然资源能力的文明形态。这种文明形态以及所建立的价值衡量体系，其内容具体可以概括为如下四个方面。

（一）工业文明社会发达的衡量标准是具有快速转化自然资源的能力，而非保有大量自然资源的数量

鉴于渔猎文明社会中人类苦于对自然资源转化能力的不足，在面对自然资源时无法有效转化为可供人类享用的"财富"，进入工业文明社会后，人类将提升快速转化自然资源能力作为社会文明程度和发达程度的一个标准。从某种程度上而言，工业文明区别于渔猎文明的最为典型的标志就是其建立了人类快速创造财富的手段和能力。从形式而言，工业文明的标签是人们建立了四通八达的高速交通网络，高耸入云的摩天大楼，一天 24 小时可以运转的工厂，无时无刻不在川流不息的车流与人流。这种场景彰显了工业文明发达的创造能力和转化自然资源的能力。从本质上而言，工业文明是一种追求提升资源转化能力和创造能力的社会文明。衡量一个国家、地区乃至企业组织文明程度的标准，就是依据其是否有着发达的"生产"能力，而生产无非就是将原材料（自然资源）转化为产品（直接满足人类需求的物品）。因此，工业文明社会的国家实力，更多地表现为拥有大量快速伐木的设备和组织，而非拥有大量可供伐木的森林；更多地表现为

---

① ［美］劳伦特·霍奇斯：《环境污染》，商务印书馆 1981 年版，第 9 页。

拥有大量出产钢铁的钢厂，而非拥有大量可供开采的铁矿石；拥有经过改造可供大量游人旅游的海滩沙滩，而非大量原生态的无法涉足的沿海滩涂；养殖拥有可供人们大量宰杀的牛群和鸡群，而非具有生物多样性的自然物种群落。从某种程度上看，工业文明社会并不喜欢原生态的自然。对于自然，工业文明也总是试图加以改造，以便于人类可以快速汲取自然资源。在生态文明诞生之前，渔猎文明与工业文明的天然区别，就在于后者具有了快速和强大的改造自然资源的能力。

（二）突出资源的价值须包含人类劳动，或者满足人的效用性

工业文明单纯追求获取自然资源能力的特性，直接影响到人类的财富观。例如在马克思政治经济学的论述和论断中，认为只有包含了人类劳动的物品才拥有价值，而且其价值的高低与人类赋予其中的劳动大小成正比。相反，没有包含人类劳动的物品则不具有价值，也就不是财富。这种包含人类劳动的价值观使人们更看重对资源的"人为"性，即体现了人对自然资源的改造、改良，最低程度也需要渗透人类活动的痕迹。

这种以人类劳动或者活动为特性的财富观，不仅仅局限于马克思政治经济学中，西方经济学中对财富的认知几乎也遵循着这样的思路。西方经济学衡量财富的一个重要工具是GDP。如果采用支出法的话，GDP的计算公式为GDP＝消费＋投资＋政府购买＋净出口。这种财富计算和衡量标准是否科学一直受到人们的质疑。例如按照这种计算标准，只有消费了某种物品的行为才能纳入财富增长的范畴。试想一个厨师，如果他在饭店中烹饪了一顿100元的比萨，并将其卖给了顾客，那么他就创造了100元的GDP，或者称之为创造了100元的财富；但是如果他在家里给自己的家人同样烹饪了100元的比萨，被他的家人大快朵颐，则没有纳入GDP的计算范畴，在西方经济学的范畴中就没有创造财富增长。这种对待同样劳动行为不同财富观的计算思路，一度让很多人诧异乃至怀疑。实际上，西方经济学的这种财富计算方式，是当代人财富观的一种反应。为何厨师只有在饭店中被客人消费了的比萨才能构成GDP，而在家庭中被家人消费了的比萨不能构成GDP呢？表面的理由是后者如果纳入计算的话会造成重复计算，但是实质上是因为前者构成了"交换"。从某种程度上而言，"交换"是迄今为止人类最为伟大的

发明，它使人类可以保值财富以及增值财富。交换之所以可以保值财富以及增值财富，是因为它可以让物品更好地满足我们的效用。一个拥有了 10000 斤白菜的人，如果只能消费和享受 1000 斤白菜，而放任其他的 9000 斤白菜腐烂，那么他拥有的只有 1000 斤白菜的财富，而非 10000 斤。剩余的 9000 斤白菜不管是对他而言还是对整个社会而言，都不是财富；相反，它如果将其剩余的 9000 斤白菜交换出去，去满足其他人饥饿的效用，那么剩余的 9000 斤就转化为财富。从这个意义上而言，不管是白菜、大米，抑或衣服、房屋等各种物品，都不是财富，只有满足我们效用后才能被我们认可为财富。因此，财富的本质不是具体有型的物品，而是能够满足我的效用。

这种突出资源须满足我们效用的财富观，使工业文明极尽挖掘乃至"创造"我们的效用。对于工业文明而言，自然资源如果没有纳入满足我们效用的范畴内，那么便不是财富，也就不具有价值了。

（三）建立个人能力的社会快速扩容机制，从而使能人以及富人成为更多资源的拥有者

工业文明使人类的能力大幅提升，在面对自然时更具有信心和手段。当我们面对成片的摩天大楼，我们总会惊叹人类建设高度的壮观；当我们乘坐飞机遨游天空，甚至将人送上月球、太空，我们总会惊叹人类科技的长足发展。纵观当今世界，人类的足迹几乎已经遍布地球，作为整个人类群体而言，我们几乎无所不能。工业文明使人类的能力提升到了一个前所未有的高度。但是从另一个方面，作为人类的个体，我们在工业文明时代的能力并不比在渔猎文明时期高明很多，对于很多人而言，甚至可能意味着能力退化。当代的很多人，在独处荒野时，都无法生存；即使在社会生活中，很多的困难都难以靠自己解决，而需要求助他人或者其他的组织机构。

因此，工业文明在能力方面，形成了两种截然相反的视野：作为人类整体，我们的能力提升无与伦比，甚至在日新月异地拓展；而作为人类个体，我们的能力在不断退化，难以独自生存，甚至难以在人类社会中解决一些基本的生活问题。为何会形成如此强烈的对比呢？一个根本的原因在于工业文明建立了一种个人能力的快速扩容社会机制，从而将

某些非凡的个人能力快速被社会吸纳，从而转化为整个人类社会的能力。例如在"天才"瓦特发明出蒸汽机后，人类将瓦特的这种能力吸纳从而转化为人类的整体能力。而且随着工业文明的不断进步，人类建立的这种快速扩容社会机制，对某些人非凡能力的吸纳速度越来越快，广度越来越深。瓦特发明蒸汽机的能力扩容，人类社会经过了一百多年；而今天乔布斯对智能手机的发明，人类社会在很短的时间内遍布全球。因此，当今人类能力的非凡提升，在于我们将其中某些天才人物的能力快速吸纳并为其他人所分享。在渔猎文明时期，也会有某些天才人物具有非凡的能力，但是社会没有建立这种快速吸纳机制，他们的天才能力在他们个人生命消逝后，也就随之陨落。

我们人类在建立这种个人能力的快速扩容社会机制，并享受这种天才人物的能力时（想想近年来我们对智能手机的享受和依赖），我们也给予了这些天才人物更多的回报。他们享受了更多的财富和资源，动辄几百亿甚至无法估量的市值回报，造就了大量地亿万富翁。能人以及所建立的大型企业、组织，急速地拓展了我们人类的能力，我们对他们回报的方式之一就是让他们成为富翁，获得了大量的金钱和资源。从某种程度上而言，工业文明时期，能人以及由此成为富人的这类人群，对人类的能力提升有着重要的贡献，从而也有权利和资格享受更多资源。

（四）国民经济的发展以自然资源没有价值为前提

鉴于渔猎文明时期，人类面对大量的自然资源，但是却苦于无法有效利用，因此，人类没有意识到原生态的自然资源的价值所在。这种认识在工业文明时期依然秉持，甚至更为强化。鉴于马克思政治经济学对价值的经典论述，在很长一段时间内，人们认为由于自然资源没有包含人类劳动，因而不具有价值。尽管这种认识随着社会经济的发展有所调整，但是依然存在着争议。例如有论者认为自然资源的价值需要根据不同的实际状况来决定。当自然资源极大丰富的时候，自然资源没有价值，但是当自然资源枯竭的时候，自然资源就具有了价值。[①] 有的论者

---

① 杨艳琳：《自然资源价值论——劳动价值论角度的解释及其意义》，《经济评论》2002 年第 1 期。

则对自然资源进一步分类，将其分为未经人类劳动加工开采的原生自然资源和经过人类劳动加工在原生自然资源基础上而形成的自然经济资源。其中，原生自然资源有价格、无价值；而且自然经济资源的价值具有二重性，一方面表现为有价格而无价值，另一方面可能表现为有价值又有价格。①

　　这种对自然资源价值观的否定，使工业文明时期的人们在面对自然资源时，更多地表现为无限索取。概括而言，在工业文明时期，人们形成了如下的自然资源价值观和行为：（1）自然资源无限，取之不尽用之不竭；（2）自然资源无价，可以无偿使用；（3）自然资源无主，可以谁采谁有。② 毫无疑问，这种自然资源价值观使人们在面对自然资源时，更多的是考虑如何将自然资源转化为符合人类需求的物品，而对于自然资源在整个自然生态中的价值和地位考虑不足。

　　（五）自然资源的开发利用更多的是对于当前人类可感知的需求的满足

　　从某种程度而言，人类对自然资源的开发和利用，都是基于对人类自身需求的满足。如果抛开了人类的衡量标准，"价值"便无从判断和锚定。但是人类需求的满足却是存在差异，而且人类的需求也不尽相同。马克思认为人类需求包括物质需求和精神需求，而美国管理学家马斯洛则将人类的需求划分为五个层次，并且指出呈现不断递增的规律。Alder 据此将其简化为生存需求、交往需求和发展需求。③ 不同的划分层次预示着人类的需求是多元的。但是在工业文明社会中，对自然资源的开发利用更多的是对于当前人类可感知的需求的满足。这一断定，蕴含着双重含义：一是对于当前需求的满足。从时间维度上而言，工业文明社会并不热心关注长远和未来需求的满足。"今朝有酒今朝醉"的运作规则贯穿整个社会。二是其更侧重满足对人类可感知的需求。可感知

---

　　① 陈征：《自然资源价值论》，《经济评论》2005 年第 1 期。
　　② 余谋昌：《生态文明论》，中央编译出版社 2010 年版，第 153 页。
　　③ Alder, C P., An Empirical Test of a New Theory of Human Needs. Organizational Behavior and Human Performance, 1969, (4): pp. 142 – 175.

的需求更多地表现物质的需求以及追求享乐的需求，"纸醉金迷"可能是非常贴切的文艺描述词语。尽管在渔猎社会，也存在"纸醉金迷"式的生活和需求满足状况，但是将这种生活方式推广到全社会并成为一种社会常态的，却是工业文明社会。人类不再接受宗教式的节俭美德和行为约束，更乐于及时满足自己当前感官式的需求。

第三节　生态文明的理论内涵

我们基于生产力标准，对渔猎文明和工业文明进行了特质提炼。按照这一标准，进一步的追问就是，工业文明的特质是什么？其具有的本质特性及内涵是什么？诚然，抛开生产力的考核标准，学界的很多研究已经在提炼生态文明的内涵和特性。借鉴学界既有的研究成果，比照前述渔猎文明和工业文明的特质，我们从生产力的标准，提炼了生态文明的如下特性。

一　生态文明是一种推崇自然环境与生态的社会文明

生态文明是一种推崇自然环境与生态的社会文明。具体而言，是指生态文明的社会文明程度并非以自然资源汲取能力为单纯衡量标准，具有这种能力但是还需要具有可供汲取的自然资源，才是一个社会高度文明的衡量标准。

工业文明对于快速转化资源能力的渴求，使它在转化自然资源时，无视对自然资源的保护，从而造成了大量自然资源的破坏和毁灭。这种状况使在工业文明初期的人们就深感不适。梅欧将其称为"进步的不适"，当原生态的流水夹道、树木掩映逐渐褪去，总是让人有一种灰暗的感觉。[①] 毋庸讳言，当工业文明对资源汲取能力无限追求并失去约束之时，也就是工业文明发展模式终结之时。生态文明作为医治工业文明社会问题的一种"后工业文明"，融合了渔猎文明

[①] ［美］E. 梅欧：《工业文明的社会问题》，费孝通译，商务印书馆1964年版，第18—19页。

与工业文明的一些固有特性，并进行了取舍。

如上所述，渔猎文明是一种拥有丰富自然资源但是汲取能力不足的社会文明。生态文明秉承了渔猎文明对生态环境与自然资源的敬畏，保有大量不表现为"财富"和不直接对人类产生使用价值的原生态环境和资源。这是生态文明区别于工业文明的显著标志之一。概括而言，渔猎文明具有两个特性：一是具有丰富的原生态自然资源和生态环境；二是没有大规模汲取和改造原生态自然资源的能力。生态文明秉承了其第一特性，但是摒弃了其第二个特性。相对而言，工业文明则是一种单纯追求获取自然资源能力的文明形态，它的社会追求价值和目标就是将自然界中的资源快速和大规模地转化为可供人类使用和消遣的产品。尽管如上所述，工业文明的特性可以细致地划分为五个方面，但概括而言，工业文明也具有两个特性：一是具有快速转化原生态自然资源的能力；二是并不追求保有大量原生态的自然资源和生态环境。生态文明秉承了工业文明的第一个特性，但是摒弃了其第二个特性。因此，从某种程度上而言，生态文明是融合了渔猎文明和工业文明的一部分特性，而又舍弃了另一部分特性。生态文明是一种保有原生态环境以及丰富的自然资源，具有强大的资源汲取能力，但是又谨慎使用或者限制使用这种能力的社会文明。

二　生态文明是一种利益共享的社会文明

生态文明是一种利益共享的社会文明，具体而言，是指在生态文明社会中，能人以及富人并不能依据对财富的巨大创造而享有以及挥霍自然资源，社会对他们的回报更多是基于精神和荣誉的。

工业文明社会的成功之处在于能够将某些天才人物的创造能力，快速转化为整个社会的创造能力，从而让整个社会都分享这种创新的红利。这也是工业社会快速发展的社会运行机制。诚然，工业文明社会也给予这些能力超群人物以极大的物质回报，其标志之一就是他们拥有天文数字的货币财富，从而可以掌控大量的资源。这种能力分享机制以及资源回报机制，使工业文明极易无视自然资源的保有，从而放纵能人以及富人的资源挥霍行为。无法否认的是，要激发天才人物的创造能力以及工作热情，需要建立一定的丰裕回报机制。但是如果这种回报只是局限于或者集中在物质资源的大肆占用上，则将引发重重社会问题：造成社会内部的分配不均，造成大量自然资源被集中在少数群体之中，造成自然资源的效用无法实现最大化，从而最终造成资源无限掠夺行为。实际上，工业文明的这种资源回报机制无以为继，生态文明必须改变这种回报机制。

生态文明需要秉承工业文明的这种创新扩容机制，从而让整个社会分享天才人物创造的红利。但是需要做出改进和区别的是，生态文明对能人以及富人的回报资源需要进行调整。社会对能人以及富人的回报更多的是精神上的而非物质上的。如果按照马斯洛的需求层次理论，物质以及自然资源对能人和富人的需求效应已经很低，他们更追求更高层次的自我实现。自我实现可以通过精神上荣誉的认可而实现。这对于整个社会而言，可以实现自然资源使用的最小化以及效用的最大化；而对于能人以及富人而言，荣誉可能是他们最渴望获的回报。因此，生态文明是一种利益共享的社会文明，能人以及富人的创新和劳动红利，不会如同工业文明社会那样为少数人带来巨大物质回报，能人以及富人并不能依据对财富的巨大创造而享有以及挥霍自然资源。社会对他们的回报更多是基于精神和荣誉的。诚然，如何改变以往工业文明的利益分配机制，而建立起新的生态文明荣誉分享机制，是一件并非容易的事情。但是改变这种分配格局，必须成为生态文明建设的重要内容和维度。

三　生态文明是一种对自然资源价值认可的社会文明

生态文明是一种对自然资源价值认可的社会文明，即在生态文明社会中，财富的衡量并非单纯依据人类劳动以及满足人类的自我需求，价值并非体现为单纯能够满足人类的需求。

不可否认，在面对极大丰富的自然资源以及人类获取自然资源能力有限的情况下，忽视自然资源的价值并不会引发太多的问题和矛盾。但是当自然资源面临枯竭，或者其再生能力不足以抵消人类对其巨大的汲取时，其问题就凸显出来。工业文明对自然资源的大肆挥霍和开采，均是建立在自然资源没有价值的基础上，因此，要改变工业文明的这种局面，重要的举措之一就是重新认识价值，赋予自然资源新的价值内涵。实际上，当代的一些经济学家已经意识到自然资源对人类的重要性，例如曼昆认为人均自然资源是决定生产率的一个重要因素。[①] 但是还远没有达到给自然资源赋值的高度。真正对自然资源价值观点产生冲击的是循环经济思想的诞生。美国经济学家鲍尔丁于1969 年出版了一部名为《一门科学——生态经济学》的著作，鲍尔丁在这部专著中第一次提出了"循环经济"（Circular Economy）这个概念。[②] 循环经济理论也被称为"宇宙飞船理论"，鲍尔丁认为飞船是一个孤立无援、与世隔绝的独立系统，靠不断消耗自身资源存在，最终将因资源耗尽而毁灭。而唯一能使飞船延长寿命的方法，就是实现飞船内的资源循环，尽可能少地排出废物。同理，地球经济系统如同一艘宇宙飞船，尽管地球资源系统大得多，地球的寿命也长得多，但是也只有实现对资源循环利用的循环经济，地球才得以长存。

　　鲍尔丁的循环经济学，以及"宇宙飞船理论"形象的比喻，为生态文明自然资源的价值认定和重新使用，提供了一种全新的视角。本书认同这一理论对自然资源的定位，但是认为生态文明的自然资源价值还不能仅仅满足于一种"循环利用"的程度，还需要推进到"禁止利用"或者"等待利用"的程度。"循环利用"依然没有摆脱工业文明对自然资源的那种无限开采的思路和模式，只是意味着使用周期的延长，还是需要将自然资源纳入人类的使用范畴之中而已。而生态文明并非一定要将自然资源都纳入人类文明社会的门槛之中，"禁止利用"或者"等待利用"自然资源，意味着人类社会并非一定要将所有的自然资源纳入我们既有的经济运行体系之中，在现有的自然资源已经足够满足人类社会的需求之后，大部分的自然资源都应该排斥在我们人类的使用之外。唯有现有的自然资源无法满足我们的需求

---

　　① ［美］曼昆：《经济学原理：宏观经济学分册》（第 5 版），梁小民译，北京大学出版社 2009 年版，第 52 页。

　　② 孟祥林：《循环经济：从发达国家的理论与实践论中国的发展选择》，《中国发展》2016 年第 2 期。

时，人类社会才可以依据一定的社会程序，启动对其他自然资源的开采和使用。而且没有纳入人类使用以及"循环使用"的自然资源，依然拥有价值，这种价值既包括可视和可感知的，例如对大量不允许捕捞而任由自然老去的海洋鱼群；也包括不可视和没有感觉到的，例如大量没有发现使用价值的物种的保有。

"禁止利用"或者"等待利用"自然资源，也意味着财富的衡量并非单纯依据人类劳动以及满足人类的自我需求，价值并非体现为单纯能够满足人类的需求。大量游离于以及保有于人类社会之外的自然资源，依然具有价值。对于一国而言，其财富的衡量并非如工业文明时期那样单纯体现为 GDP，拥有大量没有开采的森林和矿产，拥有大量禁止捕杀的鱼群、鹿群等，拥有大量不适合居住以及旅游的湿地、滩涂，都是其财富和富足的表现。诚然，按照这种价值衡量标准，一个 GDP 高度发达的国家，如果没有更多"闲置"的森林、湿地、鱼群，也不是一个真正富足的国家。

四　生态文明是一种对人类需求更为长远考虑的社会文明

生态文明是一种对人类需求更为长远考虑的社会文明，即生态文明的资源价值不仅仅是满足局部人类和当前人类，还要满足全体人类和未来人类。

生态文明对大量自然资源的"禁止利用"或者"等待利用"，其价值追求在于，生态文明是一种对人类需求更为长远考虑的社会文明，资源的价值不仅仅满足局部人类和当前人类，还要满足全体人类和未来人类。美国哲学家范伯格早在 1971 年的《动物与未来世代的权利》一文中明确提出了"后代人权利"，体现了对未来人权利的保护。这种思想也体现在伦理学界。在西方生态伦理学体系中，分为两大派系：一派是以人类为核心的"人类中心主义"，另一派则是将道德关怀扩展到动物、植物以及山川河流等各种自然存在物上的"自然中心主义"。自然中心主义伦理中，包括以黑迪为代表的"现代人类中心主义"、以帕斯莫尔和麦克斯基为代表的"开明人类中心主义"、以诺顿为代表的"弱势人类中心主义"、以辛格为代表的"动物解放主义"、以施韦兹为代表的"敬畏生命的伦理学"、以泰勒为代表的"尊重自然界的伦理学"以及以莱奥波尔德为代表的"大地伦理学"等。[①] 在这些众多的自然中心伦理学流派中，不管是妥协式的，抑或是激进式的，都反对以人类价值判断为唯一或者核心的衡量标准。

不管是"后代人权利"的提出和维护，抑或是"自然中心主义"生态伦理的提出，都体现了学者们对工业文明只追求当前人类局面需求满足的反抗和不满。它预示着我们如果希望进入一个生态文明的时代，就必须考虑我们未来人类的福祉。而"自然中心主义"看似偏执地站立在动物的立场上来看待自然价值，其实只是一种更为极端的保有人类生存环境的策略选择而已。生态文明相对于工业文明的进步之处，就在于它不仅仅是针对当前人类、局部人群效用的满足，更渴求更为长远的人类需求的满足。

第四节　生态文明的实现路径

当我们站立在生产力的角度，去剖析生态文明与渔猎文明、工业文明之间的差异，并从中提炼出生态文明的特性时，我们会追问：如何在现实中实现生态文明？工业文明已经如此"强大"，几乎控制了整个人类社会，要完全抛弃它既不现实，也不是明智。因此，从这个意义上而言，生态文明的现实，需要建立在对工业文明的修正和渐进取代上。依据我们提炼的生态文明的本质特性，我们构建了生态文明现实塑造的三大内容："限制、保有和共享"自然资源，从而达到生态环境与生态系统的保护。其中，"禁限制"体现在制度上，"保有"体现在空间上，而"共享"则体现在社会关系和理念上。

一　在制度上，建立自然资源的限制使用机制

经过了工业文明的发展，人类已经建立了自然资源绝对的汲取能

---

① 傅华：《生态伦理学探究》，华夏出版社 2002 年版，第 7—25 页。

力。从能力和技术的角度而言，我们无法实现倒退，即一旦人类获得了某种能力，就不可能再丢失掉。因此，如果我们希望保有强大的自然资源汲取能力，但同时又希望限制使用这种能力，就必须从制度上建构这种限制能力使用的机制。建立自然资源限制使用的制度及机制，是生态文明区别于渔猎文明和工业文明的根本之处：在能力上，生态文明拥有大规模汲取和使用自然资源的能力和实力；但是在制度上，它限制这种能力的使用，从而使人类与自然生态之间能够保证平衡。换言之，当自然界已经无法抗衡和限制人类这种对自然资源的汲取和利用能力时，人类自身必须建立这种约束机制。这种约束使用以及限制使用的制度，具体可以从以下几个方面入手和建立。

（一）改变工业文明时代自然资源没有价值的状态，建立自然资源估价和付费使用机制

工业文明之所以对自然资源大肆开发和无节制地使用，除了拥有强大的能力之外，一个重要的原因在于将自然资源视为"无主、无值"，从而具有了"公地悲剧"。哈丁在1968年就探讨了这种"公地悲剧"，他认为公地相对于私地，更会造成环境破坏，资源的过度掠夺。[①] 实际上，"公地悲剧"的根源之一在于"公地"对每一个人而言是没有价值的，不必去为获取付费。因此，建立自然资源的估价和付费使用机制，是建立生态文明限制使用机制的必然内容之一。实际上，这种估价和付费机制，我们已经开始尝试，例如"碳交易"制度的建立和推行，就是这一制度和机制的最好解释。可以预见，随着生态文明的推进，"碳交易"的资源使用付费和污染付费制度将在全社会展开。

（二）建立自然资源的生态补偿制度

自然资源的估价和付费使用，并非仅仅是针对资源本身的属性付费，更需要从生态系统维护的角度付费，即需要建立长期和有效的生态补偿制度。自然资源的生态补偿制度，意味着自然资源的价值和费

①　Garrett Hardin，"The Tragedy of the Commons"，Science，162（1968）：pp. 1243 – 1248.

用，可能是空间宽广和时间延长的。在空间上，生态补偿意味着资源使用者的付费对象群体可能不仅仅局限于自然资源所在区域的补偿，也会拓展到其他区域，甚至向全人类付费；在时间上，生态补偿不是一次性的，而是时间连续的。甚至当未来证明某次资源使用诱发和造成了大的自然灾害，资源的使用者也需要对这些自然灾害的损失付费。这将使资源的使用更为谨慎。

（三）细化自然资源的使用权责，将"生态属性"纳入使用权责体系之中

在渔猎文明以及工业文明，自然资源的使用权责中，更偏重其"资源属性"，即侧重自然资源所带来的资源使用价值，其价值也体现在促进人们生活以及生产的便利。具言之，对于森林，工业文明时期人们更看其提供木材的价值；对于海洋，更看重其提供鱼类的价值；对于滩涂，更看重其提供土地空间的价值。但实际上，大量可再生的具有高"资源属性"的自然资源，也同时具有高"生态属性"。森林不仅具有提供木材资源的价值，更具有调节气候的生态功能；海洋不仅具有提供鱼类资源的价值，也具有更为重要的稳定全球温度和气候的生态功能；滩涂不仅具有提供土地空间资源的价值，也具有生物多样性的生态价值。因此，在生态文明的制度建构中，需要对自然资源的使用权责进行细化，将其"生态属性"纳入使用权责体系之中，对"资源属性"的使用，不得损害其"生态属性"。并根据其"生态属性"的内容特性和多寡，决定其资源属性的可开发性和可使用性。

二　在空间上，建立自然资源的保有区域

生态文明的建设，除了制度上的"禁止使用"之外，另一个重要举措就是在物理空间上需要建立生态文明的保有区域。保有区域的存在，在物理形态上，保障生态文明的可视、可观和可触。

（一）建立和完善自然保护区

建立和完善自然保护区是这一内容的重要举措之一。目前，自然保护区制度已经在世界各国建立和展开。特别是从 20 世纪 70 年代以来，自然保护区的数量呈现几何倍数的增长。尤其在联合国教科文组

织（UN ESCO）提出的生物圈保护区概念以及后来制定的塞维利亚纲要之后，自然保护区的理念有了革新性的变化。[①] 尽管如此，自然保护区的制度依然不完善，在我国表现为管理体制不顺，没有实现可持续管理。[②] 因此，要达到生态文明的高度，自然保护区还需要进一步完善和升级。在物理形态上，首先，在数量和面积上自然保护区还需要进一步扩展，其占据的面积甚至可以超越人类占据的面积；其次，在空间分布上，自然保护区需要更具广泛性，而并非现在集中在人口稀疏的"偏远"地区，在繁荣的大都市周围如果必要，也可以建立。除此之外，自然保护区制度的完善也是其推进生态文明的重要内容，需要从法律制度、财政支持、执法保障等各个方面进行完善甚至重塑。

（二）建立森林、滩涂等相关生态属性较强的保有区域

自然保护区的建立，是生态文明的一个重要举措，但是在空间上单纯依靠自然保护区，依然难以实现生态文明物理形态的随处可见。因此另一个重要的举措就是建立一些具有高"生态属性"的区域。概括而言，建立森林、湿地、滩涂、草地等是非常明显的具有高"生态属性"的区域。可能这些森林、湿地、滩涂以及草地无法达到设立自然保护区的标准，但是社会需要建立它们的"生存档案"，保障全球、全国以及地区性的此类区域数量和面积的平衡。生态属性较强区域的保有，要防止其开发资源的冲动，也要避免将其改变为耕地以提供更多人口粮食的冲动。与以往的生存困境不同，现在人类的生态足迹已经遍布地球的各个角落。[③] 从某种程度上而言，这些区域的保有，不仅仅是生态文明的表现，也是人类避免生存危机的举措。在中国历代，中原地区经常发生的饥荒，一个重要的因素就是在耕地遭受灾荒后，民众没有可以替代的森林、湿地资源作为食物补充来源。未来的

---

① UN ESCO. Bio Sphere Reserves, the Sevil le Strategy & the Statutory Framework of the World Network ［Z］. 1999.

② 韩念勇：《中国自然保护区可持续管理政策研究》，《自然资源学报》2000 年第 3 期。

③ ［美］梅多斯等：《增长的极限》，李涛等译，机械工业出版社 2006 年版，第 263 页。

生物疾病可能更为严重，会导致全区域性、全国乃至全球的耕地粮食突然减产甚至消亡，这时候，大量天然的保有多种生物和资源的森林、湿地、滩涂等就成为人类生存延续的重要保障。

三　在社会关系和理念上，建立自然资源的共享法则

生态文明作为一种不同于渔猎文明、工业文明的新的文明形态，它的推行不仅仅体现在制度的创新和空间上的设立上，更需要理念上的革新。在前工业文明时期，人们对待自然资源形成了两种截然对立的价值观：当自然资源处于"荒野"状态时，它不属于任何人；但是当自然资源处于某一个人或组织的管控和改造中时，它就是属于这单一的人或组织。这种对待自然资源的使用法则是造成自然资源无序和滥用的滥觞。这种理念为一些学者所批评，徐祥民教授就将其概括为"有力者居之""有理者居之"的资源使用法则。而要实现生态环境的有效保护，需要建立生态文明"共享而后有之"的资源使用法则。而"共享而后有之"法则包含三大核心内容，即适应自然、整体优先和义务本位。①

不可否认，"共享而后有之"的自然资源使用法则的确为生态文明的理念变革提供了很好的方向。笔者认同这一理念，并认为生态文明时代，人类也已经具有足够的"财富"和能力去践行这种"共享而后有之"的自然资源使用法则。这就需要在社会关系和理念上，生态文明地建立自然资源的共享法则。在面对自然资源时，生态文明时代的人们需要改变以往对自然资源截然对立的价值观：每一个个体及组织面对处于的"荒野"自然资源时，不能认定其是无主的；每一个个体及组织在加工和改造自然资源时，不能认定其完全属于自己。质言之，生态文明时代的自然资源共享法则，需要限制随心所欲处置自然资源的冲动和能力。这与制度上的限制与空间上的保有，是一脉相承的。

---

① 徐祥民、张红杰：《生态文明时代的法理》，《南京大学法律评论》2010 年春季卷：第 25—40 页。

第二章　沿海滩涂的概念、特征与功能

第一节　沿海滩涂的概念

博登海默曾经说过，概念乃是解决法律问题所必需的工具。没有限定严格的专门概念，我们便不能清楚和理性地思考法律问题。[①] 这种论断同样适用于所有的问题与对象。对"沿海滩涂"的内涵和外延进行界定，关涉沿海滩涂保护对象的类型、范围和边界的明确，也是进行沿海滩涂有效管理的基础。我国目前有关沿海滩涂的立法尚未对沿海滩涂概念进行明确的界定。由于沿海滩涂概念不清或混乱造成实践中沿海滩涂管理与保护的缺位或错位现象很普遍。在管理实践中，部分沿海地方政府即使希望保护沿海滩涂，但是由于并不明确沿海滩涂的特征及边界，使沿海滩涂的保护边界存在模糊；相反，边界的模糊也使侵占沿海滩涂的行为难以及时发现和制止。

一　沿海滩涂的内涵

沿海滩涂（Shoaly Land；Tidal Flat）原为我国沿海渔民对淤泥质潮间带的俗称，其中英文本意是指称海陆交接一带的地域。但是随着人们对沿海滩涂认识的深入，其内涵和外延都发生一定程度的改变。目前人们对沿海滩涂的概念尚未达成共识，对沿海滩涂的法律性质认知也存在差异。沿海滩涂概念的分歧甚至使统计机构在进行我国沿海

---

① ［美］E. 博登海默：《法理学：法律哲学与法律方法》，邓正来译，中国政法大学出版社 2004 年版，第 504 页。

滩涂面积统计时数据相差甚大。海洋行政主管部门将滩涂界定为平均高潮线以下低潮线以上的海域，是属于海域（海洋）的范畴。国土资源管理部门则将沿海滩涂界定为沿海大潮高潮位与低潮位之间的潮浸地带，是属于土地的范畴。在学术界，对沿海滩涂的定义也存在着差异。大部分学者持狭义的定义方式。陈放等认为沿海滩涂仅指潮间带新沉积的滩地。李展平和张蕾将沿海滩涂界定为涨潮时被海水淹没而退潮时露出水面的地带，即潮间带。方如康在其主编的《环境学词典》一书中也持相同的观点，认为沿海滩涂即为海涂，是指涨潮时被水淹没、退潮时露出地面的泥沙或砂质的潮间平地（潮间带），为陆地和海洋的过渡地带。全国科学技术名词审定委员会所审定的沿海滩涂的概念是指沿海最高潮线与最低潮线之间底质为淤泥、沙砾或软泥的海岸区。① 彭建、王仰麟则认为沿海滩涂作为一个地域概念，有广义与狭义之分。学术的观点一般基于狭义，沿海滩涂只是潮间带（Tidal Zone）。而开发的观点一般基于广义，沿海滩涂不仅拥有全部潮间带，还包括潮上带和潮下带可供开发利用的部分。② 实际上，并非只有开发的观点基于广义，许多学者也是从广义的角度来界定沿海滩涂。杨宝国等人认为沿海滩涂的称谓等同于海洋海涂，并认为沿海滩涂主要是指淤泥质海岸的潮间带浅滩，广义的滩涂还包括部分未被开发的生长着一些低等植物的潮上带及低潮时仍难以出露的水下浅滩。③ 樊静等人将沿海滩涂分为潮上带、潮间带和潮下带，并且认为潮上带、潮间带的法律性质是土地，而潮下带的法律性质则是海域。④

---

① 具体参见陈放、马延祥《关于辽宁省海岸带、海涂开发战略的设想》，载张海峰主编《中国海洋经济研究》，海洋出版社 1982 年版，第 88—101 页；李展平、张蕾《城郊绿化与造景艺术》，中国林业出版社 2008 年版，第 7 页；方如康《环境学词典》，科学出版社 2003 年版，第 47 页。

② 具体参见彭建、王仰麟《我国沿海滩涂的研究》，《北京大学学报》（自然科学版）2000 年第 6 期；彭建、王仰麟《我国沿海滩涂景观生态初步研究》，《地理研究》2000 年第 3 期。持相同的态度的还有严恺，具体参见严恺《海岸工程》，海洋出版社 2002 年版。

③ 杨宝国、王颖等：《中国的海洋海涂资源》，《自然资源学报》1997 年第 4 期。

④ 樊静、解直凤：《沿海滩涂的物权制度研究》，《烟台大学学报》（哲学社会科学版）2006 年第 1 期。

国外学者对沿海滩涂的界定也存在差异。Short 和 Finkl 曾经对砂滩（Sandy Beach）的概念做出过粗略的界定。他们认为界定砂滩有三个标准：砂质、波浪和潮间带范围。砂滩的两个极端情况就是陡峭砂滩（reflective）和平坦砂滩（dissipative）。陡峭砂滩砂质粗糙，没有冲浪区，而平坦砂滩有更细的砂质沉积物和宽广的冲浪区。但是大部分的砂滩介于这两种砂滩之间。① Omar 等学者没有对滩涂做出专门的界定，但是从他们行文的字里行间可以窥探出他们对滩涂持一种广义的界定。如他们论述滩涂的生态系统时，就是从滩涂的潮间带（The intertidal areas of beaches）、潮上带（Supralittoral zones）、潮下带（Turbulent surf zone）三个方面分开论述的。② 显然，在 Omar 等人的观点中，"潮间带"只是"滩涂"的组成部分。当然，国外的一些法律对滩涂的界定持狭义的观点。例如澳大利亚《昆士兰州沿海保护与管理法（1995）》将沿海滩涂界定为"位于高潮线和低潮线之间的地带，即子午潮涨潮期被海水覆盖，退潮时能显露的区域"。③

尽管不同的学者或论者对沿海滩涂的概念做出了界定，但是其概念界定大都从列举外延的角度，而非概括内涵的角度进行。换言之，大部分"沿海滩涂"的概念并没有抽象出它的本质特征，只是概括出了沿海滩涂的外延范围。诚然，这种定义方式并非不可行。从概念内涵与外延清晰度的角度，在逻辑上可以将概念分为四类：第一类是内涵明确、外延封闭的概念，这类概念是最为精确的概念，但实际上这类概念并不多见；第二类是内涵明确、外延开放的概念，我们很难将这类概念的边沿对象做到有效归类；第三类是内涵模糊、外延封闭

---

① 具体参见 Short, A. D.（Ed.），. Handbook of Beach and Shoreface Morphodynamics. John Wiley, London, 1999, p. 379；Finkl, C. W., Coastal classification：systematic approaches to consider in the development of a comprehensive scheme. Journal of Coastal Research, 2004（20），pp. 166 – 213.

② Omar Defeo, Anton McLachlan, David S. Schoeman, Thomas A. Schlacher, Jenifer Dugan Alan Jones, Threats to sandy beach ecosystems：A review, Estuarine, Coastal and Shelf Science 2009（81）：pp. 1 – 12.

③ ［澳］罗伯特·凯、［加］杰奎琳·奥德：《海岸带规划与管理》，高健等译，上海财经大学出版社 2010 年版，第 7 页。

的概念，这类概念难以从内涵的角度进行定义，列举外延是最有效的方法；第四类是内涵模糊、外延开放的概念，这类概念最难以做出明确的定义。① 显然，"沿海滩涂"的概念绝不是属于第一类和第二类概念，模糊的内涵特征很难对其本质做出精确的概括。这种内涵的模糊性使人们对"沿海滩涂"的外延认识发生了差异。从学者们对沿海滩涂概念广义和狭义的划分上可以看出，人们对沿海滩涂的外延存在不同的意见。

显然，从概念外延的角度而言，海岸线中的潮间带属于沿海滩涂没有任何异议。争论的焦点则在于潮上带和潮下带是否属于滩涂的范畴。之所以存在这种争议，主要原因在于我们对于滩涂的本质特征还存在模糊之处。为何潮间带属于滩涂得到大家的公认？表面原因在于它具备了陆地与海洋的双重属性，时而为海洋，时而为陆地。但其实质在于它具有保护沿海生物的属性，具有进行沿海渔业养殖的属性，具有缓冲海洋力量冲击的属性。而很多潮间带和潮下带，并没有具备这些属性。如果定义者所观察的潮上带和潮下带具备了上述特征（当然，很少有滩涂同时具备这些特征，具备其中某一些或某一个特征的居多），很容易从广义的角度来定义沿海滩涂；相反，定义者所观察的潮上带和潮下带不具备上述特征，则会选择狭义的角度来定义沿海滩涂。从个人经验出发进行沿海滩涂的定义使其外延不同也就不足为奇。因此，单纯基于潮上与潮下的标准来界定滩涂难免存在争议。实际上，人们在使用"沿海滩涂"概念时不仅仅特指沿海一线的特定区域，也具有其他特定的属性界定。"原生态性，即自然性，相对于人类生活区域的荒芜性"是我们指称沿海滩涂时隐含的另一个特定属性。因此，沿海滩涂的本质特征是具有沿海生态特征，丧失了生态特征的沿海地域则不能再称为滩涂。从这个意义而言，杨宝国等人对沿海滩涂的定义最接近于其本质属性。一个在潮上区内的被改造为耕地的区域已经不具备滩涂的生态特征，因此就不能称为滩涂；一个在潮

---

① 雍琦：《法律逻辑学》，法律出版社2004年版，第48—50页；王刚、娄成武：《公共行政的定量推崇批判》，《中国地质大学学报》（社会科学版）2012年第3期。

上区内的被改造为工厂用地或者城市基础设施用地的区域，也不能再称为滩涂；一个潮下区内被改造为大型深水港的区域，也不能再称为滩涂。甚至被排干海水并阻止海水再次进入而进行了城市基础设施建设的潮间带也不能再称为沿海滩涂。因此，滩涂的本质特征除了具有海陆交界的地域特征之外，还具有可供沿海生物栖息的生态基础的特征。基于这样的认识，笔者将沿海滩涂定义为具有可供沿海生物生存、栖息和繁殖的生态物质基础的潮间带、潮上带和潮下带。[①] 其中，潮上带和潮间带滩面宽窄不一，从几十米至几千米不等，潮下带的边界是退潮时水深不超过 6 米。[②] 因此，沿海滩涂除了具有海陆交互的本质特征之外，提供沿海生物栖息的生态物质基础也是其另一个本质特征。在我国的沿海滩涂的海岸带构成中，潮上带占全部面积的37%，潮间带占7%，而潮下带占56%。[③]

　　实际上，在现实生活以及学术界，对沿海滩涂这一地域还存在多种称谓。"潮间带""海滩""潮滩""滩涂""海涂"等在某种程度上都指称这一地域。同中文一样，英文中也有多个概念指称沿海滩涂。除了 Shoaly Land 外，Tidal Flat，Beach，Intertidal Mudflat，Tidal Zone，Coastal Lagoons，Salt Marshes 等也表示这一含义。笔者对国外学者研究沿海滩涂的文献进行整理，发现国外学者所使用的 "沿海滩涂" 英文概念多达数十种（见表 2 – 1）。当然，西方学者在使用 "滩涂" 概念时，也会有所侧重。一般而言，当所研究的沿海滩涂是砂质或岩质时，会倾向于使用 "beach" 一词；当所研究的沿海滩涂是泥质时，会倾向于使用 "flat" 一词。

---

① 王刚：《沿海滩涂的概念界定》，《中国渔业经济》2013 年第 1 期。

② 对于沿海滩涂的潮下带下限，不少学者以及法规都将其定为 6 米。例如我国的《海洋环境保护法》第 95 条第 3 款就规定："滨海湿地，是指低潮时水深浅于六米的水域及其沿岸浸湿地带，包括水深不超过六米的永久性水域、潮间带（或洪泛地带）和沿海低地等。"当然，也有的统计数据和学者论述是采用水深不超过 10 米的标准。具体参见胡序威《中国海岸带社会经济》，海洋出版社 1992 年版。

③ 薛鸿超：《海岸及近海工程》，中国环境科学出版社 2003 年版，第 22 页。

表 2 - 1　　英文中使用的"沿海滩涂"概念及大致的中文翻译

英文	所对应的中文大致概念
Shoaly Land	滩涂
Tidal Flat	潮间带
Tidal Zone	潮间带
Mudflat	滩涂
Tidal mud flat	潮汐滩涂
Intertidal Mudflat	潮间带泥滩
Beach	海涂
Coastal Beach	沿海滩涂
Sandy Beach	砂滩
Shingle Beach	岩滩
Marine Beach	沿海滩涂
Coastal Lagoons	沿海泻湖（潟湖）
Salt Marshes	盐沼

　　与"沿海滩涂"相近的另一个（类）概念是"沿海湿地"或"滨海湿地"（Coastal wetlands），不少研究者在研究沿海滩涂时使用"滨海湿地"或"沿海湿地"这一称谓。这种使用原则更多的是从"湿地"（wetlands）的角度来认识和研究沿海滩涂。笔者认为这些相近概念是从不同的角度对这一地域某种特性的反映，其概念的内涵和外延都和"沿海滩涂"存在一些差异（在下文中笔者将对它们之间的关系进行详细论述）。"潮间带""海滩""潮滩"在实现生活中特指特性较多，使其外延不如"沿海滩涂"广泛。"潮间带"特指海水与陆地交互作用的特定地域，"海滩"特指砂质海岸的潮间带浅滩，而"潮滩"特指淤泥质海岸的潮间带浅滩，三者都是沿海滩涂的组成部分。很多论者在行文中将沿海滩涂简称为"滩涂"。实际上，滩涂的外延要大于沿海滩涂。滩涂是沿海滩涂、河滩和湖滩的总称，但是由于沿海滩涂占据了滩涂的绝大部分，所以人们经常用"滩涂"来指称"沿海滩涂"。基于这种事实，笔者在本书的行文过程中如果不加特指，"滩涂"即指沿海滩涂。和沿海滩涂最为接近的一个概念

是"海涂",大部分学者认为"海涂"是沿海滩涂的简称,认为两者没有本质区别。但是也有论者对此存在异议。王仰麟等人就将"海涂"视为"潮滩",认为海涂是淤泥质的沿海滩涂。[①] 笔者对此采取学界的主流观点,在行文时如果不加特别注释,将海涂视同为沿海滩涂。

二 沿海滩涂的种类

外延划分也不失为一种明确概念的有效方法。沿海滩涂按其不同的划分标准可以分为不同的类别。尽管这些划分标准存在差异,甚至有些划分标准会和我们界定的沿海滩涂本质特征存在一些不协调,但是这些划分标准依然可以帮助我们更好地认识沿海滩涂的属性。

(一)沿海滩涂按照地质构造成分的标准分类,可以分为泥滩、砂滩、岩滩三种

这种分类标准主要是基于滩涂构成质地的差异,也是沿海滩涂一种主要的划分方法。

1. 泥滩(Mud Flat)。又称潮滩,特指淤泥质海岸滩涂,占我国沿海滩涂总面积的80%以上。[②] 泥滩又可以细分为淤泥滩涂和泥砂滩涂。前者由黏土构成,后者主要由粉砂构成。我国泥滩岸线约4000公里,主要分布在辽东湾、渤海湾、江苏沿岸、杭州湾等大河入海平原沿岸以及浙、闽、粤沿岸的一些港湾内。泥滩一般有黏性,滩面软,承载力小,滩面宽度一般在5—10公里。泥滩土壤发育良好,多为沼泽。泥滩高潮区常有耐盐沼生植物生长,如芦苇、盐地碱蓬等,为丹顶鹤、麋鹿等野生动物提供湿地生境。泥滩中低潮区则有众多穴居海洋生物,适于发展海产增养殖业。泥滩代表了沿海滩涂的主体,它同时也具备了湿地的某些特征,因此很多论者将泥滩等同于滩涂,又将滩涂等同于滨海湿地。泥滩的很多潮上区成为我国沿海农业围垦开发的主体,所谓海岸湿地的损失主要是指泥滩潮上区被耕地化或者

---

① 彭建、王仰麟:《我国沿海滩涂景观生态初步研究》,《地理研究》2000年第3期。
② 同上。

被工业用地化。

2. 砂滩（Sand Beach）。又称海滩，俗称沙滩，是砂质海岸滩涂，与岩滩相间出现，同属基岩海岸的组成部分。砂滩又可以细分为细砂滩涂和沙砾滩涂，前者滩涂底质由细砂构成，后者滩涂底质粗糙，多由粗砂和砾石构成。在我国主要分布于辽宁老鹰屿—城山头一带；龙头—饮马河口一带；山东虎头崖—双岛湾一带；江苏辛庄河口一带；钱塘江南岸的镇海一带；福建梅花角—江田一带；台湾西海岸；广东海丰—惠来一带、吴川—电白一带；广西北海一带；以及海南东、西岸等岸段。由于砂滩物质多来源于沿岸流与海域来砂，面积一般较小，出露宽度窄，一般在2—5公里。砂滩多发育潮滩盐土，成土时间短，以沙砾石为主，有机质含量低。砂滩多位于海洋动力搬运、堆积作用较强的地段，滩面物质受风、浪作用变化较频，不适于植物生长，所以砂滩亦俗称"光滩""裸滩"。但砂滩的栖息生物种类多样，是滩涂生物多样性的重要区域。此外，由于砂滩具有良好的砂矿，因此成为海滨浴场的开发主体和砂矿开采的重要场所。

3. 岩滩（Bench）。又称岩礁滩，或者碎石滩（shingle beach），是基岩海岸受强烈海水动力作用侵蚀不断后退形成的沿海滩涂，其主要组成成分是较大块的碎石或者鹅卵石。岩滩底部基质的75%以上是岩石，包括岩石性沿海岛屿、海岩峭壁。全国岩滩岸线总长约5000公里，占全国岸线总长的三分之一以上。岩滩滩面较陡，各地岩滩宽窄不一，从几十米至几千米不等。尽管岩滩的海岸线很长，但大部分岩滩宽度狭窄，所以岩滩在我国沿海滩涂总面积中所占比重并不是很大。主要分布于辽东半岛南端，山海关—葫芦岛，胶东半岛，江苏连云港及杭州湾以南沿海和台湾东部沿海。岩滩的滩面生物较少，但其下部多伸展浅水平台、岛礁群等，成为海洋生物索饵、栖息、繁殖的优良场所，也是我国传统的藻类、海珍品养捕区，适于多种藻类、贝类、鱼类、甲壳类、棘皮类的生长，从而成为养殖开发的重要区域。此外，深水良港、波浪潮汐发电和滨海旅游业也逐渐成为岩礁开发的组成部分。

（二）沿海滩涂按照生态的显示度标准，可以分为裸滩和生物滩两种

裸滩从直觉上难以发现生长的生物，而生物滩则具有明显的生态特征。其中生物滩又可以细分为草滩、红树林滩和珊瑚礁滩三种。

1. 裸滩（Nude beach）。裸滩，亦称为光滩，是指表面没有能够显示其生态特征的植物等生态覆盖物的沿海滩涂。需要指出的是，这种生态显示度主要是依据生长在沿海滩涂的植物来体现，而非动物。大部分的砂滩和岩滩都是裸滩，基本没有什么植物覆盖物。裸滩不但几乎没有植物，而且动物的种类相对于生物滩也低。泥滩是裸滩种类中生物多样性最高的滩涂。当然，如果泥滩的生物中不仅包含动物和微生物，上面也为芦苇、大米草以及红树林等植物所覆盖时，就变成了生物滩。

2. 生物滩（Biologic Flat）。生物滩指某一或几种生物在滩涂上大量生长繁殖，并发育而成顶级生态系统，最终由这些生态系统组成景观基质的一类特殊沿海滩涂。其生物多样性丰富，生物量高。目前，沿海生物滩涂又可以细分为草滩、红树林滩和珊瑚礁滩三类，其中后两类主要分布在我国南方海岸。草滩（Marsh flat）主要分布在泥滩之上，生长有芦苇、大米草、互花米草以及柽柳等滩涂植物。我国部分地区采取生物促淤的方式，在泥滩或者砂滩上种植芦苇、大米草等植物后，亦将裸滩变成了草滩。红树林滩（Mangrove Flat）是热带、亚热带气候条件下淤泥质潮滩在红树植物大量生长繁殖后发育而成的生物滩。在我国主要分布于海南、两广和台湾海峡两岸受良好波浪掩护的港湾、河口地区。红树林天然分布的北限为福建福鼎，人工引种后可达浙江南部的乐清湾。红树植物能阻滞潮流，其生物群落分带性明显。平均高潮位以上生长耐盐陆生植物，高潮区下缘及中潮区主要生长红树植物。低潮区除前缘有部分先锋红树植物生长外，是众多海洋生物、鸟类的栖息场所。珊瑚礁滩（Coral Reef Flat）是由造礁石珊瑚和珊瑚碎屑聚积而成的滩涂，是热带海洋特殊生物海岸的重要组成部分。在我国主要分布于南海诸岛和海南岛远离河口地区。生物滩是沿海滩涂生态环境的集中体现，也具有很高的防止海岸侵蚀、净化海水

的功能。

裸滩与生物滩（尤其是其中的草滩）往往是共生的。一般而言，在临近海洋一侧潮间带以及潮下带，是裸滩；而在临近陆地一侧的潮间带和潮上带是草滩。

（三）沿海滩涂按照其形态变化的标准，可以分为稳定型滩涂、淤涨型滩涂、侵蚀型滩涂三种

需要指出的是，本书所谓的滩涂形态变化，主要是指基于自然力量而使沿海滩涂形态发生变化，而不包括人力对滩涂的直接作用与改变。

1. 稳定型滩涂（Stable beach）。所谓稳定型滩涂，是指形态长时间基本保持不变的沿海滩涂。需要指出的是，稳定型滩涂并非一直不变，只是其变化速度非常缓慢，人们在一段时间内难以觉察出其变化。稳定型滩涂之所以会长时间保持形态的稳定，其类型主要有三种情况：一是沿海岩质比较坚硬，海浪的冲击难以在短时间内将其侵蚀；二是海浪比较平和，不会对沿海滩涂造成大的冲击；三是侵蚀滩涂与淤涨滩涂的力量达到基本的平衡。尽管沿岸河流会带来一些淤积物，但是由于海浪的冲击，使沿海滩涂基本保持不变。实际上，稳定型滩涂只是相对而言，随着时间的推移，沿海滩涂的形态在自然力量作用下会发生变化。认识稳定型滩涂的意义，在于可以明确在没有人力作用下的滩涂会保持何种状态，从而为我们进一步地合理利用或保护滩涂提供参考。

2. 淤涨型滩涂（Type of beach accretion）。所谓淤涨型滩涂，是指由于沿海一线有携带泥沙入海的河流或者有海域来砂而使面积不断得到补充和扩张的沿海滩涂。淤涨型滩涂有两个特性：一是淤涨的因素来自自然力量，而非人工的直接作用；二是海岸线由于淤泥等陆域物质的填充而不断向海一侧推移。在我国，淤涨型滩涂主要集中在黄河入海口、长江入海口、珠江入海口以及苏北部分区域。其中，苏北岸外的辐射沙洲、福建和浙江的港湾海涂都有海域来砂。从某种程度上而言，淤涨型滩涂代表了沿海滩涂的主体。人类对沿海滩涂的开发区域主要集中在淤涨型滩涂以及稳定型滩涂上，

这种状况在沿海滩涂的耕地开发上最为明显。随着人口的不断增长，以及人口越来越向沿海区域集中，沿海用地越发紧张。在这种状况下，淤涨型滩涂越来越多被人力改造成耕地、工业用地以及城市建设用地。被改造后的滩涂已经不具备滩涂的基本特征，因而已经不能被称之为滩涂。因此，尽管从自然力量的角度而言某些滩涂被称为淤涨型滩涂，但是由于人力作用的结果，其面积不见得一定会增长，在许多情况下甚至是缩减的。

3. 侵蚀型滩涂（Type of beach erosion）。所谓侵蚀型滩涂，是指在海水动力等自然力量的作用下不断缩减的沿海滩涂。与淤涨型滩涂相对应，侵蚀型滩涂也有两个特性：一是侵蚀的因素来自自然力量，而非人力的直接作用；二是海岸线由于受到海浪等自然力量的作用而不断向陆地一侧推移。侵蚀型滩涂的形成原因主要有四个：一是岩质一般比较松软，难以经受海浪的冲击；二是海浪的力量比较强大，对沿海岩石形成较大的冲刷力；三是周围没有携带泥沙的河流，从而使被海浪侵蚀的岩质得不到及时的补充；四是随着全球温室气体的不断排放，全球温度上升从而造成海平面上升，淹没了部分沿海滩涂的潮间带，使沿海滩涂的陆上部分缩减。侵蚀型滩涂是自然力量下沿海滩涂的自我缩减。这种缩减在某些地域非常明显，在某些地域甚至发生坍塌。尽管苏北地区是我国淤涨型滩涂的集中地区之一，但是在一部分区域，由于缺乏泥沙供应，沿岸很多地区的滩涂不断被侵蚀，海岸线不断后移。

需要指出的是，造成沿海滩涂被侵蚀的原因除了上述自然力量外，人工采砂、海岸工程、开发耕地等人力原因也造成沿海滩涂不断缩减。但是这种缩减的滩涂是人力直接作用的结果，并非属于侵蚀型滩涂的范畴。本书之所以将人力原因造成缩减的沿海滩涂排除在侵蚀型滩涂之外，是因为现代人力过于强大，可以在短时间内使滩涂发生大面积形态改变。这样使稳定型滩涂和淤涨型滩涂很可能在短时间内发生归类变化，反而不利于我们真正认识沿海滩涂的自然属性。因此，我们将由自然力量造成沿海滩涂的耗损称为"侵蚀"，而将人力直接作用造成沿海滩涂的减少称为"侵占"。

（四）沿海滩涂按照其农业可开发程度的标准，可分为原生态海岸湿地、沿海荒地、沿海草地三种

这种划分标准更多的是基于沿海滩涂开发的思路以地类认定的角度进行的。从不适合耕种到逐渐适合耕种的维度将沿海滩涂划分为原生态海岸湿地、沿海荒地、沿海草地三种。①

1. 原生态海岸湿地（Original ecological coastal wetlands）。海岸湿地是沿海滩涂的主体，是海陆交界地带的滩涂湿地。原生态海岸湿地是指没有进过人工开发和改造（或者人工开发和改造的程度很低）的海岸湿地。在地形上，海岸湿地的土地现状大多是成片的水面，受到潮水的浸渍，是人类迹象最不明显的沿海滩涂。部分海岸湿地经过一些人工简单开发，水体排干，有土圩、道路，甚至有临时搭建的工棚。土地管理者将这种地形称为坑塘水面。② 从耕种开发的角度而言，原生海岸湿地是典型的盐碱地，不适合植被生长，只是有些盐蒿点缀其间。海岸湿地是沿海滩涂的最典型形态，也是湿地的重要组成部分。

2. 沿海荒地（Coastal Wasteland）。随着海岸湿地农业开发程度的加深，部分海岸湿地开始转化为沿海荒地。所谓沿海荒地，是指人类将海水排干并通过各种措施阻止海水再次淹没的沿海滩涂。围垦是其改造的一个重要手段。沿海荒地在影像上已经开始接近耕地。沿海开发主体排干水体后，通过田箐、紫花苜蓿、三叶草、紫穗槐等拔碱作物对沿海湿地进行改造，增加沿海滩涂的植被和有机质，促进土壤转换，改善土壤结构。尽管沿海荒地相对于沿海湿地而言，已经有了零星种植，但是这些植被没有收成。而且沿海荒地也缺少必需的生产生活条件，尽管在影像上看似有路，实际上没有与外界连接的大路；看

---

① Schlacher 是国外研究沿海滩涂最为知名的学者之一。其在 1970 年对波罗的海的滩涂进行调查时，将之分为 dune（沙丘）、salt marshes（盐沼）、dry grassland（草地）三种。具体见 Schaefer, Einfluss der Raumstruktur in Landschaften der Meeresku ̈ ste auf das Verteilungsmuster, der Tierwelt. Zool Jb, Syst 1970, 97：pp. 55 – 124. 笔者对他的划分标准予以借鉴，将沿海滩涂分为原生态海岸湿地、沿海荒地和沿海草地。

② 吴桂宏、薛贵彬：《滩涂开发中的地类认定》，《中国土地》2010 年第 7 期。

似有沟有渠，实际上没有适合饮用的水源。可以认定为无路、无房、无水、无电。从农业开发的角度而言，荒地是人烟稀少、土地荒芜的沿海滩涂。相对人类而言，沿海荒地并不适合农业生活或者生产。但是一些沿海生物却可以在此生存繁殖。很多沿海湿地在被开发成沿海荒地后，成为沿海渔业养殖的场所。

3. 沿海草地（Coastal Lawn）。部分沿海荒地进一步得到农业开发，就会转化为沿海草地。沿海草地在影像上已经非常接近于耕地，只是零星的水泽点缀其间。沿海草地与耕地的显著区别在于沿海荒地的粮食作物生长并不理想，某些地块甚至只生长盐蒿，其原因在于沿海草地的淋盐洗碱和拔碱作物种植时间较短，土壤内仍有大量盐碱，加之肥力不够，因此不能满足粮棉油作物生长要求。由于种拔碱作物只有成本没有收入，部分滩涂开发单位或个人开始种植粮棉油等经济植物，以弥补成本投入。但是沿海草地盐分多，碱性大，还需要继续洗碱并通过种植拔碱作物改良土壤。所以，尽管沿海草地已经非常接近于耕地，但是还保留着沿海滩涂的某些主要特征。沿海草地人迹罕至，是很多野生动植物生存活动的场地。因此，沿海草地还应该属于沿海滩涂。

有的研究者认为这种划分方法中，沿海滩涂还应该包括准耕地（Prospective land）。沿海草地经过水体排干，植被拔碱，土地营养化，就成为准耕地。在影像上，准耕地与实际耕地已经没有任何区别。准耕地与真正的耕地的主要区别在于，土地管理部门还只是将准耕地作为耕地的补充和后备，还没有严格按照耕地的管理标准进行管理。实际上，准耕地已经不具备太多沿海滩涂的生态特征。但是由于部分研究者是基于广义的视角来界定沿海滩涂，而且准耕地是由沿海滩涂转化而来，所以不少论者将之作为沿海滩涂的第四种类型。本书认为准耕地已经不属于沿海滩涂，主要是因为准耕地已经不具备沿海滩涂的核心特征，尤其是很多准耕地已经破坏了沿海滩涂的生态环境。因此我们将准耕地排除在沿海滩涂的外延之外。

（五）按照地貌特征标准，可将沿海滩涂分为平原型滩涂和港湾型滩涂两种①

1. 平原型滩涂（type of Plain beach）。主要分布在辽东湾、渤海湾、江苏沿岸、长江口、杭州湾、珠江口等地。平原型滩涂在平原上具分带性，自陆向海可分为三个平行的相带，即高潮位泥滩、中潮位的泥沙混合滩、低潮位粉砂或细粉砂滩三个沉积相带。平原型滩涂的组成均一稳定，包括粒度、化学组成、矿物及微体生物等。这表明了平原型滩涂主要由大河提供沉积物形成。平原型滩涂的表面形态上为凸形，在平均高潮位及平均低潮位各有一个上凸点，滩面的坡度为0.002%。平原型滩涂的沉积规模大，面积大，沉积层深厚，面积可达数十至数百平方公里，经过多旋回的沉积过程，沉积层厚度可达百米。

2. 港湾型滩涂（type of Harbor beach）。主要分布于浙、闽、粤的一些港湾内。大部分港湾型滩涂潮差较大，平均潮差大于4米，是强潮环境。由于有适量的细颗粒泥沙的供应，使港湾中滩涂发育成长。虽然分布零星，但总长度也很长。浙、闽沿岸的海涂岸线长度就可达1500公里。港湾型滩涂物质组成单一，几乎全是淤泥，因而在平面和垂向上没有明显的分带现象。港湾型滩涂的不同部位成分发生分异，主要是受物源的影响，一些部位以河流供砂为主，而大部分地貌部位则以海域侵蚀的沉积物为主，这使滩涂沉积物在短距离内发生一些变化。港湾型滩涂沉积体规模小，厚度一般仅为几米，面积一般为几平方公里，反映了缺乏大量长期物源的特征。港湾型滩涂潮差大，潮流作用强，物质较细，易被冲刷，因此冲淤变化频繁。

---

① 杨宝国、王颖、朱大奎：《中国的海洋海涂资源》，《自然资源学报》1997年第4期。

（六）按照沿海滩涂的地质形态标准，可分为平坦型滩涂和陡峭型滩涂①

Short 和 Finkl 之所以将滩涂划分成这平坦型滩涂和陡峭型滩涂，是因为他们在研究滩涂的生态系统时，发现它们之间的生物多样相差甚大。

1. 平坦型滩涂（Reflective beach）。平坦型滩涂，又可称为扁平型滩涂（Flat beach），在地貌特征上，呈水平方向延展。平坦型滩涂有更细的沉积物和广泛的冲浪区（extensive surf zones），因此具有很好的渗水性，这使它对污染物等有着更好的吸收和过滤作用。平坦型滩涂也具有更高的生物多样性，不仅在种类上较之陡峭型滩涂要多得多，而且密度也更高。泥滩一般是平坦型滩涂，大部分的沙滩也是平坦型滩涂。

2. 陡峭型滩涂（Dissipative beach）。陡峭型滩涂，又可称为垂直型滩涂（Steep beach），在地貌特征上，与海平面呈一定夹角，具有垂直分布的特征。陡峭型滩涂的滩面较窄，而且受潮汐作用较大，蕴含着比较丰富的潮汐能量。但是相对于平坦型滩涂，陡峭型滩涂的生物蕴含量相对较少，生物多样性不高。岩滩几乎都可以归入陡峭型滩涂，但是也有一部分砂滩属于陡峭型滩涂。我国典型的陡峭型砂滩有北戴河海岸砂滩、山东蓬莱西海岸砂滩、青岛薛家岛海岸砂滩。②

三　从滩涂到湿地：环境治理中新概念引入的价值与限制

"滨海湿地"（或称"沿海湿地"③）也是与沿海滩涂非常接近的

---

① Short, A. D. （Ed.）, . *Handbook of Beach and Shoreface Morphodynamics*. John Wiley, London, 1999, p. 379; Finkl, C. W., 2004. *Coastal classification：systematic approaches to consider in the development of a comprehensive scheme. Journal of Coastal Research* 20, pp. 166 – 213.; Finkl, C. W., Walker, H. J., 2004. Beach nourishment. In：Schwartz, M. （Ed.）, *The Encyclopedia of Coastal Science*. Kluwer Academic, Dordrecht, *The Netherlands*, pp. 37 – 54.

② 夏东兴：《海岸带地貌环境及其演化》，海洋出版社 2009 年版，第 4 页。

③ 大部分学者认为"滨海湿地"与"沿海湿地"是两个可以互换的概念。具体参见张晓龙、李培英等《中国滨海湿地研究现状与展望》，《海洋科学进展》2005 年第 1 期；丁东、李日辉《中国沿海湿地研究》，《海洋地质与第四纪地质》2003 年第 1 期。但是也有论者对它们进行了细分。王建春等人认为"沿海湿地"的范围要大于"滨海湿地"，并将前者划分滨海湿地、沿海河流湿地、沿海湖泊湿地三种。具体参见王建春等《我国沿海湿地及其保护研究》，《林业资源管理》2007 年第 5 期。

另一类概念。"滨海湿地"的母概念"湿地"一词诞生的时间并不长，它最早是 1956 年美国联邦政府开展湿地清查和编目时使用的。1971 年 2 月，由苏联、加拿大、澳大利亚等 36 个国家在伊朗小镇拉姆萨尔签署了《关于特别是作为水禽栖息地的国际重要湿地公约》（也就是《湿地公约》）。1992 年中国加入《湿地公约》后，"湿地"一词开始进入中国话语。鉴于"湿地"概念的国际影响力，很多研究者从宏观角度来研究沿海滩涂时，更愿意采取这类概念。实际上，滨海湿地的范围要大于沿海滩涂，与沿海滩涂之间在外延上存在包含与被包含的关系。与沿海滩涂的外延更为接近的一个概念是"海岸湿地"。《中国统计年鉴》（2010 年）中采取了"近岸及海岸湿地"这一术语来代表"滨海湿地"。"近岸及海岸湿地"包括两部分：一是海岸湿地，实际上就是沿海滩涂；二是近岸湿地，是指滨海湿地中排出了沿海滩涂的沿海河流湿地和湖泊湿地。其他的学者也对它们之间的关系也做出过梳理。例如青岛海洋地质研究所的丁东等人将沿海湿地分为浅海滩涂湿地、河口湾湿地、海岸湿地、红树林湿地、珊瑚礁湿地及海岛湿地 6 大类型。[①] 实际上，这种过细的划分并不利于对沿海湿地及沿海滩涂真正的认识，丁东等人也承认"6 种类型的湿地完全绝对分开是不容易的，它们相互重叠"。笔者认为尽管"海岸湿地"与"滨海湿地""沿海滩涂"三个概念之间存在很大的相关性，但三者在外延上还存在差异。海岸湿地是海陆交界地带的滨海湿地，也是最原始生态性的沿海滩涂，可以视同为沿海滩涂；而滨海湿地则是海岸带范围内的湿地，其外延要大于海岸湿地，其范围包含海岸湿地、沿海河流湿地和湖泊湿地。与海岸湿地具有相同外延的"沿海滩涂"是"滨海湿地"的重要组成部分，但"沿海滩涂"不包括"滨海湿地"范畴中的沿海河流湿地和湖泊湿地。

上述湿地与沿海滩涂的概念之外延关系只是非常机械的划分，这不是本书的重点，笔者在下面力图从哲学认知的角度，对湿地概念何以引入，其对沿海滩涂等区域的环境治理产生了何种促进作用，又引

---

① 丁东、李日辉：《中国沿海湿地研究》，《海洋地质与第四纪地质》2003 年第 1 期。

发了何种问题，进行更为深入的探讨。①"湿地"（Wetland）一词诞生的时间不过半个多世纪，但是它目前已经成为一个非常流行的概念。1992 年中国加入《湿地公约》之后，"湿地"一词迅速受到中国学界和实际管理部门的推崇，湿地开始在各个方面占据核心位置。学界对湿地保护表现出了前所未有的热忱，呼吁出台一部湿地保护法的呼声一直不绝于耳。政府相关管理部门对此也积极回应，2005 年，当时的建设部出台了《国家城市湿地公园管理办法（试行）》；2013年，国家林业局发布了《湿地保护管理规定》。此外，很多地方政府也都出台了湿地保护条例，我国目前已经有 20 多个省份出台了湿地保护条例。在 20 余年的时间中，中国的湿地立法已经成果初现。此外，在全国各地，以湿地保护为主题的国家自然保护区或者保护公园也大量涌现。截至 2007 年，中国列入目录的国家级湿地自然保护区就达 87 个，各级湿地保护区达 553 个，面积为 47.8 万平方公里。②"湿地"概念的引入，引发了中国对湿地等相关区域的环境保护的极大热忱；甚至断言湿地概念引发了中国对环境问题的关注和对环境治理的深入思考，也并不为过。

　　为何"湿地"概念的引入，会在中国以及全球引发如此广泛的关注，从而取得如此令人瞩目的环境治理成效呢？传统哲学认为，人类的认识从低到高的形式依次为感觉、知觉、表象、概念、判断、推理。其中前三个构成了感性认识，后三个构成了理性认识。感性认识是认识的基础和低级阶段，而理性认识是认识的升华和高级阶段。感性认识和理性认识处于两个截然不同的认知层次，力图摆脱感性认识而上升为理性认识是人类认知诉求的一个目标。这一认知思路为分析哲学所继承并发扬光大。以弗雷格、罗素为代表的分析哲学创立了数理逻辑，他们构建了人工语言，以弥补自然语言的歧义和不足，弗雷

---

　　①　王刚：《环境治理新概念引入的价值与限度》，《重庆大学学报》（社会科学版）2016 年第 2 期。

　　②　湿地国际：《中国湿地自然保护区概况》，［2009 - 9 - 24］．http：//www.wetwonder.org/news_ show. asp？id = 806

格和罗素所创造的基于精确的人工语言的形式分析方法似乎能够精确地分析出一个命题的意义：它要么是真的，要么是假的。除此之外，对不能言说的，都应该保持沉默。诚然，分析哲学所构建的人工语言，可以很好地回避自然语言的歧义，从而保持逻辑思维的统一性和连贯性。但是在20世纪中期，语言哲学诞生。将分析哲学打下地狱的正是分析哲学的集大成者维特根斯坦。维特根斯坦在后期完全否定了自己前期的思想，他在1945年出版的《哲学研究》一书前言中反思了早期《逻辑哲学论》的思想："因为自从我于十六年前重新开始研究哲学以来，我不得不认识到在我写的第一本著作中有严重错误。"① 他甚至将分析哲学扛鼎之作的《逻辑哲学论》评价为"每一句话都是一种病态"。由维特根斯坦创立的语言哲学对深入探究人类的认知模式功不可没，在它的基础上，心智哲学打破了人们将心理（感性认识）与逻辑（理性认识）截然分开的传统观念。人们认识到，理性认识（逻辑认知）与人们的心理、文化、具体情景密不可分，即感性认知对理性认识的影响要远远大于我们先前的设定。逻辑学中非常知名的沃森"纸牌实验"很好地说明"逻辑不是抽象的而是具体的；逻辑不是心理无关的而是心理相关的"。② 语言哲学甚至认为，认识主体无法直接达到客观世界，除非运用语言。我们看到的并不是客观世界，而是经过语言描述的客观世界；我们也不可能直接去改变世界，而只能通过语言构建社会现实来改变世界，"我们借助于语言表达可以完成各种各样的行为"。③

　　因此，从某种程度上而言，我们的感性与理性并不是截然分开的。以情感为核心的感性认知是逻辑认知的重要塑造力量。早在19世纪之际，休谟就说："理性是并且也应该是情感的奴隶。"④ 他认为

---

① 维特根斯坦：《哲学研究》，李步楼译，商务印书馆2012年版，第2页。

② 蔡曙山：《认知科学框架下心理学、逻辑学的交叉融合与发展》，《中国社会科学》2009年第2期。

③ Cf. John R. Searle. "Social Ontology", Logic, *Methodology and Philosophy of Science*: Proceedings of the Thirteenth International Congress. London: King s College Publications, 2008.

④ 休谟：《人性论》，商务印书馆1996年版，第451—453页。

只有理性与情感共同作用，才能产生完整的或者说正确的意志行为。J. P. Forgas 提出情绪浸润模型，即指在个体学习、记忆、注意和联想等一系列认知过程中，情绪有选择性地影响个体的信息加工，甚至成为信息加工的一部分，从而使个体认知结果产生情绪一致性效应。① 而 2002 年诺贝尔经济学奖获得者卡尼曼的研究也从另一个方面与上述的哲学研究进展相呼吁。他指出，概念的心理效价（emotional valence）对我们的认知有着重要的潜在影响。②

　　这些研究成果可以为我们很好地解释为何在环境治理中需要引入"湿地"概念，也为我们重新来认识环境治理中新概念的引入打开了一扇窗户。根据《湿地公约》对湿地所下的定义："湿地系指不问其为天然或人工、长久或暂时性的沼泽地、泥炭地或水域地带，带有静止或流动的淡水、半咸水及咸水体，包括低潮时水深不超过 6 米的海域。"③ 显然，湿地应该包括沼泽和滩涂。在"湿地"概念诞生之前，一般人们用"沼泽"和"滩涂"来指称这一区域。④ 在环境问题并不凸显的古代社会中，人们很少去思考"沼泽""滩涂"等所具有的生物多样性、调节气候等生态价值和功能。因而，人们更多地将"沼泽"和"滩涂"与荒芜、瘴气、蚊虫肆虐以及不宜居住联系在一起。因此，一旦"沼泽"的概念或者语词跃入眼帘，人们的第一反应就

---

① J. P. Forgas. . Mood and Judgment: the Affect Infusion Model. Psychological Bulletion, 1995, 117 (1): pp. 39 – 66.

② Daniel Kahneman. Maps of Bounded Rationality: Psychology for Behavioral Economics. The American Review, 2003, 93 (5): pp. 1449 – 1475.

③ Crowe A. Quebec. Millennium Wetland Event Program with Abstracts ［M］. Quebec, Canada: Elizabeth Mackay, 2000: pp. 1 – 256.

④ 按照《湿地公约》以及其他文件对湿地的定义，湿地的范围要略宽于沼泽和滩涂。在湿地分类的国际标准中，湿地分为海洋和海岸湿地、内陆湿地和人工湿地；在中国湿地分类的国家标准中，湿地分为自然湿地和人工湿地，其中前者又细分为海洋和海岸湿地、河流湿地、湖泊湿地和沼泽湿地。但实际上，湿地的核心领域是沼泽和滩涂。之所以如此断言，是因为"海洋和海岸湿地、河流湿地、湖泊湿地"都属于滩涂的范畴，后者在传统意义上分为沿海滩涂、河滩和湖滩。实际上，最早的湿地分类只将湿地分为几个一般类型，如河流沼泽、湖沼、台地沼泽、间歇和永久沼泽、湿牧地、定期泛滥地。只是随着人们对泥炭地的兴趣不断增加，人们才逐渐对湿地分类加以完善，形成目前的湿地分类标准。

是远离它，或者将它改造成人类宜居的环境。

在这种情感因素的支配之下，环境保护学家如果希望人们保持"沼泽"或者"滩涂"的原始状态，以维护它保有生物多样性、调节气候等方面的生态价值，人们往往在第一时间对此持怀疑或者反对情绪。因为这与人们几千年来形成的情感认知是相冲突的。情感在我们的推理过程中实实在在地发挥着作用。情感可以使某一前提凸显出来，从而使个体更偏好这一前提所得出的结论。[①] 当人们一旦认定自己对保护"沼泽"或"滩涂"持反对态度，人们就会在大脑中积极调动一些前提和因素，来支持自己反对的理由，而会自动屏蔽一些对此不利的前提和因素。这就是经济学上所认为的"确认偏见"——使证据不支持偏见也将其解释为支持偏见。[②] 这是因为当我们在脑中业已形成一系列表征后，会将这些心理知识进行分类并按照一定的规则排列，使之形成一种概念上的联结与网络，存储在长时记忆中，方便我们提取和使用。当在日常生活中遭遇某一情境时，我们会首先识别情境中的刺激。[③] 人们的这种认知模式预示着环境学家可能需要花费大量的时间和成本去重塑人们对"沼泽""滩涂"的这种负面情感认知。显然，这对短时间内就要实现"沼泽"或"滩涂"的生态保护是不利的。

因此，更为有效的办法就是放弃"沼泽"或"滩涂"等这些与负面情感相联系的概念，转而采用新的不带有负面情感的概念。"湿地"概念的诞生和引入，可以视为这一任务的核心举措之一。"湿地"作为一个新的语词，其符号表达是中性的。它没有背负"沼泽"和"滩涂"那么多的负面情感信息。符号的作用对塑造我们的认知模式也是至关重要的。一些欧洲学者甚至认为，数学是理工学科的共

---

① 费多益：《认知视野中的情感依赖与理性、推理》，《中国社会科学》2012 年第 8 期。

② 理查德·波斯纳：《法律的经济分析》（第七版），蒋兆康译，法律出版社 2012 年版，第 23 页。

③ 彭凯平、喻丰：《道德的心理物理学：现象、机制与意义》，《中国社会科学》2012 年第 12 期。

同工具，但不是人文学科共同的工具；人文学科共同的工具也不是语言学和逻辑学，而是符号学。① "湿地" 很容易与我们希望倡导的环保新理念联系在一起，而不会触发我们既有认知中的负面情感。正是这种新概念符号背后的认知模式，使 "湿地" 概念一经推出，就广受推崇，而且引发了全球对这一区域的环保热忱。实际上，不仅仅在环境治理领域，可以说在很多学科领域中，新概念的引入，以及对旧概念的改造，是应对社会变革的一种惯常思维。例如朱德米教授在研究维稳问题时，指出 "群体性事件" 一词由于 "事件" 概念本身暗含贬义，因此建议改成 "群体性行动"。这些概念的改变，具有相同的功效。

"湿地" 概念的引入，可以视为环境治理的一个成功案例。那么，"湿地" 概念的引入，是否存在一些不良后果呢？大而广之，新概念的引入，诚然如上所述，是有效推进环境治理的一种手段，那么，不节制地引入新概念，是否可能引发一些意想不到的问题呢？笔者同样以湿地概念的引入为例，分析新概念引入可能引发的一些问题。

不可否认的是，由于 "湿地" 概念的介入，的确造成了我国环境治理中的一些错位和混乱。

一是引发了实际管理部门之间职能的交叉，从而造成管理的混乱和责任的推诿。中国加入《湿地公约》后，国务院在林业局设立了湿地保护管理中心（又称 "国际湿地公约履约办公室"，简称 "湿地办"），全面负责湿地的管理与保护。在 1998 年的机构改革中，进一步明确了国家林业局的湿地管理职能。如上所述，"滩涂" 是湿地的重要组成部分，而我国的滩涂管理职能很早就赋予了水利管理部门，即由水利部负责滩涂的管理。在沿海滩涂、河滩、湖滩等区域，林业管理部门与水利管理部门之间的管理职能存在明显的交叉。实际上，管理职能的交叉，在 "滨海湿地" 方面表现得更为明显。笔者曾经总结沿海滩涂（滨海湿地）的相关管理主体，发现至少有 6 个部门拥

---

① 蔡曙山：《论符号学三分法对语言哲学和语言逻辑的影响》，《北京大学学报》2006年第 3 期。

有管理权限（详见本书第四章）。除了上述的林业管理部门和水利管理部门，海洋管理部门、国土资源管理部门、农业管理部门等也都具有管理权限。因此，至少在滨海湿地方面，湿地概念的引入，加重了管理职能的混乱。

二是大量的法律法规之间难以有效衔接。在 1992 年湿地概念引入之前，我国的相关法律法规一般采用其他相关概念来指称这一区域。例如 1982 年《宪法》以及《民法通则》一般采用"滩涂""水面""水产资源"等概念来加以指称。《渔业法》（1986 年）使用"内水、滩涂"等概念；《水法》（1988 年）使用江河、湖泊、水库、渠道等"地表水和地下水"概念。《土地管理法》（1986 年）使用"养殖水面"，《环境保护法》（1989 年）使用"水、草原、野生动物"，《农业法》（1993 年）使用"草原、滩涂、水流"等。但是在 1992 年之后（即中国加入《湿地公约》之后），大量的法律法规之间出现了"湿地""滩涂"等并列的现象。《自然保护区条例》（1994 年）和《海洋自然保护区管理办法》（1995 年）等法规中普遍使用"湿地"概念。2000 年修订的《农业法》也放弃了"滩涂"字样，改用"湿地"概念。1999 年修订的《海洋环境保护法》甚至同时使用"海滨""滨海湿地"概念。有的地方政府也同时出台和使用"滩涂"和"湿地"概念的法规，例如广东省同时出台滩涂条例和湿地条例。[①] 我国目前有 6 个沿海省份出台了直接冠以"滩涂"字样概念的管理条例，[②] 如果将来也出台湿地保护条例，也将面临和广东省同样的境遇。这种概念使用方面的混乱，在一些研究者那里没有得到很认真的思考，他们追溯湿地法规时，很直接地将 1992 年以前使用"滩涂""水面"等语词的法规视为湿地法规的组成部分。[③] 但是这种法规概念之间的不统一，引发了法规适用方面的冲突。尽管如上所

---

① 广东省出台了《广东省河口滩涂管理条例》（2001 年）和《广东省湿地保护条例》（2006 年）。

② 王刚：《中国沿海滩涂的环境管理状况及创新》，《中国土地科学》2013 年第 4 期。

③ 朱建国：《中国湿地资源立法管理问题研究》，《中国土地科学》2000 年第 1 期。

述，一些法律法规已经开始采用"湿地"概念，但是在《宪法》以及《民法通则》等基本法律层面，它们使用的基本术语依然是"滩涂""水产资源"等概念。可以想象，实现这些法律法规之间的有效衔接，将是一项复杂而繁重的工作。

显然，单纯突出"湿地"概念引入对环境治理的正面影响，并不符合现实。新概念的引入，在现实中存在两个最大的困境。

一是难以给新概念一个非常精确的定义。不管是新概念的内涵，还是外延，都存在模糊性。如上所述，如果从内涵与外延清楚度的角度对概念加以分类的话，概念可以分为四类：① 第一类是内涵明确、外延封闭的概念；第二类是内涵明确、外延开放的概念；第三类是内涵模糊、外延封闭的概念；第四类是内涵模糊、外延开放的概念。大部分的新概念都属于第四类。这是因为概念内涵与外延的精确，并非一蹴而就。人们在现实中运用概念，逐渐明晰其与相关概念的关系，从而锁定外延边界，抽象出内涵。而这都需要时间和实践的磨合。一些概念，甚至历经千年，都难以实现完全的精确，例如"公正""公平"。对于新概念而言，显然缺乏让它精确的时间与充分的实践。"湿地"概念的现实运用，就很好地说明了这一现象。如上所述，"湿地"诞生之初，其初衷是取代"沼泽""滩涂"这一带有负面情感的概念。但是在运用实践中，基于对环境治理的积极影响，它涵盖的区域越来越大，人们力图将它的外延扩大。几乎所有的研究者在梳理湿地管理与法规时，都感叹湿地概念的不统一。② 显然，概念内涵的模糊与外延的开放，给湿地的现实治理造成了不小的困难。

二是新概念在厘清与相关旧概念之间的关系上存在困难，从而也使一系列管理体制、法律法规可能都面临调整和衔接。建立在旧概念（姑且称之为旧概念）基础之上诞生的新概念，和旧概念之间的关系无外乎两种情况：一是诞生的新概念属于旧概念的种概念，它力图细化对

---

① 雍琦：《法律逻辑学》，法律出版社2004年版，第48—49页。
② 田信桥、伍佳佳：《对我国湿地概念法律化的思考》，《林业资源管理》2011年第4期。

旧概念所指称领域的认知；二是新概念超越了旧概念的外延，力图将旧概念和其他一些概念同时涵盖。限于篇幅，本书暂不探讨第一种情况（这种情况引发的问题和第二种情况存在差异，但是如果深入思考，依然会让我们受惠匪浅），而是集中主题探讨第二种情况。湿地概念的诞生，是第二种情况最好的注脚。"湿地"概念提炼出了"沼泽"与"滩涂"之间的共性，它力图将它们纳入同一范畴中加以讨论。这种共性对于提高人们对这一区域的环境治理至关重要。但不可否认的是，这种共性的认知，也使人们忽视了（抑或称之为漠视）它们之间的差异。显然，作为旧有的概念，"沼泽"和"滩涂"具有一些非常重要的差异。这些差异在现实的环境治理中，可能引发概念引入时所没有意识到的症结。例如滩涂位于海岸、河岸等区域，由于潮汐和洪水泛滥等原因，具有重要的"动态性"，成为水利治理的重要区域。基于这样的现实考虑，滩涂一开始就被纳入水利管理部门的管理职责之内。但是沼泽由于它的"静态性"，很少引发水利问题，因而在传统管理模式中，很少与滩涂纳入同一管理范畴。但是滩涂与沼泽的这种差异，因为"湿地"概念的引入而被忽视，沼泽和滩涂被整体地纳入林业管理部门的管理范畴之内。可以想象，这种特性差异的忽视，给现实的环境治理会造成怎样的管理混乱，尤其在出现利益争执和责任认定之时。当然，要厘清新概念和旧概念之间的差异，在实现中将面临不小的困难。当我们力图分析"滨海湿地"（"湿地"新概念的种概念）与"沿海滩涂"（"滩涂"旧概念的种概念）到底存在何种关系时，我们会发现，如果不对两者做法理上的深层思考，它们的关系辨析只能是机械性的，难以对现实的环境治理产生实质性的影响。从某种程度上而言，这是环境治理中新概念引入必须付出的代价。

第二节　沿海滩涂的特征

一　海陆交界性

湿地具有的一个显著特征是水陆交界特征。而滩涂（包括沿海滩涂、河滩和湖滩）作为湿地的重要组成部分，其水陆交界的特征更为明显。沿海滩涂的水陆交界性则具体表现为海陆交界性。沿海滩涂的海陆交界特征是其最显著的特征，沿海滩涂的其他特征很多都是源于这一特征。海陆交界性使沿海滩涂的生态环境具有了不同于一般土地或海域的特质。沿海滩涂是海陆两栖生物生存繁衍的重要场所，也形成了很多独特的生态特征，例如红树林的生长繁衍就建立在这种海陆交界性上。沿海滩涂是很多海洋动物（例如海龟）产卵孵化的场所，因此沿海滩涂生态环境的破坏可能会影响到整个海洋的生态系统。沿海滩涂也是很多陆域动物（例如水鸟）觅食繁衍的地域，因此其生态环境的变化也会对陆域生态系统产生影响。

　　沿海滩涂的海陆交界性也使沿海滩涂的法律性质归类变得很困难。如果从两分法的角度来划分地表——即要么是土地，要么是海洋（或海域），那么沿海滩涂的性质归类就会存在争议。其海陆交界性越明显，这种归类就愈加困难。沿海滩涂的潮间带，作为海陆交界最为明显的区域，不同的研究者和管理部门做出了不同的界定。例如土地管理部门将潮间带定义为土地的一种，而海洋管理部门则认为潮间带属于海域。笔者认为两分法的分类固然可以更好地认识沿海滩涂的性质，但是强制性地将沿海滩涂归入土地或海洋（海域）并不合适，也会产生一些争议和问题。实际上，从我国的宪法界定上，可以发现法律并没有强制地将沿海滩涂按照两分法进行归类。我国宪法第 9 条规定："矿藏、水流、森林、山岭、草原、荒地、滩涂等自然资源，都属于国家所有，即全民所有；由法律规定属于集体所有的森林和山岭、草原、荒地、滩涂除外。"但是在第 10 条中又对土地的权属做出规定。尽管宪法的规定不能说明滩涂不属于土地，但是它至少表明了宪法没有将滩涂强制地归入土地中。因为宪法在第 9 条中将滩涂表述出来，至少说明它具有不同于一般土地的特性。当然，从另一个方面而言，法律也没有强制规定沿海滩涂属于海域。基于这样的现实，本书将在第三节详细论述沿海滩涂的法律性质。

二　动态变化性

沿海滩涂的动态变化性是指由于河流具有很强的携带泥沙性，以及海洋具有很强的冲刷和侵蚀性，使沿海滩涂处于不断淤涨和侵蚀的状态中。当然，从长期来看，一般的湿地可能也不是稳定的，由于气候变化（例如降雨量的增减）、河流截流或改道等也会造成湿地面积或形态发生变化，但是相对于沿海滩涂而言，这种变化的幅度还是很小的。沿海滩涂的动态变化性使海岸带也呈现变化性。罗伯特·凯和杰奎琳·奥德在其所著的《海岸带规划与管理》一书中对海岸带的这种动态变化性给予了较为详细的论述。他们指出，"如果陆海相交线是固定的，那么定义海岸线就相当容易。然而现实是海岸线随着空间与时间高度动态变化的"，并且认为"海滩、沼泽地、红树林和珊瑚礁——对陆海交界线的交互作用有极大的影响"。[①] 沿海滩涂的动态变化性使一般湿地的管理体制、管理手段难以完全复制到沿海滩涂领域。

当然，沿海滩涂的动态变化性（主要是其不断淤涨性），使沿海地方政府将沿海滩涂作为重要的后备土地资源。目前，很多沿海地方政府利用沿海滩涂的这种特性，利用人工促淤的方式，加大沿海滩涂的淤涨性，从而获得更多的土地。当然，从另一个方面而言，沿海滩涂的这种动态变化性也使部分区域的沿海滩涂正在面临消失的厄运。不断上升的海平面、强烈的海水冲击以及一些人为因素（具体参见第二章）使沿海滩涂的被侵蚀速度不断上升。

沿海滩涂的环境标准制定需要考虑沿海滩涂的这种动态变化性。不管是沿海滩涂的面积标准，还是环境容量标准，都可能与一般的湿地标准存在差异。以滩涂面积总量的标准为例，淤涨型滩涂使监控面积不减少的方式难以实现滩涂的有效保护，而侵蚀型滩涂则使监控面积不减少的方式太过于苛刻，对侵蚀型滩涂区域的地方政府而言，并

[①]　罗伯特·凯、杰奎琳·奥德：《海岸带规划与管理》（第二版），高健等译，上海财经大学出版社2010年版，第2页。

不公平。因此，全面的总量控制更为合理和科学。

三　生态性

沿海滩涂的生态性是指沿海滩涂具有很强的生物多样性以及调控全球气候的生态功能。不管是从生物的种类，还是单位面积的生物密度而言，都体现出很强的生物多样性。这种生物多样性也使沿海滩涂的生态系统极为脆弱。这种特性与热带雨林的生物多样性极为相似。丰富的物种，相互间形成了错综复杂的生态系统，某一种或几种物种的消亡，就可能导致整个生态系统的崩溃。因此，这也使沿海滩涂的生态环境保护极为重要。当我们无法准确评估某种行为对沿海滩涂生态会产生何种影响时，最好缓行这种行为。从这个角度而言，沿海滩涂的保护，需要秉承环境法的预防原则。

沿海滩涂对全球气候的生态调控能力也是很强的。它融合了海洋与湿地的双重特点。随着全球温度的不断上升，其对温室气体的吸附作用也就愈加突出。沿海滩涂的生态性说明侵占沿海滩涂的行为（典型的行为包括将潮上带及潮间带改造成耕地，将潮下带改造成人工渔场）有可能引发极为不利的环境影响。也说明了沿海滩涂生态环境保护的重要性。

第三节　沿海滩涂的功能

沿海滩涂的价值很大程度上是通过功能体现出来。沿海滩涂的功能是多元的，对于人类的生存和发展而言也是至关重要的。沿海滩涂的功能可以分为两大部分：一是生态维持功能，二是资源提供功能。当然，这两种功能难以截然分开。Omar 曾经对沿海滩涂的生态功能进行过总结，共总结了 14 条最重要的功能。在 Omar 等人及其他学者研究的基础上，我们将沿海滩涂的主要功能总结为六个方面。

一　维护海岸线不受侵蚀的功能

海岸线的被侵蚀力量主要来自海浪的波浪冲击。整体而言，海浪的波浪冲击主要来自两个方面：一是海风引起的波浪冲击，二是船舶航行引起的波浪冲击。任何地点的波浪均受风程、海岸线的几何形状、风速和风持续时间、沉积物粒径大小、水深、船航行的临近程度等因素的影响。这些综合因素会对海岸线造成一定的冲刷。国外有学者曾经对这些综合因素造成的冲击力进行过定量研究。1982年，Keddy提出了"相对暴露指数（REI）"的概念，相对暴露指数的计算包括风速、风持续时间、风程等。此外，REI还与沉积物粒径大小有很大的关系。船舶航行造成的海岸线侵蚀强度取决于它产生的浪的大小、航行频率及其与海岸线的距离。船舶航行产生的浪的高度主要取决于船速，其他诸如船体的设计、吃水深度和水深也会有一定的影响。美国国家野生动植物保护区的日落海湾河道已经出现潮间带湿地由于船舶的通行而被侵蚀的迹象。① 相对暴露指数的计算结果表明，波浪所引起的海岸冲击力是相当巨大的。尤其是随着大型轮船的使用愈加普遍，海岸所经受的海浪冲击力量越来越大。

沿海滩涂具有保护海岸线不受侵蚀的功能。沿海滩涂对海岸线的保护主要来自两个方面：一是滩涂宽度的缓冲作用。Knutsonetal早在1990年就通过研究发现，波能的减少与湿地的宽度有着密切的关系。与狭窄的滩涂相比，宽阔的滩涂在削弱波能的作用上更加有效，因为随着浪头穿过湿地表面向陆地移动，波能逐渐变小，滩涂越宽，波能消减越多。当然滩涂的宽度一般取决于地区的地质构造特点、潮差和海岸线的坡度。1982年，Knutson等曾经在互花米草沿海滩涂进行过波浪消减试验，这一试验证明波能减少与滩涂宽度的关系是非线性的。这也说明人类很难通过精确计算来核定多大面积的滩涂可以起到最有效的保护海岸线的目的。但是总体而言，沿海滩涂的宽度越大，其对海浪的冲击力抵消越大，对海岸线的保护也就越明显。其次，沿海滩涂植被所构成的摩擦阻力可以很好地消除海浪的冲击力。沿海滩涂对波能的削弱主要是由于摩擦阻力。摩擦阻力与植被、表面障碍物

---

① 孟伟：《海岸带生境退化诊断技术：渤海典型海岸带》，科学出版社2009年版，第119页。

或微地形、滩涂宽度等因素都有关。植物就像灵活的隔板一样削弱波能、阻挡海水，也可以截留树叶、树枝、烂木等大小不同的有机残骸，被截留的残骸引起的附加阻力使水流速度变得更小。Miller 在1988 年的时候用曼宁糙率系数研究了滩涂潮间带植被的摩擦力。美国南卡罗莱纳州的互花米草（Spartina alterniflora）盐沼被赋予 0.06 的曼宁系数，针茅灯芯草（Juncus roemerianus）为 0.125。研究表明，互花米草可以降低 71%—94% 的浪高，削减 92%—100% 的波能。因此，滩涂植被的摩擦力在驱散潮汐巨浪上是十分有效的。

二　保护生物多样性，维持生态平衡的功能

沿海滩涂环境复杂，非常适合多种生物繁衍生息。群落生物多样性主要表现在两个方面上：一是群落中物种数的丰富性，二是各物种在群落中的密度分布。沿海滩涂的生态环境适合多种海陆生物生长，尤其是沿海滩涂中的泥滩和生物滩，为沿海生物提供了很好的生态物质基础。以我国目前保护比较完好的江苏盐城沿海滩涂为例，其中有着大量的海陆物种。根据资料统计，盐城沿海滩涂湿地共有高等植物111 科 346 属 559 种；种子植物 96 科 330 属 539 种。淡水浮游植物 7 门 96 种，近海浮游植物 190 种。两栖动物 8 种，爬行动物 26 种。鱼类 284 种，隶属于 30 目 104 科，其中近海种类约 149 种。有国家一级重点保护鱼类 1 种，国家二级重点保护鱼类 2 种。昆虫共记录到508 种，隶属于 18 目 122 科。近海底栖和潮间带动物（含内水体底栖动物）种类丰富，共记录有 325 种。浮游动物 89 种。盐城滩涂自然保护区内有国家重点保护野生植物 4 种，均为国家二级保护植物。保护区内现有记录的各类动物计 1665 种，其中一级保护动物 14 种，二级保护动物 84 种。哺乳动物 31 种，隶属于 7 目 15 科，属国家一级、二级保护动物各 1 种。鸟类 394 种，隶属于 19 目 52 科，其中留鸟 30 种，夏候鸟 56 种，冬候鸟 119 种，旅鸟 189 种。鸟类中有丹顶鹤、白头鹤、白尾海雕、东方白鹳等国家一级重点保护鸟类 12 种。黑脸琵鹭、大天鹅、白枕鹤、大鸨等国家二级保护鸟类 65 种。此外，保护区内有中日候鸟保护协定联合保护的鸟类 190 种，占协定保护鸟

类总数的83.70%。有中澳候鸟保护协定保护鸟类58种，占协定保护鸟类总数的71.60%。[1]

因此，沿海滩涂的生物数量是非常丰富的，单是盐城沿海滩涂中的物种数量就占到我国海岸带生物物种总数的十分之一。在密度上，沿海滩涂也是物种最为集中的地区。Omar等学者对滩涂生物的调查数据显示，在温度适合的平坦滩涂的潮间带中，单是大型底栖无脊椎动物（主要包括甲壳动物、软体动物、多毛类蠕虫等）的密度就可以达到每平方米10万个，其生物质量达到每平方米1000多克。[2] 沿海滩涂的生物多样性可以很好地保持生态的平衡。正是从这个意义上，沿海滩涂被称为"生物超市""基因库"。

三　调节气候的功能

湿地、海洋、森林并称为地球的三大生态系统，由于它们在调节气候方面至关重要，而被称为"地球之肺"。沿海滩涂融合了湿地和海洋的双重功能，在调节气候方面有着重要的作用。沿海滩涂内丰富的植物群落，能够吸收大量的二氧化碳气体，并释放出氧气，这对于目前急剧增长的温室气体（主要是二氧化碳）排放有着重要的抑制作用。目前，温室气体的过量排放已经受到全球关注，它所造成的全球气温升高、海平面上升、粮食减产、病虫灾害增加等自然灾害，已经迫使全球行动起来，进行全球的碳减排。而对于过剩的温室气体的吸收，沿海滩涂在其中扮演着一个重要的角色。可以预见，随着全球温室气体排放的加强，沿海滩涂在降低温室气体的比重方面，将发挥越来越显著的作用。沿海滩涂不仅可以调节全球气候的温度，它同时也可以吸收空气中的有毒气体、粉尘以及各种细菌，从而达到净化空气的功效。

---

① 吕士成、孙明等：《盐城沿海滩涂湿地及其生物多样性保护》，《农业环境与发展》2007年第1期。

② Omar Defeo, Anton McLachlan, David S. Schoeman, Thomas A. Schlacher, Jenifer Dugan Alan Jones, *Threats to sandy beach ecosystems*: A review, Estuarine, Coastal and Shelf Science 2009 (81): pp. 1 – 12.

在小气候方面，沿海滩涂由于热容量大，使沿海地区的气温变幅较小，有利于降低当地气候的温差变化。而且滩涂水分通过蒸发成为水蒸气，然后又以降水的形式降落到周围地区，保持了当地的湿度和降雨量。

四 净化海岸带环境的功能

目前，每天都有大量的污染物被排放到海洋中。陆域直接排放、海洋倾废、船舶排放等是海洋污染的几种主要方式。其中，陆域直接排放占到了污染物总量的70%。随着海洋污染的日益严重，其对人类的危害性也越来越大。20世纪70年代，发生在日本的水俣病就是一个很好的证明。沿海一线是我国人口最为集中的地域，因此，海岸线一带的海洋环境对于保护人们的身心健康尤为重要。沿海滩涂具有重要的净化海岸带环境的功能。沿海滩涂对海岸带环境的净化主要包括物理净化和生物净化两个方面。物理净化过程主要是指悬浮物的吸附沉淀；生物净化主要是指营养物和有毒物质的移除和固定。

沿海滩涂由于其特殊的自然属性，能够减缓水流，从而有利于悬浮物的吸收和沉淀。随着悬浮物的沉降，其所吸附的氮、磷、有机质及重金属等污染物也随着从水体中沉降出来。不过，沿海滩涂对滞留沉淀物的作用是有限的，如果滩涂潮水区沉淀物大量增加，那么过量的沉淀物对滩涂会产生不利影响，从而导致其吸附沉淀物的能力大幅下降，弱化其净化海岸带环境的功能。一部分富营养物质与沉淀物结合在一起，随着沉淀物同时沉降。富营养物沉降后被滩涂植物吸收，通过化学和生物学过程而储存起来。在许多沿海滩涂中，较慢的潮流有助于沉淀物的沉降，也有助于将与沉淀物结合在一起的有毒物质吸附和转化。调查数据显示，许多沿海滩涂中的芦苇、红树等水生植物中，其组织中富集重金属的浓度能够比周围环境高出10万倍以上。许多植物还含有能与重金属螯合的物质，从而参与重金属的解毒过程。

五 提供丰富的海陆资源的功能

沿海滩涂是海陆资源最为丰富和集中的地域。从某种程度而言，其所保涵的生物多样性也是一种很重要的资源。生物多样性对于保持全球生态平衡起着不可替代的作用。除此之外，生物多样性对人类还有两项重要的资源价值：一是对人类的医药价值。现代医学的抗病基因很多需要从物种中提出，生物多样性保证了这种抗病基因的储藏。如果生物多样性下降，人类在未来很可能寻找不到医治某种变异病毒的抗病基因。目前，沿海滩涂的一些生物已经成为很重要的药用植物或者动物。二是对人类的粮食价值。随着人类对单一粮食作物的依赖性越来越大，使成片的粮食作物抵御变异病毒侵害的能力下降，如果没有及时嫁接新的基因，会使粮食作物的产量下降，甚至成片死亡，威胁人类的粮食安全。从另一个角度而言，沿海滩涂所保护的生物资源，也是人类目前重要的"口粮"。沿海滩涂所提供的丰富的鱼类、贝类、蟹类、虾类等是人类重要的蛋白质来源。此外，沿海滩涂所提供的芦苇、甘草等也是很好的经济植物。

目前，沿海滩涂所带给我们的最重要资源是土地资源。由于沿海滩涂具有不断变化不断淤涨的特性，所以滩涂成为人们攫取土地的最好资源。特别是随着人口向沿海一线的大规模转移，沿海地域的用地紧张越发突出。由于我国有着严格的耕地保护政策，这使沿海地方政府在城市建设用地以及工业用地方面，挤占耕地的成本很高。沿海滩涂成为开发成本最低的土地资源。而且随着全球人口的不断增长，很多耕地不可避免地被挤占，沿海滩涂也成为非常重要的后备耕地资源。滩涂的土地资源价值在新中国成立 60 年的历史演变中演绎得淋漓尽致。围垦滩涂是沿海区域获取沿海滩涂价值的一项内容。甚至在自然淤涨不高的时候，很多地方还进行人工促淤，以便在较短的时间内获取更多的土地。上海是我国沿海土地最为紧张的地域之一，沿海滩涂为其提供了大量的后备土地。不仅如此，上海市还进行人工促淤。特别是到了 20 世纪 90 年代，上海市进行了大规模的工程促淤，南汇人工半岛、浦东国际机场以及大治河两侧的长丁坝、长顺坝等都是人工促淤的结果。促淤使这些地域的淤涨速度提高了10余倍。例如南汇地区基于自然淤涨每年可达200公顷，而人工促淤达到每年2500公顷。除了工程促淤之外，上海市还进行了生物促淤，早在20世纪八九十年代，上海在崇明、长兴、九段沙与南汇东滩分别引进了互花米草促淤，年促淤速度为0.1—0.2米。① 沿海滩涂的土地资源供应并非取之不尽。如果围垦的速度过快，则可能缩小滩涂面积，甚至消亡。

沿海滩涂除了提供生物资源和土地资源外，还可以提供矿物资源和动力资源。沿海滩涂中的砂滩和岩滩成为很好的取砂地和采石地。而泥滩中的泥炭是一种新能源，许多国家在供暖、发电和农村家庭中使用。只是沿海滩涂在提供矿物资源时会耗竭自己的资源，威胁沿海滩涂自身的存在。此外，沿海滩涂中的潮汐是很好的发电动力，这成为一种取之不竭的能源供应。

六　具有海岸景观和娱乐功能

沿海滩涂中的砂滩（即海滩），已经成为海洋旅游的重要载体。人们对海洋的青睐，很大部分体现在对海滩的热衷上。尽管没有非常准确的统计数字来表明海滩旅游在海洋旅游中所占的比重，但是从人们到海洋旅游目的的选择上可以一窥海滩的重要性。随着湿地、森林等原生态区域的不断缩减，沿海滩涂所提供的景观和娱乐功能愈加凸显。目前，泥滩、岩滩的吸引力也与日俱增，红树林、珊瑚礁等生物滩也吸引人们竞相参观。正是由于沿海滩涂具有如此丰富的旅游资源，使我国的旅游管理部门也参与沿海滩涂的管理之中。

---

① 陈吉余、程和琴等：《滩涂湿地利用与保护的协调发展探析——以上海市为例》，《中国工程科学》2007年第6期。

第三章　沿海滩涂开发与保护的基本状况

第一节　我国沿海滩涂的基本分布状况

我国沿海滩涂广泛地分布在 18000 公里的海岸线上。北起辽宁、南至广西的沿海，以及海岛沿海一线都广为分布。其中，大河三角洲平原海岸及华南海岸的一些港湾内最为集中。[①] 由于对沿海滩涂的概念存在着差异，统计机构对我国沿海滩涂面积的统计数据之间存在显著差别。据《中国海洋统计年鉴 1993》[②] 的统计数据，我国沿海滩涂面积为 208 万公顷。全国海岸带和海涂资源综合调查成果编委会调查的结果与此略有出入，我国沿海滩涂面积为 216.66 万公顷。[③] 但几乎是同时期的《中国自然资源丛书》（1995 年卷）[④] 一书统计我国的沿海滩涂面积则是 353.9 万公顷。[⑤] 之所以存在这种统计数据之间的显著差别，原因在于不同统计机构对沿海滩涂的外延存在不同的认识。

[①]　Wang Ying, Zhu Dakui. Tidal Flats in China. *Oceanology of China Seas*, 1994（2）: pp. 445 – 456.

[②]　1993—2007 年间的《中国统计年鉴》，对于我国沿海滩涂的统计数据并没有发生任何变化。自 2008 年以来，《中国统计年鉴》中没有再对沿海滩涂面积进行过统计。

[③]　全国海岸带和海涂资源综合调查成果编委会：《中国海岸带和海涂资源综合调查报告》，海洋出版社 1991 年版，第 309 页。但是在同一本书，对沿海滩涂的面积数据也不一致。在该书的第 316 和第 337 页显示我国沿海滩涂面积为 217.09 万公顷。

[④]　中国自然资源丛书编撰委员会：《中国自然资源丛书》，中国环境科学出版社 1995 年版，第 197 页。

[⑤]　原书统计为 5308 万亩。《中国自然资源丛书》的统计单位为"亩"。为了便于比较，笔者将之转化为公顷。下同。

《中国统计年鉴》（包括《中国海洋统计年鉴》）与全国海岸带和海涂
资源综合调查成果编委会的编撰者是从狭义的角度来界定沿海滩涂，
其所统计的沿海滩涂面积只包括潮间带的面积，而《中国自然资源丛
书》编撰委员会则是从中义①的角度来界定沿海滩涂，其范围不仅包
括潮间带，还包括潮上带以及辐射沙洲。其中，统计的潮间带面积为
207.6 万公顷，占滩涂总面积的 58.7%；潮上带面积为 131.8 万公
顷，占滩涂总面积的 37.2%；辐射沙洲面积为 14.5 万公顷，占滩涂
总面积的 4.1%。② 显然，尽管《中国自然资源丛书》（1995 年卷）
所统计的潮间带面积（207.6 万公顷）与《中国海洋统计年鉴 1993》
所统计的滩涂面积（208 万公顷）略有出入，但是基本相同。

　　经过近 20 年的侵蚀、淤涨，尽管我国沿海滩涂基本分布状况有
所变化，但是沿海滩涂的总面积没有改变。据国家统计局所公布的
2007 年数据，我国的沿海滩涂面积依然为 208 万公顷。③ 需要说明的
是自 2008 年以来，《中国统计年鉴》及《中国海洋统计年鉴》均没
有采用"滩涂面积"这一术语进行统计，而是采用了"近岸及海岸
湿地面积"这一术语进行统计。如上文所述，统计年鉴所谓的"近
岸及海岸湿地面积"是指沿海地区的湿地面积（即滨海湿地面积），
并不局限于沿海滩涂面积。这一新的统计概念的使用使统计数据发生
了很大的变化（见表 3 – 1）。

表 3 – 1　　　　　　　　　　我国湿地面积　　　　　　（单位：万公顷）

湿地面积	3848.55
天然湿地	3620.06
近岸及海岸	594.17
河流	820.7

---

　　① 之所以称《中国自然资源丛书》是从"中义"的角度来界定沿海滩涂，是因为其
统计的沿海滩涂面积并不包括潮下带的面积。
　　② 《中国自然资源丛书》（1995 年卷）一书的滩涂面积数据转引自《全国沿海滩涂资
源和农业综合开发规划》一书中的沿海滩涂面积。
　　③ 参见《中国统计年鉴 2007》，第 5 页。

续表

湖泊	835.16
沼泽	1370.07
人工湿地	228.5

注：由于计算的技术问题，湿地总面积（3848.55）与天然湿地和人工湿地之和（3848.56）出现了细微的差异。本书为了数字上方便比较，将所有的来源数据单位都换算成公顷。

资料来源：《中国统计年鉴2010》。

在表3-1的统计分类中，近岸及海岸湿地的面积是594.17万公顷。这说明统计机构所定义的近岸及海岸湿地范围要大于沿海滩涂的面积。这是因为2007年的沿海滩涂面积（208万公顷）不可能在短短的3年时间内增长了一倍还多。因此，统计机构所界定的"近岸及海岸湿地"包括两部分：一是海岸湿地，即为传统意义上的沿海滩涂；二是近岸湿地，即在海岸带范畴之内但不包括滩涂的湿地。很多学者使用的"滨海湿地"或"沿海湿地"这一概念可以认为等同于统计机构所使用的"近岸及海岸湿地"。实际上，很多学者在引述《中国统计年鉴》的数据时，就直接将"近岸及海岸湿地"的概念替换成了"滨海湿地"。[1]《中国统计年鉴》的统计数据从另一个方面佐证了"海岸湿地""滨海湿地""沿海滩涂"三个概念之间的外延关系。

统计机构之所以改变了统计概念，主要原因有两个：一是将沿海滩涂纳入湿地的统计范畴之内，可以更好地说明我国的生态环境变化状况。湿地作为地球最重要的生态调节系统，其面积的变化举足轻重；二是滩涂在整体上不断地淤涨与侵蚀，微观上变化不断，尽管整体面积没有显著变化，但是在局部地区已经发生了巨大的变化。有学者统计，我国自1949年以来，滩涂面积以每年2万—3万公顷的速度在不断淤涨。部分学者的数据更高，认为每年沿海滩涂的淤涨速度达

[1]　张晓龙、李培英等：《中国滨海湿地研究现状与展望》，《海洋科学进展》2005年第1期。

到 20 万公顷。以江苏沿海一线为例，江苏滩涂淤涨岸线长达 366 公里（标准岸线），扣除因冲刷而损失的滩地，年均淤涨也达到 1000米，是我国滩涂面积淤涨最为集中的地区。[①] 但是也有数据表明，在经历了 20 世纪 50 年代的围垦造田和 80 年代的以养虾为主的海水养殖高潮后，新中国成立以来已经累计丧失沿海滩涂面积超过 100 万公顷，约占总面积的 50%。

目前，我国四个海区（渤海、黄海、东海、南海）的沿海滩涂面积相差不大，除了黄海的滩涂面积略长以外（占全国滩涂面积的25%—30%），其他三个海区的滩涂面积相差不大，几乎都是全国滩涂面积的四分之一。表 3 - 2 是我国沿海 11 个省市的沿海滩涂分布表，它表明我国的沿海滩涂自北向南广泛地分布在海岸线上。

表 3 - 2　　　　　　　　　我国沿海滩涂主要分布地

地区	沿海滩涂主要分布地
辽宁	辽河三角洲、大连湾、鸭绿江口、辽东湾
河北	北戴河、滦河口
天津	天津沿海湿地
山东	黄河三角洲及莱州湾、胶州湾
江苏	盐城滩涂、海州湾
上海	崇明东滩、江南滩涂、奉贤滩涂
浙江	杭州湾、乐清湾、象山湾、三门港
福建	福清湾、九龙江口、泉州湾、晋江口
广东	珠江口、湛江口、广海湾、深圳湾
广西	铁山港和安铺港、钦州湾
海南	海南岛沿岸及周围岛屿海岸

注：本书对我国沿海滩涂及湿地的统计，均没有包含港澳台地区。

尽管每一个沿海省市都有大面积的滩涂分布，但是实际上各沿海省市的沿海滩涂面积分布极不平衡。据 1994 年前的统计数据，我国

---

① 参见杨宝国、王颖、朱大奎《中国的海洋海涂资源》，《自然资源学报》1997 年第 4 期；徐向红《江苏沿海滩涂的环境问题及保护对策》，《海洋开发与管理》1994 年第 4 期。

滩涂面积排名前六名的沿海省份占据了全国沿海滩涂总面积的 80%
还多，并且前 6 名的每一个省份滩涂面积都超过 20 万公顷。其中，
江苏省的滩涂面积最大，占全国滩涂总面积近 30%，而且分布极为
集中，主要分布在盐城沿海一线和海州湾。其次，山东省也是我国沿
海滩涂大省，其沿海滩涂占到全国滩涂总面积的近六分之一，主要集
中在黄海三角、莱州湾及胶州湾地区。浙江省的滩涂面积排在全国第
三，与山东省的滩涂面积相差不大。辽宁省、广东省的滩涂面积最为
接近，在全国滩涂面积中排名第四和第五，分别占全国滩涂总面积的
10%。福建省排名第六，也有 20 万公顷的沿海滩涂。表 3 - 3 是我国
沿海 11 个省市的滩涂面积及排序。

表 3 - 3　　　　1994 年前我国沿海 11 个省市的滩涂面积及排序

次序	地区	滩涂面积（万公顷）	占全国总量百分比（%）
1	江苏	65.33	27.8
2	山东	32.55	13.82
3	浙江	28.86	12.3
4	辽宁	24.18	10.3
5	广东	22.8	10
6	福建	20.48	8.7
7	河北	11.07	4.7
8	广西	10.05	4.3
9	上海	9.04	3.8
10	天津	5.87	2.5
11	海南	4.87	2.1

　　数据来源：全国海岸带和海涂资源综合调查报告，1994 年江苏省统计年鉴等。其全国
滩涂面积总数据与中国统计年鉴的数据略有出入，也与部分学者的统计数据有细微的差距。
鉴于近年来我国已经不再采用沿海滩涂作为统计术语，本书的数据只能来源于以前的统计
资料。

第二节　我国沿海滩涂退化的表现

　　沿海滩涂退化，亦可称为沿海滩涂生态环境恶化，是指由于自然

环境的变化，或是人类对沿海滩涂资源过度以及不合理利用而造成滩涂生态系统结构破坏、功能衰退、生物生产力下降、生物多样性减少、滩涂资源逐渐丧失的一系列现象和过程。① 我国沿海滩涂退化表现在以下三个方面。

一　沿海滩涂侵蚀和人工侵占现象严重

沿海滩涂存在的形态是其生态环境的载体，一旦沿海滩涂的自然形态发生了改变，其生态环境也将遭受恶化。沿海滩涂的形态变化对生态环境的最大影响就是滩涂面积遭受不断缩减。这种缩减可以分为两个方面：一是由于自然力量（主要是海浪冲击）而使滩涂海岸线不断向陆一侧推进，减少滩涂的潮上带和潮间带。这可以称为滩涂的自然侵蚀；二是由于人力直接作用于沿海滩涂，改变沿海滩涂的生态特性和地貌特征，而使其面积缩减。这可以称为滩涂的人工侵占。人工侵占对沿海滩涂的生态环境影响是巨大的。这是因为人口侵占滩涂相对于自然侵蚀滩涂，其侵占的速度和面积都是巨大的，它使滩涂生态无法在短时间内调整自己的适应性。换言之，它的速度和力度超出了滩涂生态所能承受的弹性范围，从而使其生态系统崩溃。而且人工侵占滩涂对滩涂的破坏更为全面和彻底。人工侵占滩涂不仅可以侵占滩涂的潮上带和潮间带，而且也可以侵占其潮下带。人工侵占潮上带和潮间带，一般是彻底改变滩涂的生态特性和地貌特征，将之变为耕地、工业用地或城市建设用地；人工侵占潮下带一般是将之匡围成人工养殖渔场，或者大量采砂，加大潮下带的等深线。不管是潮上带、潮间带，抑或潮下带的人工侵占，都更为彻底地改变了沿海滩涂的生态系统，使其中的生物丧失了生存繁衍自然物质的基础。

当然，沿海滩涂面积的损失在实际上很难将自然侵蚀与人工侵占完全分开。人们在使用"侵蚀"一词时，更多地也是从广义的角度来使用的，即滩涂的被侵蚀既包括自然侵蚀，也包括人工侵占。我国在统计沿海滩涂的面积减少时，也是综合了这种状况，而没有将之分

---

① 张晓龙、李培英等：《中国滨海湿地退化》，海洋出版社 2010 年版，第 15 页。

开统计。据现有的统计数据显示，我国是沿海滩涂被侵蚀最严重的国家之一。如果综合自然力量和人工力量的双重标准统计，我国70%左右的砂质滩涂和淤泥质滩涂均存在被侵蚀现象，被侵蚀的海岸线占大陆岸线总长度的三分之一。实际上，不仅我国的沿海滩涂遭受这样大面积的侵蚀，世界范围内的滩涂侵蚀都是非常严重的。Bird在1996年的研究表明，全世界超过70%的滩涂在遭受侵蚀。[1] 综合自然侵蚀与人工侵占双重因素，沿海滩涂面积减少的状况可以分为三个方面。

1. 人工围垦滩涂，或者海岸工程将滩涂改造成形成耕地、工业用地或者城市建设用地。人工围垦滩涂，或者进行一些海岸工程，改变了滩涂潮上带和潮间带的滩涂生态特性和地貌特征。因此，人工围垦后的滩涂已经不能再被称为滩涂。全国海岸带和海涂资源综合调查成果编委会统计，我国的沿海滩涂面积为216.676万公顷，围垦滩涂面积却达到113.33万公顷。沿海滩涂的损失率超过50%。[2] 其中江苏省的滩涂面积减少约占全国的40%。目前，滩涂面积也在以每年2万公顷的速度在减少。这些减少的滩涂主要用于围垦成耕地、城市建设用地或者鱼塘。新中国成立后的50年间，江苏省在开垦利用老海堤内53.33多万公顷荒地的同时，新筑海堤1216公里，匡围了23.3万公顷沿海滩涂，形成160多个垦区。[3] 1950—2003年，浙江省滩涂围垦面积已达到18.27万公顷，年均围垦约3400公顷。浙江省肖山垦区，在1980年以前共围垦滩涂41万余亩，扩大耕地23万多亩。[4] 而滩涂面积只占全国滩涂面积不到9%的福建省自1950年以来也已完成9.2万公顷的滩涂围垦。广西省滩涂面积也处于递减阶段，1955—1978年的22年间，滩涂面积减少了约10000公顷，平均每年减少约500公顷。厦门市1987年的红树林面积为17930公顷，到了1995年

---

[1]　Bird, E. C. F. Beach Management. , Wiley, UK, Chichester, 1996, p. 292.

[2]　全国海岸带和海涂资源综合调查成果编委会：《中国海岸带和海涂资源综合调查报告》，海洋出版社1991年版，第309—311页。

[3]　徐向红：《江苏沿海滩涂开发、保护与可持续发展研究》，博士学位论文，河海大学，2004年。

[4]　罗有声、项福椿：《怎样利用与保护滩涂资源》，海洋出版社1984年版，第3页。

下降为 1280 公顷，减少了 88%。① 上海市单单在 1954—1985 年的 30 年间，就围垦了 3800 公顷的沿海滩涂。② 人工围垦沿海滩涂，在一定程度上解决了沿海区域的发展空间限制，但是造成沿海滩涂的大面积缩减和生态环境恶化。

2. 人工采砂。我国建筑业所需要的砂石很多是来自滩涂采砂，其采砂行为非常严重。有研究者对山东半岛的采砂量进行过统计，每年从海滩的采砂量就达到 3000 万吨。对于全国的采砂量而言，可能的采砂数据也是惊人的。全国砂质滩涂的被采砂数量可能达到平均每公里 14000 吨。③ 采砂使沿海滩涂的砂质减少，减低了对海浪的抵御力和缓冲力，使海浪对滩涂的侵蚀更为强烈。而且人工采砂也使近岸地区的海水深度增加，威胁到一些海岸工程。我国的滩涂人工采砂情况严重，不仅存在大量合法采砂，还有很多地下非法采砂。例如青岛田横镇部分滩涂海泥中含有硅藻等成分，是海参苗种的主要饵料，因此引起沿海民众的竞相私自采挖。采砂的危害非常巨大，例如山东蓬莱西庄至奕家口一带海岸挖砂造成侵蚀，使海岸后退了 20 多米，冲毁民房 24 间、工厂 4 家，毁掉耕地 300 多亩、潍烟公路被迫改道等，损失达数千万元。④

3. 海平面上升。海平面上升也是我国沿海滩涂被侵蚀的一个重要因素。特别是过快的海平面上升，打破滩涂侵蚀与淤涨之间的动态平衡，使滩涂的潮上带不断被海水淹没。Bruum 在 1996 年计算出海岸侵蚀的幅度是海平面上升速度的 50—100 倍，即海平面上升 1 米，将使海岸线后退 50—100 米。目前世界上海面以每年 1.5—2.5 毫米

---

① 具体参见张晓龙、李培英《中国滨海湿地退化》，海洋出版社 2010 年版，第 139 页；黄鹄、戴志军等《广西海岸环境脆弱性研究》，海洋出版社 2005 年版，第 35 页；齐涛、薛雄志等《海岸带湿地变化及其对生态环境的影响：厦门海域案例研究》，《海洋环境科学》2006 年第 1 期。

② 全国海岸带和海涂资源综合调查成果编委会：《中国海岸带和海涂资源综合调查报告》，海洋出版社 1991 年版，第 311 页

③ 夏东兴：《海岸带地貌环境及其演化》，海洋出版社 2009 年版，第 125 页。

④ 鹿守本、艾万铸：《海岸带综合管理——体制与运行机制研究》，海洋出版社 2001 年版，第 6 页。

的速度上升，且有加速上升的趋势，这大大加速了沿海滩涂的被侵蚀速度。① 海平面上升和人工围垦滩涂，从海陆两个方向挤压沿海滩涂的空间。

二　沿海滩涂的生物多样性降低，生态系统恶化

生物多样性（biodiversity）是生态学上的一个重要概念，是指栖息于一定环境的所有动物、植物和微生物物种、每个物种所拥有的全部基因以及它们与生存环境所组成的生态系统的总称。② 生物多样性包括物种多样性、遗传多样性和生态系统多样性三个基本层次，并通过物种的丰富性和物种的密度显现。沿海滩涂是生物多样性的重要区域之一，但是我国的沿海滩涂生物多样性正在下降。由于海岸的开发，其生态系统正在濒临崩溃。2011 年 11 月，有关青岛胶州湾滩涂湿地减少导致大量候鸟无法过冬的报道，充斥各大网络媒体。胶州湾沿海一线分布着大量的滩涂，成为大量候鸟栖息过冬的理想地点。但是随着青岛城市建设的扩展，大量的沿海滩涂被改建成居民住宅，或者城市基础设置。这使大量的滩涂生物失去了栖息地。青岛胶州湾，在海岸被开发之前，有大量水鸟存在，而现在，"跟以前最大的区别，是这里一只鸟都看不到了"。③ 这种状况并非青岛胶州湾滩涂湿地所独有，在我国沿海的很多地区正在上演相同的一幕。

滩涂旅游开发是滩涂开发最为环保的方式之一，但是这也会给潮间带的生物多样性造成损害。Marc Schierding 等人曾经对波罗的海的海滩生物多样性进行过非常有代表性的研究。他们将海滩分为两类：开放式海滩和封闭式海滩。开放式海滩对游人开放，允许其进入旅游和休闲，而封闭式海滩则禁止游人进入。结果数据显示，开放式海滩的生物多样性远远低于封闭式海滩，前者无论在物种的种类上，还是

---

① 夏东兴：《海岸带地貌环境及其演化》，海洋出版社 2009 年版，第 126 页。

② 沈国英、黄凌风等：《海洋生态学》（第三版），科学出版社 2010 年版，第 324 页。

③ 佚名：《胶州湾大片湿地开发建楼　迁徙候鸟无处过冬》，http：//www.hdxxg.com/html/2011/1120/1457311417.htm。

密度上，都要低于后者（如图3-1）。这说明即使对沿海滩涂开发影响最小的旅游业，对滩涂潮间带的生物多样性影响都是举足轻重的。其他的一些掠夺性的渔业开发，例如滩涂贝类、蟹类等开发，对滩涂生态更是致命的。

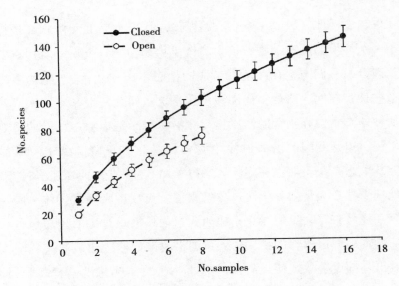

图 3-1　开放式（open）海滩与封闭式
（closed）海滩的生物变化比较

资料来源：Marc Schierding Susanne Vahder Laura Dau Ulrich Irmler, Impacts on biodiversity at Baltic Sea beaches, Biodivers Conserv, 2011（20），pp. 1973-1985.

　　人工开发对滩涂潮下带的生物多样影响也是巨大的。目前，对滩涂潮下带的开发主要是将之改造成人工渔业养殖场。滩涂潮下带被改造成人工渔业养殖场之后，养殖户一般都会清除养殖区域内的一些物质和生物，以提高养殖的收益。滩涂清理的结果往往使一些滩涂生物赖以生存的生境被破坏。因此，将滩涂潮下带改造成人工渔场，尽管对人类的直接影响不大，甚至在近期还会体现出一定的经济价值，但是它对滩涂生态的影响是巨大的。新中国成立以来，我国的海水养殖面积大幅提升，这其中主要集中在滩涂潮下带。表3-4显示了我国目前滩涂的海水养殖面积为797千公顷。占全国海洋可养殖面积

（2600.11 千公顷）的 31％。换言之，我国海水养殖的三分之一集中在滩涂潮下带。其中，上海市和江苏省的海水养殖几乎全面集中在滩涂水域（上海市为 100％，江苏省为 96％），其他还有 5 个省市的滩涂面积占到了海水养殖面积的一半左右。大规模的滩涂渔业开发对潮下带的生物多样性更产生了不可估量的严重影响。

表 3-4　　　　　　　　　我国滩涂海水养殖面积及比例　　　　　　　　单位：千公顷

地　区	海水可养殖面积		
		滩涂养殖面积	滩涂养殖占海水可养殖比例（％）
全国	2600.11	797.00	31
天津	18.49	8.49	46
河北	111.37	61.70	55
辽宁	725.84	92.45	13
上海	3.22	3.22	100
江苏	139.00	130.96	94
浙江	101.46	57.39	57
福建	184.94	100.76	54
山东	358.21	173.41	48
广东	835.67	120.00	14
广西	31.95	22.09	69
海南	89.52	26.09	29

资料来源：《中国统计年鉴 2010》。

三　沿海滩涂污染严重，海岸环境恶化

如果说滩涂生态破坏还只是对滩涂生物造成直接损害，对人类的威胁是间接的，那么沿海滩涂的污染则是直接对人类的生存和发展构成威胁。概括而言，沿海滩涂的污染主要来自三个方面：滞留在滩涂的塑料垃圾等固体废弃物；人类的生活及工业污水；漏油。目前，我国的沿海滩涂污染已经非常严重。滩涂周围海水水质的恶化就是一个很好的说明。表 3-5 是我国海水水质划分种类及比例，它表明 2004—2010 年 7 年间的海水水质情况。我国将海水水质划分为 5 类，

表 3 – 5　　　　　　　　　我国近岸海水水质划分种类及比例数据

年份	近岸海域海水水质监测点数目（个）	国家近岸海水水质划分种类及比例数据（单位:%）					
		Ⅰ、Ⅱ类		Ⅲ类		Ⅳ、劣Ⅳ类	
		占海水比例	变化率	占海水比例	变化率	占海水比例	变化率
2004	246	49.6	0	15.4	-4.4	35	5.0
2005	293	67.3	17.7	8.9	-6.5	23.8	-11
2006	288	67.7	0.4	8.0	-0.9	24.3	0.5
2007	296	62.8	-4.9	11.8	3.8	25.4	1.1
2008	301	70.4	7.0	11.3	-0.5	18.3	-7.0
2009	299	72.9	2.5	6.0	2.5	21.1	2.8
2010	298	62.8	-10.1	14.1	8.1	23.2	2.1

　　资料来源：国家统计局海水统计公报 2004—2010 年。其中变化率的计算公式为：当年的海水水质比例—前年的海水水质比例。变化率为正，说明所占比例在增加；变化率为负，说明所占比例在减少。

　　将其归入三大类中：第一类是Ⅰ、Ⅱ类海水，7 年间平均占海水水质总量的 60%—70%。尽管变化率显示，在大部分时间内第一类海水水质占整个海水水质的比例在增加，但是在 2010 年却有一个大的下降（-10%）。第二类是Ⅲ类海水，占海水水质总量的 10% 左右。变化率显示其处于急剧波动之中，其正负的年份相当。第三类是Ⅳ、劣Ⅳ类，占海水 20%—30%。大部分的变化率为正数，说明第三类（即污染严重的劣质海水）呈现一种逐年增加的趋势。尤其是 2008—2010 年三年间，第三类的上升趋势更为明显。图 3 – 2 是对这种比例和变化趋势的一种更为直观的表述，它表明除了 2006 年和 2008 年，第三类海水相对前年有了一个较大的减少外，其他 5 个年份都在增加。近岸海水水质的恶化是滩涂污染的一个重要原因，也是其环境污染的一个表现。海水的被污染，使滩涂景观、滩涂渔业以及沿海周边的居民都遭受了损害。

　　我国的沿海滩涂污染不仅体现在近岸海水水质的恶化上，滩涂土壤中的重金属污染也非常严重。部分地区的滩涂工业污染已经非常严重。长江口滩涂是我国沿海滩涂非常集中的地区之一，包括江苏东部

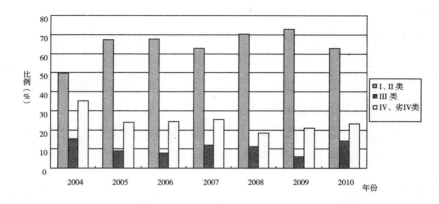

图 3 – 2　我国近岸海水水质分布比例

滩涂、崇明岛东部滩涂、长兴和横沙岛边滩、南汇滩、奉新边滩、长江口南岸的滩涂湿地等。但是研究显示，这一地区的滩涂污染也是最为严重的地区之一。康勤书、周菊珍等人曾经对长江口滩涂湿地的重金属情况做过调查，发现在所调查的 5 个滩涂地区，有 4 个滩涂地区处于中度以上的污染程度，其中还有一个处于重度污染程度。表3 – 6 调查数据显示被污染的滩涂地区占到了 80%。

表 3 – 6　　　　　　　　　　长江口滩涂重金属污染状况

滩涂区域	污染综合指数	污染程度
长江口南岸	5.26	重度污染
崇明东旺沙	3.18	中度污染
杭州湾北岸	2.72	偏中度污染
九段中砂	2.28	偏中度污染
奉新边滩	0.93	未污染

資料来源：康勤书、周菊珍：《长江口滩涂湿地重金属的分布格局和研究现状》，《海洋环境科学》2003 年第 3 期。

　　如果说上述数据还不足以说明沿海滩涂污染的严重，那么上海市海岸带和海涂资源综合调查资料的数据可能更有说服力。上海农业污染（农药、化肥）、生活污染（污水、垃圾）、港口和船舶污染（漏油、垃圾）三项污水排放的每日入海通量达 516.9 万吨，其中石洞口排污口 50.9 万吨/日，白龙港排污口 20.6 万吨/日，上海石化总厂 40

万吨/日，黄浦江及支流 400 万吨/日。污水中各类污染物质的入海通量为：有机质（以 COD 计）437 吨/日，总汞 3.61 吨/年，铜 550.4 吨/年，锌 1772 吨/年，铅 303.9 吨/年，镉 4.9 吨/年，油类 6801 吨/年。[①] 长江口的沿海滩涂污染并非个案，它反映出我国沿海滩涂的污染已经非常严重，沿海滩涂环境不断恶化。

尽管我国的沿海滩涂分布广泛，但是其生态环境不断恶化，造成了一系列环境和社会问题。

四　影响沿海滩涂退化的因素

（一）旅游休闲

旅游休闲等娱乐活动对沿海滩涂的生态环境破坏是巨大的。滩涂中的砂滩（海滩）作为现代娱乐的黄金地段，支撑着许多沿海经济的发展。因此，滩涂管理往往侧重于将海滩的旅游休闲最大化，这导致许多有害生态环境的人类干预。基于旅游开发而产生的人类干预滩涂行为是多元化的，例如滩涂的富营养化，沿海硬件设施的增设，沙滩清理，沙丘破坏，旅游基础设施建设，光线和声音污染，等等。随着沿海人口的不断聚集，这种影响愈加明显。

娱乐活动直接造成的生态环境问题在世界各地的滩涂中都不断涌现。沙丘植被最容易受到践踏，现代海滩的管理实践，逐步要求限制人类进入这些敏感地区。然而，在世界许多地方，野营和驾驶活动有增无减，这严重影响沙丘植被。越野车对砂滩和沙丘造成的大范围生态伤害主要包括：（1）车辙深深压过后会扰乱沙丘和海滩的物理属性与稳定，轮胎轨道破坏了水边地沙丘，破坏了滩涂生物生存的物理基础；（2）破坏沙丘植被，导致生物多样性降低和植物覆盖面减少；（3）对许多珍贵的濒危脊椎动物，例如海龟和水鸟造成生存危机。不管是对这些物种的直接践踏，还是对其食物链的破坏，都将对这些物种造成无法弥补的损害。海滩和沙丘是水鸟和海龟这两个类群的关

---

① 上海市农业区划委员会办公室：《上海滩涂农业开发利用》，上海科学技术出版社 1989 年版，第 15 页。

键栖息地，它们对于人类的干扰非常敏感。人类活动使水鸟喂食幼雏
的时间减少，对其造成的觅食行为的变化和食物摄入量下降。也使母
鸟很少有时间去照顾幼雏，从而导致鸟蛋和幼雏更易被攻击。而且在
人口活动密集的区域也降低了水鸟的筑巢密度。这一切都对水鸟等物
种的生存造成了灾难性的影响。

　　旅游休闲等娱乐活动对滩涂生态造成不利影响的另一个因素就是需
要对开放的海滩进行清洁。海滩的清洁，一般是用大型机械来清理旅游
后遗留在海滩的垃圾，这种沙滩的美容不仅删除了无用的材料，也阻挠
了沙丘植物和其他物种的繁殖，扰乱了本土生物和破坏沙层表面，从而
使地表外露，更易受到风力的侵蚀。滩涂海水美容（即清除潮间带和
潮下带的海草）有着严重的生态后果，尤其是海洋植物茂盛的地区。
清理会导致面积广大的无植被区域的出现，增加了荒漠化程度，以及提
高了海岸被侵蚀的可能性。沙滩无脊椎动物的生态系统与海草有着密切
的联系，海草既提供了食物来源又帮助微生物抵抗干燥。与海草相关的
生物的多样性正在逐渐减少，而与之相反的是沙滩上类似苍蝇这类的生
物却在日益增多。清理也可能使潮间带上的小型动物受到影响。在沙滩
清理中使用的重型设备也会导致鸟蛋、水鸟幼雏、龟和鱼的死亡率升
高，清理产生的轨道会使幼龟在前往大海的路径中迷失方向。目前，许
多海滩也因此不再拥有这些脊椎动物的繁殖种群。

　　（二）滩涂修复

　　世界上超过70%的滩涂在遭受着侵蚀。防止滩涂被侵蚀的一个措
施就是进行滩涂修复，以加固滩涂。滩涂修复，又称为滩涂养护，包
括修建海堤和防波堤。但实践证明，滩涂修复工程对防止沿海滩涂的
被侵蚀并没有太多效果。Pilkey 和 Wright 在 1989 年，Hsu 在 2007 年，
都进行过相同的研究，他们的结论基本相同。① 不管是经济组织，还

---

　　① Pilkey, O. H., Wright, H. L., Seawalls versus beaches. In: Krauss, N. C., Pilkey,
O. H. (eds.), The Effects of Seawalls on Beaches. Journal of Coastal Research, Special Issue, 4,
1989, pp. 41 – 67.; Hsu, T., Lin, T., Tseng, I., Human impact on coastal erosion in Tai-
wan. Journal of Coastal Research 23, 2007, pp. 961 – 973.

是环保组织，都会对滩涂修复持积极的态度。但滩涂修复态并没有达到保持海岸线的理想状态，却可能会破坏沙滩的栖息地和生物群生态系统。滩涂修复对生态的不利影响，在人口流动区、物种丰富区和养分充足区表现得更为明显。受影响的生物群落广泛，包括底栖微藻，维管束植物，陆生节肢动物，潮间带和潮下带无脊椎动物，其他海洋底栖动物以及鸟类。

滩涂修复对滩涂生态环境的影响因素，包括修复的工程过程本身（工程的持续时间和工程质量）以及对沉淀物的影响。滩涂修复对滩涂生态环境的影响可能是直接的（例如将一些生物直接埋葬，提高了其死亡率），也可能是间接的（例如工程的噪声减少了水鸟捕捉猎物的可能性）。国外有不少有关滩涂的研究，关注人为地改变沉积物对大型底栖动物数量和质量的影响。[①] 滩涂修复所构建的大型海岸工程，对沉淀物的影响是巨大的，它会对海底生物构成掩埋的威胁，并造成生物的迁徙。这种影响还可能会加剧沙滩形态的变化，特别是当修复是将一个平坦型滩涂变成陡峭型滩涂时，将大大减少某些物种的栖息地面积。滩涂修复也会打扰水鸟的筑巢和觅食，破坏沙丘植被以及夯实滩涂砂层。夯实的滩涂砂层会影响到沙子的间隙空间，这将使滩涂的保水性、透气性大打折扣，降低滩涂气体和营养物质的交换，破坏滩涂生物的生存空间。

如何减轻滩涂修复对滩涂生态的影响可能是艰难的，因为滩涂修复一般是大型的工程项目，它是现代人类机械力的集中体现。Omar对滩涂修复提出了几条基本的管理建议，以尽可能地降低滩涂修复的

---

① 这方面的研究，具体可参见 Hayden, B., Dolan, R., Impact of beach nourishment on distribution of Emerita alpoida, the common mole crab. Journal of the Water ways, Harbors and Coastal Engineering Division ASCE, 1974, pp. 123 – 132; Peterson, C. H., Hickerson, D. H. M., Johnson, G. G., Short-term consequences of nourishment and bulldozing on the dominant large invertebrates of a sandy beach. Journal of Coastal Research 16, 2000, pp. 368 – 378; Jones, A. R., Murray, A., Lasiak, T., Marsh, R. E., b. The effects of beach nourishment on the sandy-beach amphipod Exoediceros fossor in Botany Bay, New South Wales, Australia. Marine Ecology 28, 2007, pp. 1 – 9.

不利影响。这些建议包括：①（1）避免沉积物的夯实；（2）尽量缩短工程时间以减低对生物的影响；（3）选择适合的技术；（4）尽量实施几个小项目，而不是一个大的项目；大项目对生物的掩埋是可怕的；（5）将修复的滩涂与未受影响的滩涂犬牙交错；（6）如果修复不得不引入新的沉淀物时，尽量使这种沉淀物与原生态的滩涂保持一致。例如原来的滩涂沉淀物是泥质的，也引入泥质沉淀物；原来的滩涂沉淀物是砂质的，也引入砂质沉淀物。

（三）污染

污染对沿海滩涂生态环境的影响可能是最大的，因为污染发生的空间和时间都是最广泛的。人类遗弃的所有垃圾，从小到分子，大到成块碎片，都可能影响到生活在滩涂中的生物的栖息、生存和繁衍。而且污染不仅仅影响到生物本身，它也直接影响到人类。被污染的滩涂会降低它的美观，减少海滩景观对人们视觉的愉悦。此外，滩涂污染对沿海渔民的影响也是直接的，大量的滩涂贝类、蟹类以及鱼类都将难以投入市场。因此，滩涂污染对沿海旅游业、渔业等都有着直接恶劣的影响。

沿海滩涂的污染因素主要来自以下几个方面：（1）滞留在滩涂的塑料垃圾等固体废弃物。滞留在滩涂的大多数固体废物是由海浪和海流由上游从异地带过来的。塑料具有难腐蚀性，它在世界范围内都是滩涂可见垃圾的主宰。塑料对生态的主要危害在于一些脊椎动物（如海豹、海鸟和海龟）吞噬后会威胁其生命。还有一些我们料想不到的是，当我们人类健康在不断增加时，其对海洋生态的威胁也随之剧增，因为人类使用的大量医用塑料袋作为废弃物一般都聚集杂海岸线。废水和生活污水是海滩污染的重要来源。潮间沙滩和冲浪区水域容易被病原体污染，这是由包括细菌和丝状真菌直接排入沿海水域的污水处理系统带来的。（2）人类的生活或工业污水。这方面的影响

① Omar Defeo, Anton McLachlan, David S. Schoeman, Thomas A. Schlacher, Jenifer Dugan Alan Jones, Threats to sandy beach ecosystems: A review, Estuarine, Coastal and Shelf Science 2009 (81): pp. 1 – 12.

在港湾型滩涂最为明显。已经有数据显示，在港湾型滩涂及冲浪区水域河口的细菌水平远远超出人体健康标准。这是因为其封闭性的海湾或河口使污水难以在短时间内被稀释。如果这一地区是裸滩的话，情况就会更为严重。这一事实在许多经济发达的沿海地区和国家已经成为公开警告的内容。① 由人类活动所产生的淡水污水也会恶化滩涂生物的栖息地质量，降低滩涂生物的多样性。（3）漏油。漏油是目前对沿海滩涂污染最为严重的因素，它影响滩涂所有的生态营养构成。漏油的影响可以是急性的和临时的，也可以是慢性的，能够持续多月甚至几年。对于庇护更多滩涂生物的平坦型滩涂而言，漏油的影响更为恶劣。因为相对于陡峭性滩涂而言，平坦型滩涂经受海浪冲洗的力量更小，去除漏油的不利影响需要更长的时间。这就使漏油有充分的时间浸透到滩涂的砂层或泥层中，严重恶化滩涂的生态环境。

（四）渔业开发

原始（手工）的无脊椎动物捕捞是滩涂渔业开发最常见的开发形式。虽然这些渔业开发一般都是小规模的，但是影响却非常显著。首先，目标物种往往集中在小面积地区，因此，渔民可以很容易锁定目标和进行连续耗竭性的捕捞。渔业开发很容易在短期内造成过度捕捞。此外，滩涂捕捞不仅大量捕获滩涂生物，而且通过直接的生物物理伤害和间接的泥沙扰动降低栖息地的质量和适用性，也造成未被捕获生物的意外死亡。这种滩涂渔业开发对生物物种的不利影响已经得到事实的证明。从 20 世纪 60 年代中期开始到 90 年代，新西兰海滩由于原始渔业开发的大规模开展，其中最主要的一种生物——蛤（clam），已经濒临枯竭。即使后来对滩涂的渔业开发被禁止了，这种枯竭的蛤也未能恢复。② 因此，当渔业开发超出了滩涂生态的承受范

---

① Araujo, M. C., Costa, M., An analysis of the riverine contribution to the solid wastes contamination of an isolated beach at the Brazilian Northeast. Management Environmental Quarterly 18, 2007, pp. 6 – 12.

② Beentjes, M. P., Carbines, G. D., Willsman, A. P., Effects of beach erosion on abundance and distribution of toheroa (Paphies ventricosa) at Bluecliffs Beach, Southland, New Zealand. New Zealand Journal of Marine and Freshwater Research 40, 2006, pp. 439 – 453.

畴，滩涂生态将难以自动回复。

（五）生物入侵

生物入侵滩涂是世界范围内的。人类的活动会导致沿海滩涂的生物入侵早已为人们所熟知。在人类航海的早期，就懂得将大量的海滩"干砂"装载在远洋船舶上以增加船舶的航行稳定性。而到了装货的目的地，就会卸载这些"干砂"。这些"干砂"中的异地物种就会在异国他乡生存繁衍。在许多地区，近岸和潮间带底栖生物的栖息地已经受到的水生植物的外来入侵，这些水生植物取代了原生藻类和海草。这些入侵的水生生物对当地的海底生境造成巨大的破坏。在夏威夷，一周累计清理的钩沙菜（Hypnea musciformis）超过 9000 公斤。在阿根廷巴塔哥尼亚，由于入侵的海带裙带菜（Undaria pinnatifida）的繁殖，使海滩上的生物和植物锐减。海带羊栖菜龟（Sargassum mutica）大量积累在西班牙西北部的海滩，使绿藻蕨藻替代原生海草成为破坏地中海海滩的主要成分。[①] 我国部分沿海省市引入大米草进行滩涂促淤或者改造滩涂土壤，但是已经显示出对当时生态的不利影响。这些潜在的入侵藻类大大影响了海滩上的食物网和养分循环，使沿海滩涂难以在短时间内使用急剧增长的异地物种，从而使整个滩涂生态系统崩溃。

在世界范围内，有关沿海滩涂无脊椎动物入侵的报道并不多见，但是这并不代表滩涂没有无脊椎动物的生物入侵。两栖类的端足目动物跳钩虾，最初起源于黑海和地中海地区的淡水栖息地，最新报道是出现在英伦三岛的半咸淡水栖息地，最近已迅速蔓延到暴露的低盐波罗的海的东北海岸。螺旋藻，一种主要栖息在欧洲、加那利群岛、日本、印度、夏威夷和其他太平洋岛屿的物种，最近报道出现在波罗的

---

① Piriz, M. L., Eyras, M. C., Rostagno, C. M., Changes in biomass and botanical composition of beach-cast eaweeds in a disturbed coastal area from Argentine Patagonia. Journal of Applied Phycology 15, 2003, pp. 67 – 74.

海，就可能是外来物种。① 地面昆虫的入侵，也可以影响滩涂的生态系统。红火蚁原本来自巴西，现在在我国大陆以及台湾、美国、澳大利亚都可以发现它们，它们可以捕食绿海龟卵和幼体。阿根廷沿海泻湖的黑火蚁大量捕食潮间带多毛体环虫，这表明它对裸露在滩涂潮间带的无脊椎动物构成很大威胁，目前也已经扩展到很多国家的滩涂中，这些滩涂中没有黑火蚁的天敌。一暗蚂蚁原产于阿根廷北部、乌拉圭、巴拉圭和巴西南部的海滩中，现在已入侵到了各种栖息地，包括南非、新西兰、日本、澳大利亚、欧洲和美国的海滩。

（六）海岸开发与工程

所谓海岸开发与工程，是指改变沿海滩涂的形态面貌，将之变为耕地、工业用地、城市建设用地，或者进行港口建设、海岸堤坝建设。经过海岸开发与工程的沿海滩涂会显著变窄，这会造成沿海滩涂生物栖息地的减少。经过海岸开发的沿海滩涂，在表面上更适宜人类居住，但是对滩涂生态的影响是深远的。海岸开发不仅影响到滩涂生物的栖息，也会给人类造成一定的经济损害。山东半岛的威海市是进行海岸开发与工程的另一个典型代表，大量的城市建设用地是由填埋滩涂形成的，但是在一些地方已经出现微度塌陷。在笔者调研的过程中，发现很多由滩涂填埋而铺设的公路，已经出现不同程度的沉降，形成路况的高低起伏。这迫使威海市要对公路进行不间断的监控和修复。

海岸开发与工程对潮上带生态的影响是明显的，对潮下带也会产生不利的影响。这是因为海岸工程改变了自然的波浪和水流的方向，改变了沉淀物的沉淀率，进而影响到潮下带的生物。如果这种改变的速度过快，将造成一些潮间带和潮下带生物的减少。

（七）人工采砂

人工采砂改变了潮间带或潮下带的滩涂生物生存依靠的自然基

---

① Spicer, J. I., Janas, U., The beachflea *Platorchestia platensis* (Kroyer, 1845): a new addition to the Polish fauna (with a key to Baltic talitrid amphipods). Oceanologia 48, 2006, pp. 287 – 295.

础。人工采砂使滩涂生物失去了生存、繁衍所依靠的一些自然物质基础，恶化了滩涂生物的生境。特别是大规模的采砂行为，还直接损害了一些潮间带和潮下带生物，将之带离滩涂。海滩采砂不仅在我国非常普遍，在世界范围内也不罕见。在斯里兰卡，人们利用珊瑚沙做石灰；在坦桑尼亚、韩国、阿根廷、意大利和其他许多国家，人们从海滩采砂作为建筑材料；人们还在纳米比亚海岸开采钻石，其他一些地区为了贵重金属和重矿物（如钛和锆），也大规模进行滩涂采砂。此外，还有许多地方的矿山将尾矿排放到海滩。这些采砂活动会对滩涂生态产生不利的影响。纳米比亚的钻石开采活动已经证明给滩涂水鸟带来负面影响；铜矿尾矿的排放导致一些沿海滩涂某些小型动物的减少，降低了滩涂的生物多样性。采砂之所以会对滩涂生态造成不利影响，是因为搬运沙粒会影响沉积物，可能导致侵蚀的进一步恶化，也可能改变沙粒的大小，改变沙滩形态和潮间带底栖生物群落的动态状态。因此，任何形式的海滩采矿，都会破坏栖息地的海滩和沙丘。现在，在许多国家已经明令禁止非法采砂。

（八）气候变化

目前，气候变化问题已经引起全球关注。气候变化的一个核心问题就是温室气体的过量排放，使全球温度升高。目前有关全球碳减排的安排正在进行，但这注定是一场异常艰难的谈判，2009 年哥本哈根全球气候大会的无果而终，① 证明在全球碳减排上要达成行动共识是如何的不易。气候变化（具体而言就是全球温度升高）对沿海滩涂生态环境的不利影响主要体现在三个方面：（1）全球温度升高使海平面上升，加速了沿海滩涂被侵蚀的速度。据 IPCC（政府间气候变化委员会）在 2007 年发布的数据显示，海平面上升的速度每年保持在 1.7 毫米左右，其上下波动的范围不超过 0.5 毫米。但是有的学者认为实际的海平面上升速度要更高。也在 2007 年，Rahmstorf 等人

_____

① 尽管会议在最后的几个小时内，达成了《哥本哈根协议》，但是相对于人们对它的期盼，其分量远远不够，也难以对全球碳减排实现有效的遏制和合理的安排。

在《科学》杂志上发表文章，称潜在的海平面上升速度要远远超过这 IPCC 的这一数据。[①] 海平面上升速度过快对滩涂的一个不利影响就是加速了滩涂被侵蚀的速度，打破淤涨与侵蚀之间的动态平衡，改变了滩涂生物的生境。海平面上升还有一个对人类不利的影响，就是使潮上带不断向陆一带延伸，侵占了人类耕地或生活用地，恶化了人类生存环境。不断升高的温度也使大型风暴更易形成，对海岸带形成更强有力的冲击和侵蚀。（2）海水温度的升高将使一些生物无法繁衍甚至生存。许多滩涂生物对温度变化反应灵敏。许多滩涂物种的幼虫对温度变化范围的要求很高，升高的海水温度使这些物种面临灭顶之灾。很多高纬度的物种正面临被低纬度地区的物种所取代的危险。（3）过多的二氧化碳气体使海洋酸化严重。海洋是稀释二氧化碳等温室气体的主要场所之一，但是过多的二氧化碳稀释在海洋中，会使得海水的 pH 值持续下降，这被称为海洋酸化。海水酸化对滩涂生物造成很多不利影响，因为海水的 pH 值持续下降，将减少滩涂生物的钙化率和钙代谢，威胁到一些软体动物和甲壳类滩涂生物的生存。

---

① Rahmstorf, S., Cazenave, A., Church, J. A., Hansen, J. E., Keeling, R. F., Parker, D. E., Somerville, R. C. J., Recent climate observations compared to projections. Science 316, 2007, p. 709.

第四章 沿海滩涂的管理体制

第一节 我国沿海滩涂当前的管理体制

一 中央职能部门沿海滩涂管理体制

我国现实中的管理职能是按照多种标准来划分的。这种多元的划分标准不可避免地使一些领域被划分到不同的管理部门。沿海滩涂的管理就很好地说明了这一点。从最为明确的职能定位而言，我国沿海滩涂的管理职能被赋予水利管理部门。我国水利部的职责之一就是负责"海岸滩涂的治理和开发"。其中的建设与管理司具体负责沿海滩涂的管理与保护。基于中央政府的这种安排，地方沿海政府滩涂管理机构大部分设立在水利管理部门。在下文探讨沿海地方政府的滩涂管理体制中会进一步展开论述。但是从另一方面，国务院又将滩涂湿地的管理职能赋予了林业管理部门。中国加入《湿地公约》后，国务院在林业局设立了湿地保护管理中心（又称"国际湿地公约履约办公室"，简称湿地办，下文在论述该机构时都采用"湿地办"这一名称），全面负责湿地的管理与保护。沿海滩涂作为湿地的重要组成部分，也被纳入林业局的管理职能之内。[①] 这种职能分割的滩涂管理体

---

① 如前所述（详见第一章第一节），"湿地"一词是个舶来品，且诞生的时间并不长，它最早是 1956 年美国联邦政府开展湿地清查和编目时使用的。在使用湿地一词之前，我国一般用"沼泽""滩涂"等词语指代这一区域，其法律法规或者政府管理也都是采用传统词语界定的。由于在将湿地职能交付给林业部门之前，没有对"湿地"和"沼泽""滩涂"等传统词语之间的关系进行细致的辨析，因而造成了管理职能的交叉和重叠，也在情理之中。

制造成了沿海滩涂管理的权责不清、协调不畅。

实际上，沿海滩涂的职能管理不仅涉及水利管理部门和林业管理部门，至少还有4个相关职能管理部门的管理职能也涉及沿海滩涂。在管理实践中，沿海滩涂被看成土地的一种，所以也被涵盖在土地管理部门的管理职能之中；沿海滩涂的潮间带和潮下带都涉及海洋，海洋管理部门的管理职能也必然会延伸到沿海滩涂。从职能设置上看，海洋管理部门负责水域滩涂的许可发放；农业（渔业）管理对海洋渔业资源及生态的保护负有职责，而沿海滩涂是海洋渔业资源的重要领域；沿海滩涂及其重要的生态环境功能，使环境保护部门的职能延伸其中；概括而言，我们目前的沿海滩涂管理至少涉及6个管理部门。表4-1是我国沿海滩涂的相关中央职能管理部门，它很好地表明职能管理理念下我国沿海滩涂的分散管理体制。①

表4-1　　　　　　涉及沿海滩涂管理的国务院相关职能部门

管理部门	具体执行机构	机构性质	涉及滩涂管理的职能	管理依据
水利管理部门	水利部	国务院组成部门	沿海滩涂的治理与开发	水法
林业管理部门	林业局	国务院直属机构	沿海滩涂湿地管理及综合协调	国际湿地公约
土地管理部门	国土资源部	国务院组成部门	沿海滩涂的土地规划、滩涂矿产资源管理	土地管理法
环境保护部门	环境保护部	国务院组成部门	沿海滩涂的生态环境保护	环境保护法；海洋环境保护法
农业（渔业）管理部门	农业部	国务院组成部门	宜农滩涂开发利用及渔业资源管理	渔业法
海洋行政主管部门	国家海洋局	国务院部属国家局	沿海滩涂潮间带、潮下带的海域管理、环境保护	海域使用管理法；海洋环境保护法

沿海滩涂是海洋带的重要组成部分。如果从海岸带管理的角度看，涉及沿海滩涂的管理部门可能更多。杨金森和刘容子曾经对涉及海岸带管理的管理部门做了一个总结。除了表4-1中所列举的有关

---

① 在机构隶属关系上，国家海洋局是国土资源部下属的一个国家局。但是两者在法律上，同时依据各自领域的法律法规，对国务院负责。因此，两者可以作为并列的职能部门。

沿海滩涂的管理部门外，还有交通管理部门、测绘管理部门、轻工管理部门、旅游管理部门（见表4-2）。

表4-2 **其他涉及海岸带管理的国务院职能部门**

管理部门	涉海管理职能	具体执行机构
交通管理部门	河口船舶运输管理，防止船舶污染海域	交通部
测绘管理部门	海洋测绘管理	测绘局
轻工管理部门	盐业管理	国家轻工业局
旅游管理部门	滨海旅游开发管理	旅游局

资料来源：杨金森、刘容子《海岸带管理指南——基本概念，分析方法，规划模式》，海洋出版社，1999年，第143—144页。鉴于杨金森等人所著的成书时间是1999年，而进入21世纪，我国在已经进行了三次大规模的政府机构改革，因此，书中所列的一些机构已经与实际存在一些不符。例如交通部已经改名为交通运输部，国家轻工业局也已经取消。为了与原著保持一致，笔者在此没有加以改正。特此说明。

二 沿海地方政府滩涂管理体制

表4-1只是表明了职能部门对沿海滩涂的管理。换言之，它只是从中央职能管理的角度对沿海滩涂管理的梳理。实际上，我国沿海滩涂管理体制的复杂程度远不止如此。在所有权性质上而言，我国的沿海滩涂属于国家所有。我国《宪法》第9条规定："矿藏、水流、森林、山岭、草原、荒地、滩涂等自然资源，都属于国家所有，即全民所有"，这从根本法层面上确认了沿海滩涂资源归国家所有。沿海滩涂是水资源的载体，我国于2002年修改的《水法》中明确规定："水资源属于国家所有。农村集体经济组织的水塘和由农村集体经济组织修建管理的水库中的水，归各农村集体经济组织使用。"在所有权的代表制度方面，我国的《水法》和《土地管理法》也明确规定，由国务院代表国家行使水资源和土地资源的所有权。但是实际上我国沿海滩涂的使用和收益权分散于地方各级政府，而不是集中在中央。①在法律上，国务院掌握水资源和土地资源的所有权，但是其对水资源

---

① 姜宏瑶、温亚利：《我国湿地保护管理体制的主要问题及对策》，《林业资源管理》2010年第3期。

和土地资源所有权的行使是通过地方各级政府实现的。水利管理部门、土地管理部门等国务院组成部门，其与地方职能部门之间，是一种业务指导与被指导的关系，而非领导与被领导的关系。地方政府中水管理部门、土地管理部门与各级地方政府之间是一种领导与被领导的关系。因此，当中央职能与地方政府之间存在政策偏离时，地方职能部门更倾向于听取地方政府的政策，代表地方的利益。

除了职能部门上下级的这种弱势关系外，我国的现行管理体制也明确地将滩涂经济开发职能授予地方政府。[①] 沿海 11 个省级地方政府中（包括 8 个省政府，1 个自治区政府和 2 个直辖市政府），不少地方政府中设置了专门的滩涂管理机构，以负责滩涂的开发与管理。通常而言，滩涂管理机构被俗称为"滩涂局"。概括而言，我国省级地方政府的滩涂管理可以分为三类（见表 4 - 3）：一是水利管理部门系

表 4 - 3　　　　　　　我国沿海 11 省市的滩涂管理机构一览

沿海地方政府	滩涂管理的具体机构	隶属管理部门	主要负责部门类别
辽宁省	建设与管理处	水利厅	水利管理部门系统
河北省	建设与管理处	水利厅	
广东省	建设与管理处	水利厅	
海南省	建设与管理处	水务厅	
山东省	建设处	水利厅	
福建省	水利建设处 水利管理处	水利厅	
广西壮族自治区	水利工程管理局	水利厅	
天津市	海堤管理处	水务局	
浙江省	围垦局	水利厅	
江苏省	滩涂资源管理处	农林厅（农业资源开发局）	农业管理部门系统
上海市	滩涂海塘处	水务局（海洋局）	水利与海洋管理部门双重系统

资料来源：政府网站、相关法规、政府文件整理而来。

---

① 韩爽、张华兵：《盐城市沿海滩涂湿地生态服务价值研究》，《特区经济》2010 年第 6 期。

统的滩涂管理，滩涂管理机构被纳入水利厅（水务厅、水务局）的管理之下。大部分的沿海地方政府都采取了这种管理体制。二是农业管理部门系统的滩涂管理，滩涂管理机构隶属于农业管理部门，江苏省的滩涂机构就是这种构建。三是水利管理部门与海洋管理部门双重负责的滩涂管理体制。上海市将水利管理与海洋管理整合，成立水务局，亦称海洋局。也就说我们俗称的"一个机构，两块牌子"。

除了管理体制的不同之外，沿海地方政府中的滩涂管理机构名称也不尽相同。大部分地方政府的滩涂管理机构名称是"建设管理处"，滩涂管理只是其管理职能之一，但是有的地方政府的滩涂管理机构明确带有"滩涂"或"围垦"字样，表明其主要职能是进行滩涂管理与开发。例如上海市的滩涂管理机构为"滩涂海塘处"，天津市为"海堤管理处"，江苏省为"滩涂资源管理处"，浙江省的滩涂管理机构则冠之以"围垦局"。机构名称的不同也表明沿海各地方政府对滩涂并非持相同的管理理念和手段。

省级政府以下的沿海地方政府滩涂管理体制也不尽相同，其滩涂管理机构的名称也更为多元。例如江苏盐城的东台市，将海洋、滩涂、渔业纳入同一个管理机构，并将滩涂管理机构命名为"海洋滩涂与渔业局"。① 尽管滩涂管理机构的名称和上下隶属关系在不同的沿海地方政府存在差异，但是它们更多的是基于地方政府的利益进行滩涂管理。而且这种滩涂管理体制更侧重于开发，以获取地方经济利益。地方滩涂管理机构对于滩涂开发的侧重，使滩涂环境保护职能往往排在滩涂经济开发职能之后。当经济开发与环境保护发生冲突时，不可避免地会产生损害滩涂生态环境的状况。

三　我国沿海滩涂的环境管理主体

我国沿海滩涂管理体制中的职能管理主体可以分为两大类：一是滩涂自然资源管理主体，二是滩涂生态环境保护主体。图 4 - 1 是我

---

① 这种状况在盐城市下辖的县级行政单位中非常普遍。例如响水县也称之为"海洋滩涂与渔业局"，大丰市则称为"滩涂海洋与渔业局"。

国沿海滩涂分部门管理模式图，它表明沿海滩涂的生态环境保护主体
涉及多个部门。

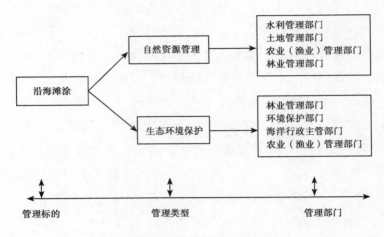

图 4-1　我国沿海滩涂分部门管理模式

1. 林业管理部门

　　林业管理部门是目前沿海滩涂生态环境保护的重要主体。1971
年2月2日，来自18个国家的代表在伊朗拉姆萨尔签署了《关于特
别是作为水禽栖息地的国际重要湿地公约》，简称《湿地公约》。该
公约于1975年12月21日正式生效，我国于1992年加入该公约。加
入《湿地公约》后，为了更好地与国际交流，我国在国务院直属机
构林业局内设立湿地办，作为我国湿地公约的履约机构和湿地管理机
构。我国的湿地面积在全球排名第三，其中滨海湿地占到我国天然湿
地面积的近六分之一，沿海滩涂占到近十二分之一。林业管理部门对
沿海滩涂生态环境的保护，主要是基于湿地管理的思路，即将沿海滩
涂作为我国湿地的重要组成部分。林业管理部门注重对湿地的生态维
持，注意沿海滩涂的生物多样性及生物生存的物质基础。但是由于沿
海滩涂在整体湿地中所占比重不是很大，而且沿海滩涂还具有不同于
其他湿地的一些特征（例如不断淤涨性等），使林业管理部门在沿海
滩涂生态环境保护上管理乏力。而且相对于其他湿地，沿海滩涂涉及
的职能管理部门更多元，协调更艰难。

2. 环境保护部门

2008 年 3 月 27 日，我国环境保护部揭牌成立。从国务院的直属机构（国家环保总局）上升为国务院组成部门，意味着环境保护部门的职能获得扩展和加强。环境保护部的一个重要职能就是"建立健全环境保护基本制度，拟订并组织实施国家环境保护政策、规划"。具体而言，"负责环境污染防治的监督管理……指导、协调、监督生态保护工作……协调和监督野生动植物保护、湿地环境保护……"①环境保护部门成为沿海滩涂生态环境保护的主体之一。但是我国环境保护部门主要负责全国环境的宏观规划，而且对下级环保部门的控制较弱，没有自己的执法队伍。其对沿海滩涂生态环境的恶化应对，或者依靠地方政府执法，或者依靠海洋执法队伍执法，机构的自主性较弱。

3. 海洋行政主管部门

国家海洋局是我国的海洋行政主管部门。根据《海洋环境保护法》，海洋行政主管部门负有保护海洋生态环境的职责。沿海滩涂作为海陆交接地带，其生态环境的保护需要海洋行政主管部门的介入。而且沿海滩涂的潮下带是我国海域的组成部门。根据《海域使用管理法》的规定，海洋行政主管部门是我国海域的主要管理部门。在沿海滩涂的生态环境保护主体中，海洋管理部门最为了解沿海滩涂的独有属性，能够做到与海洋环境的统一保护。但是从滩涂的性质上而言，滩涂的潮上带部分不属于海域，② 而是土地，归土地管理部门管理。其潮间带的性质还存在争议。只有潮下带属于海域已经达成共识。这就意味着海洋管理部门对沿海滩涂的生态环境保护范围和内容是不全面的，难以做到对沿海滩涂生态环境的全面保护。

---

① 环境保护部政府网站中的职能内容：http：//www. mep. gov. cn/zhxx/jgzn/。访问时间：2011 年 12 月 1 日。

② 《海域使用管理法》第二条将海域界定为"内水、领海的水面、水体、海床和底土"。

4. 农业（渔业）管理部门

我国的农业（渔业）管理部门是农业部，具体而言，是农业部下属的渔业局。农业（渔业）管理部门只是基于渔业法的规定，对海洋渔业资源进行管理和保护。因此，农业（渔业）管理部门对沿海滩涂的生态环境保护，主要是基于渔业生态的保护，比较单一。

尽管我国沿海滩涂的生态环境保护主体不少，但是没有一个对沿海滩涂的生态环境全面负责的机构。而且我国的沿海滩涂生态环境保护主体与其资源管理主体是相互交叉的，从某种程度上而言，很难将沿海滩涂的资源管理与其生态环境保护截然分开。图 4 - 1 显示，大部分的职能管理部门涉及资源管理和生态环境保护。林业管理部门、海洋行政主管部门、农业（渔业）管理部门负责沿海滩涂的生态环境保护，但也涉及其资源管理；水利部主要负责沿海滩涂的资源管理，但也会涉及其生态环境保护。正如一位环境法学者所言，任何的环境问题都和资源使用联系在一起。这种资源与生态环境保护的纠结，更增加了沿海滩涂生态环境保护管理的不畅。

除了职能管理部门之间的职能交叉之外，我国的滩涂环境管理主体还有一个显著的特点，就是需要倚重沿海地方政府。沿海地方政府的滩涂管理机构或者设立在水利管理部门，或者设立在农业管理部门，只有上海市实现了水利与海洋的整合。水利部、农业部以及环境保护部作为国务院的组成部门，对其下级职能部门只有行政指导权，而无行政领导权。尽管林业局和海洋局不是国务院的组成部门，在沿海区域有自己领导的地方机构，但是也需要地方政府的配合。例如海洋局作为国土资源部领导的国家局，有北海分局、东海分局和南海分局三个地方局，但是它下属的另一个管理系统——海洋与渔业厅（局），虽然既接受海洋局的指导，也接受农业部的指导，但却主要接受沿海地方政府的领导。这种管理体制使我国沿海滩涂的环境保护主体主要倚重沿海地方政府。

四　沿海滩涂管理体制的问题分析

基于上述管理体制状况的分析，可以看出，我国目前建立的沿海滩涂管理体制还是立足于沿海滩涂的经济开发。其管理体制的症结主要表现在以下三个方面。

（一）我国沿海滩涂管理体制是一种典型的分散管理体制

沿海滩涂的管理职能分散在水利管理部门、林业管理部门、海洋管理部门等多个职能管理机构中，使沿海滩涂的管理存在职能交叉和重叠，从而造成沿海滩涂退化的责任不清。当多个管理部门都要对沿海滩涂退化负责的时候，其实质就是没有部门要对滩涂退化负责。① 多部门共管的分散管理体制造成"利益均沾而责任不清"，也就是我们所说的责任推诿与扯皮。而分散管理所造成的责任不清，使管理部门往往通过履行程序来规避自己的责任。而实际上，政府及其权力运作者可以通过遵循程序远离责任。程序既可以作为指导政府及公务员的行动清单和行为标准，确保其安全的行为底线，还可以作为其避免责任追究、抵制外部压力和要求的"防火墙"。② 这就是为何我国沿海滩涂的管理主体都行使了职权、履行了合法程序而滩涂生态环境还不断恶化的原因之一。这种依靠履行程序来逃避责任的方法其实质就是注重"入口管理"，而淡化"过程管理"。

（二）我国沿海滩涂管理体制是一种"地方为主、中央为辅"的管理体制

之所以说这种"地方为主、中央为辅"的管理体制是沿海滩涂管理体制的症结之一，主要原因在于地方更关注于滩涂的经济开发而忽视其环境保护，从而使开发与保护的平衡经常被打破。尤其是当地方政府经济发展需要更多的土地时，将沿海滩涂改造成耕地或者城市建

---

① 这种很多部门都负责但是有没有一个部门真正负责的状况，和德国学者乌尔里希·贝克所言的"有组织地不负责任"非常相似。"有组织地不负责任"是贝克风险社会理论中的重要概念。贝克认为，各种社会组织制造了当代社会中的危险，然后又建立一套话语来推卸责任。"有组织地不负责任"并非指有组织、有计划、有预谋地逃避责任，而是指相关责任体利用组织中复杂的结构、分工体系来转嫁与推卸责任；即以组织体系非常复杂为理由，作为这些组织为其成员推卸责任的法宝。参见［德］乌尔里希·贝克《世界风险社会》，吴英姿、孙淑敏译，南京大学出版社2004年版，第191页。

② 韩志明：《街头官僚的行动逻辑与责任控制》，《公共管理学报》2008年第1期。

设用地是地方政府非常普遍的做法。如上所述，很多沿海城市甚至通过人工促淤的方式加速沿海滩涂淤涨，从而保证城市扩建的需要。但是将滩涂改造成耕地或城市建设用地，对滩涂生物多样性有着不小的损害。而且过速促淤与改造，使改造后的沿海滩涂遭受海浪冲击的风险加大。目前，全球气候变暖，海平面在不断上升。现在世界上海面以每年 1.5—2.5 毫米的速度上升，且有加速上升的趋势。而海平面上升 1 米，将使海岸线后退 50—100 米。这种状况使生活在上面的居民面临的风险越来越大。因此，滩涂开发需要全面权衡，既立足当前，又着眼未来；既考虑经济，又关注生态。中央相对于地方，更具有这种通盘筹划的思路。

（三）沿海滩涂管理体制是一种环境保护从属于经济开发的管理体制

地方政府往往将滩涂单纯看成一种可以开发利用的资源，而非需要保护的生态。换言之，地方政府对沿海滩涂实行的是"资源管理"，而非"生态管理"。实际上，第三个症结是第一个症结和第二个症结的必然结果。注重政绩的沿海地方政府，很难实现滩涂环境保护与经济开发的平衡，往往将管理的天平倾向于滩涂经济开发。而中央分散的管理体制也使中央很难有一个强有力的管理部门来约束地方政府的这种行为，发生沿海滩涂退化的状况也就不足为奇。

第二节　基于综合管理的沿海滩涂管理体制构建

一　沿海滩涂管理体制改革基本思路

目前世界各国所实行的环境管理体制，大体上可归纳为四种类型：其一，集中统一的环境管理体制，如苏联在 1988—1991 年所实行的环境管理体制；其二，相对集中的环境管理体制，如美国和日本所实行的环境管理体制；其三，分散的环境管理体制，如西班牙、苏联 1988 年以前和我国在 20 世纪 70 年代以前所实行的环境管理体制；

其四，统一监督管理与部门监督管理相结合的环境管理体制，如我国目前所实行的环境管理体制。①

后面三种类型由于环境部门并没有可以统摄一切的绝对权力，因而需要其他职能部门的配合。在这种情况下，世界各国的通行做法就是设立各种专门的协调委员会，来处理一些典型、棘手和复杂的环境问题及环境领域。例如美国联邦政府成立独立的田西纳河管理局，独立于田西纳河域内的各州政府，直接对联邦政府负责。管理局对田西纳河进行统一综合的管理，统筹规划。② 澳大利亚也成立了政府间协调委员会（Council of Australian Governments，COAG）和自然资源管理部际协调委员会（Natural Resource Management Ministerial Council，NRMMC）。用以协调和执行环境政策，从此改变了以往局域化、单一地处理流域问题。③ 而为了解决工业化对河流造成的污染，1950年，莱茵河流域内的沿河五国成立了莱茵河防治污染国际委员会（International Commission for Protection of the Rhine River，ICPR），从而打破国界，共同协商解决莱茵河环境问题。④ 徐祥民先生在破解我国渤海环境问题时，其对策之一也是提出设立渤海综合管理委员会，并认为这样委员会的设立是渤海特别法的关键设置。⑤

其中，俄罗斯的做法可能更具有代表性。苏联解体后，俄罗斯改变了原苏联大一统式的环境管理体制，将原苏联唯一的一个环境部门——国家自然保护委员会——的职能进行分割，从而形成了7个环境管理机构。当然，这种变集中为分散的环境管理体制受到一些学者

---

① 顾海波：《俄罗斯环境管理体制及其改革评析》，《东北亚论坛》2003年第4期。

② 徐祥民、李冰强：《渤海管理法的体制问题研究》，科学出版社2011年版，第16页。

③ 李国强：《澳大利亚湿地管理与保护体制》，《环境保护》2007年第7A期。

④ 李建章：《国外流域综合管理的实践经验》，《中国水利》2005年第10期。

⑤ 徐祥民、尹鸿翔：《渤海特别法的关键设置：渤海综合管理委员会》，《法学论坛》2011年第3期；徐祥民、张红杰：《关于设立渤海综合管理委员会必要性的认识》，《中国人口·资源与环境》2012年第12期。

的非议,① 但是俄罗斯通过设立大量的协调委员会来弥补这种不足。这些协调委员会包括政府环境与自然资源利用委员会、生物多样性问题部际委员会、自然环境放射性监测部际委员会、臭氧层保护部际委员会、俄罗斯联邦安全委员会生态安全部际委员会,等等。② 诚然,也有研究者认为俄罗斯的这种变集中为分散的环境管理体制改革是一种倒退,其设立协调委员会也是一种"头痛医头、脚痛医脚"的处理方法。③ 但实际上,目前世界上鲜有像原苏联那样绝对集中的环境管理体制。由于环境问题涉及众多领域,很多部门的管理职能都不可避免地涉及环境问题,因此,形成绝对集中的环境管理体制已经不合实际。这种情况下,需要通过设立大量的协调机构来处理环境问题。因为环境问题的解决,很大程度上是依靠协调、协商来实现。甚至一些环境法学者和研究者提出,《中华人民共和国环境保护法》第 7 条,对环保部门职能的"统一监督管理"定位存在诸多问题。因此,在修订《中华人民共和国环境保护法》时,应当吸取现实的经验和教训,对环保部门的职能重新做出界定,由"统一监督管理"改为"综合协调"。换言之,将环保部门由一个"统一监督管理"部门调整为"综合协调"部门。④

　　基于这样的考量,笔者认为沿海滩涂的管理体制也应该遵循这样的思路。要实现沿海滩涂生态环境的有效保护,需要设立一个协调委员会,具体负责沿海滩涂的开发与保护。这一委员会为沿海滩涂的相

---

① 例如原俄罗斯联邦环境与自然资源保护部部长、现任俄罗斯联邦国家环境保护委员会主席、经济学博士维克托·达尼洛夫·达尼里扬教授曾尖锐地指出:"现今 7 个被专门授权的环境保护机关,这不论从法律上来看,还是从行政上来看,都是荒谬的。"具体参见[俄] 达尼里扬《生态鉴定的国家法律问题》,《国家与法》1996 年第 11 期。

② 具体可参见《俄罗斯联邦安全委员会生态安全部际委员会条例》,载《俄罗斯联邦总统和政府文件汇编》;《关于臭氧层保护部际委员会的决议》,载《俄罗斯联邦总统和政府文件汇编》。

③ 顾海波:《俄罗斯环境管理体制及其改革评析》,《东北亚论坛》2003 年第 4 期。

④ 王曦、邓旸:《从"统一监督管理"到"综合协调"——〈中华人民共和国环境保护法〉第 7 条评析》,《吉林大学社会科学学报》2011 年第 6 期;高晓露:《大部制背景下中国环境管理体制之反思与重构——以〈环境保护法〉第 7 条的修改为视角》,《财政监督》2012 年第 17 期。

关管理主体提供了协商、协调的平台，从而实现沿海滩涂的综合管理。①

二　沿海滩涂管理体制改革方案设计

基于上述沿海滩涂管理体制改革的思路，笔者认为沿海滩涂管理体制的改革方案可以有以下三种设计。

（一）改革模式一

第一种改革方案，就是以现有某一滩涂管理职能部门为基点，扩展其管理职能，实现滩涂管理职能的整合，从而实现沿海滩涂的综合管理（如图4-2）。笔者将这一改革方案称为模式一。模式一与当前的行政管理体制相契合，是以"最小的体制变动"来实现沿海滩涂的综合管理，它将分属于不同管理部门中有关沿海滩涂的管理职能集中在一个部门中，避免沿海滩涂管理职能的重叠与空白。在管理职能统一与整合的基础上，增加沿海滩涂管理部门与其他相关机构的沟通与互动。此外，增加社会力量对沿海滩涂管理的介入也是模式一的内容之一。概括而言，模式一具有以下特点。

1. 模式一的核心是选择哪一个现有的职能管理部门作为沿海滩涂综合管理部门。不同的选择意味着对沿海滩涂的性质给予不同的理解。例如如果将国土部门作为沿海滩涂综合管理部门，则意味着将滩涂作为土地的一种，其管理的重点在于对滩涂的建设开发、耕地开发进行规划。而如果将海洋部门作为沿海滩涂综合管理部门，则意味着将滩涂作为海域的组成部分，其管理的重点在于规制侵占滩涂的围填行为以及合理规划滩涂潮间带、潮下带的渔业开发利用等。而将林业部门作为沿海滩涂综合管理部门，则意味着将滩涂作为湿地的组成部分，按照湿地的特性及模式进行管理。实际上，以我国当前的沿海滩涂管理体制而言，要确立这一管理部门并非易事。

2. 模式一中的滩涂综合管理是职能管理思路下的综合管理。所

① 王刚、王印红：《中国沿海滩涂的环境管理体制及其改革》，《中国人口·资源与环境》2012年第12期。

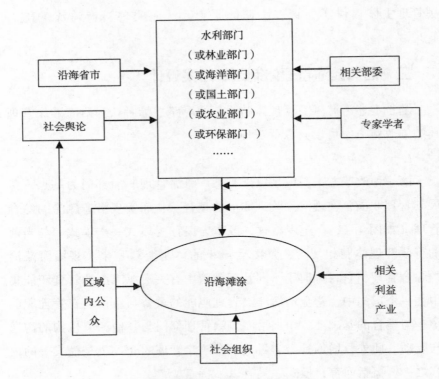

图 4 – 2　沿海滩涂管理体制改革模式一

谓职能管理，是指组织为了方便管理，根据职能从纵向上划分为不同的层级，从横向上划分为不同的部门，上下垂直对应的部门职能相同或类似，从上到下形成金字塔形的多层级组织构架的管理模式。[①] 职能管理是我国政府的主要管理方式，它将管理活动分解为一系列标准化和次序化的任务，并分配给特定的执行者。职能管理注重纵向上的命令控制。模式一中的滩涂综合管理从某种程度上而言，是在职能管理框架下的职能整合和统一，它不力求改变职能管理的特点及权力运作方式。

　　3. 模式一中的滩涂综合管理较之以前的滩涂管理体制，突出了对社会其他力量及组织的吸纳。它为区域内公众、相关利益产业、社

---

　　① 徐祥民、李冰强：《渤海管理法的体制问题研究》，科学出版社 2011 年版，第13 页。

会组织、专家学者等提供了介入滩涂管理与生态环境保护的平台。有的学者从行政权力分配的角度，将这种状况称为权力"外放"。① 权力外放意味着政府并不独占管理权限，而是重新理顺其与社会其他主体之间的管理关系，从而实现"治理"。②

（二）改革模式二

第二种改革方案，是设立新的沿海滩涂综合管理委员会，但是这一管理委员会的秘书处设立在相关滩涂管理职能部门之中（如图 4 - 3）。笔者将这一改革方案称为模式二。模式二与模式一的最大区别之处在于需要设立新的管理机构——沿海滩涂综合管理委员会。当然，之所以将这一机构称为综合管理委员会，而没有称为环境管理委员会、资源管理委员会等，是因为这一委员会的管理职能并非单纯局限于沿海滩涂的环境保护，而是需要统筹规划。③ 当然，笔者认为，只有进行统筹规划，将滩涂资源开发与环境保护有机结合起来，才能实现滩涂的有效保护。概括而言，模式二具有以下特点。

1. 模式二需要设立新的综合管理机构。相对于模式一，模式二的最大特点就是需要设立一个新的管理机构。新设立的沿海滩涂综合

---

① 张国庆：《公共行政学》（第三版），北京大学出版社 2007 年版，第 107 页。

② "治理理论"（governance）是目前备受推崇的理论之一。尽管不同的学者或者机构对治理做出了不同的解读，但是它们都强调治理具有分权化、网络化以及协商、共赢。基于治理理论的这一特点，目前其成为解决全球环境问题的理论选择之一。2009 年诺贝尔经济学奖授予了对治理理论做出突出贡献的埃莉诺·奥斯特罗姆，足见治理理论的显赫。具体可参见：The Commision on Global Governance. Our Global Neigh-borhood：The Report of the Commission on Global Governance［R］. Oxford University Press，1995；R，. W. Rhodes. The New Governance：Governing without Government［J］. Political Studies，1996，（XLIV）：pp. 652 - 667；homas Dietz，Elinor Ostrom，Paul C. Stern. The Struggle to Govern the Commons［J］. SCIENCE，2003，（302）：1907；Elinor Ostrom. Governing the Commons：The Evolution of Institutions for Collective Action，Cambridge University Press，1990；俞可平《治理与善治》，社会科学文献出版社 2000 年版；奥斯特罗姆《公共事务的治理之道》，上海译文出版社 2012 年版；罗豪才《软法与公共治理》，北京大学出版社 2006 年版。

③ 有关委员会设立名称的论述，可以参见：徐祥民、尹鸿翔《渤海特别法的关键设置：渤海综合管理委员会》，《法学论坛》2011 年第 3 期。该文中对渤海综合管理委员会名称的选择，有过非常中肯和翔实的论述。本书认可徐先生的论证，予以借鉴，将之命名为沿海滩涂综合管理委员会。

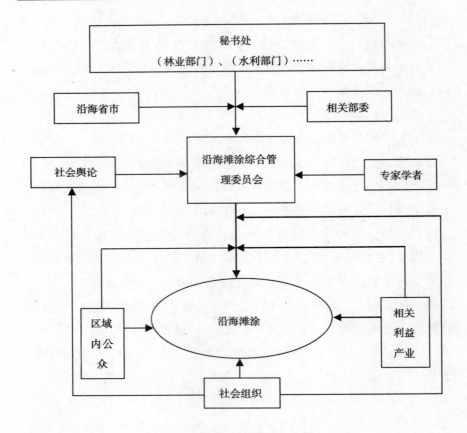

图 4 - 3　沿海滩涂管理体制改革模式二

管理委员会是模式二的核心，也是实现沿海综合管理的关键之处。尽管这一新的机构称为综合管理委员会，而没有称为环境管理委员会，但是它的主要职责依然是进行沿海滩涂的生态环境保护。这一委员会力图在滩涂开发与环境保护中实现平衡，但是应该对滩涂生态环境保护有所侧重。这是因为尽管这一委员会是一个平衡协调机构，但是由于追求滩涂经济开发利益的机构或者团体过于强大和众多，如果要实现滩涂开发与保护的平衡，就需要新成立的沿海滩涂综合管理委员会立足滩涂生态环境保护。

2. 模式二中新设立的综合管理委员会并非一个管理实体，它更像一个会议协调机构。之所以将模式二中的综合管理委员会定位为一个会议协调机构，而非管理实体，主要出于以下几点的考虑：（1）沿海滩涂只是海岸带的组成部分之一，如果沿海滩涂综合管理委员会是一个管理实体的话，那么将很容易使这一机构与管理海岸带其他部分的机构产生职权交叉或重叠，这样的结果不是缓解当前的多部门管理局面，而是加重了这种"多龙治水"的弊端。（2）如果将管理委员会设定为一个管理实体，则意味着赋予它较大的管理权限，不仅仅拥有决策权，也应该拥有执法权。我们目前的海洋执法队伍已经面临"五龙闹海"的局面，衍生了众多弊端，① 又设立一支执法队伍，无疑将使这一分散执法困局更为明显。而如果委员会没有自己的执法队伍，其权限将大打折扣。因此，模式二下的综合管理委员会，定位是一个会议协调机构。② 其主要职能或权限是为沿海滩涂的相关管理主体提供一个协商、协调的平台。

3. 模式二中的秘书处，对这一管理体制的运作有着举足轻重的作用。由于沿海滩涂综合管理委员会只是一个会议协调机构，而不是一个拥有实权的管理实体，因而秘书处在模式二中具有最为重要的作用。它负责会议的召集和举行，并对来自各方面的信息、意见进行整合，并负责会议之后的后续工作。尽管秘书处只是具有上述会议召集功能，但是它对议程的设立、安排等具有实质性影响，因而在模式二中发挥着核心作用。因此，秘书处设立在哪一个机构中，就对模式二的权力运作和职能定位有着更为实质性影响。因此，模式二可以划分为几种子模式，例如可以将秘书处设立在林业部门的称为模式二－1，将秘书处设立在水利部门的称为模式二－2。由于沿海滩涂的主要管理部门还涉及海洋部门、农业部门、环境保护部门，因而至少可以分

---

① 徐祥民、李冰强：《渤海管理法的体制问题研究》，科学出版社2011年版，第1—12页。但是在2013年的大部制改革中，我国目前"五龙闹海"的局面已经得到改变。国家将中国海监、中国海警、中国渔政和海关的缉私警察进行合并，成立了国家海警局。海警局接受海洋局领导，公安部指导。

② 实际上，将沿海滩涂综合管理委员会定位为一个管理实体，也不失为一种方案设计。如上所述，由于这一方案具有明显的弊端，笔者并没有对这一方案进行设计。如果也将之作为一种模式进行论述的话，其方案设计的模式将远远超过本文所界定的三种模式，从而使得本文的篇幅过于宽泛和散漫。基于这种考量，笔者只是突出最为可行的几种方案设计和比较，从而在有限的篇幅中对方案进行较为翔实的论述。

为五种子模式。

（三）改革模式三

第三种改革方案是设立新的沿海滩涂综合管理委员会，但是这一管理委员会只是海岸带综合管理委员会的下设机构之一（如图4－4）。笔者将这一改革方案称为模式三。模式三将沿海滩涂管理作为海岸带管理的组成部分，其执法由海岸带综合管理委员会下设的海岸带联合执法队伍承担。其他相关机构或者社会组织、人员，对于沿海滩涂的利益诉求，或者建议，既可以直接向沿海滩涂综合管理委员会表达，也可以向海岸带综合管理委员会表达，由海岸带综合管理委员会向下设的沿海滩涂委员会传达或指示。概括而言，模式三具有以下特点：

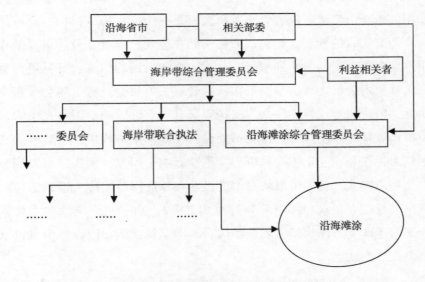

图4－4　沿海滩涂管理体制改革模式三

1. 模式三下的沿海滩涂综合管理，是海岸带综合管理的组成部分。目前，海岸带作为海陆交界地域，集中了大量的人口，是世界各国的经济发动机。但同时也是环境状况最为堪忧的地域之一。很多学者认为要实现经济发展与环境保护之间的平衡，需要进行海岸带综合管理。① 笔者认同学界的主流意见，认为海岸带综合管理，是未来发展的方向。但是由于海岸带涉及的地域过于宽广，各方利益过于复杂，海岸带综合管理很难一蹴而就。而沿海滩涂作为海岸带的重要组成部分，具有特性，其实施将更为便利一些。因此，从某种程度上而言，沿海滩涂综合管理的实施，是海岸带综合管理的实验场。

2. 模式三的综合管理构建，遵循自下而上，而非自上而下的思路。模式三下的沿海滩涂综合管理委员会是海岸带综合管理委员会的下设机构，但这并非意味着要在构建海岸带综合管理之后才能构建沿海滩涂综合管理。恰恰相反，沿海滩涂综合管理委员会的设立，可以为海岸带综合管理委员会的设立奠定基础。尽管目前学界已经对综合管理进行了一些研究，但是其研究还处于起步阶段，研究重点还处于综合管理的概念阐释、实施原则的概括阶段。综合管理与目前职能管理之间的关系如何理顺，其权责如何划分，这些根本性的问题，还没有形成卓有成效的研究成果。因此，综合管理的实施，需要遵循自下而上的思路，即选取代表性区域实施后，在总结经验的基础上再推而广之。而沿海滩涂是实施海岸带综合管理的理想实验场所。尽管沿海滩涂涉及的职能部门已经不少，但是海岸带涉及的职能管理部门更为复杂。因此，沿海滩涂综合管理的实施，将有利于海岸带综合管理的错综复杂关系的梳理。

3. 模式三下的沿海滩涂管理委员会，尽管也是一个会议协调机构，但是拥有召集会议、设立议程、主持会议、发布会议决议等权力。模式二将召集会议等权力赋予秘书处，而秘书处由于设立在原来

---

① 目前，在学术界，学者们基本达成了共识，要实现海洋环境的治理，需要实行海洋综合管理。海岸带综合管理是其重要的组成部分。具体参见帅学明、朱坚真《海洋综合管理概论》，经济科学出版社 2009 年版；赵建华《数字海岸与海岸带综合管理》，《海洋通报》2003 年第 1 期；叶功富《海岸带退化生态系统的恢复与海岸带综合管理》，《世界林业研究》2006 年第 4 期；周鲁闽《东亚海区的海岸带综合管理经验：从地方性示范到区域性合作》，《台湾海峡》2006 年第 6 期；张灵杰《海岸带综合管理的边界特征及其划分方法》，《海洋地质动态》2009 年第 7 期；李百齐《对我国海洋综合管理问题的几点思考》，《中国行政管理》2006 年第 12 期。有关海洋综合管理的一些内容，也可以参见本书第三章第二节的论述。

的职能管理部门，不可避免地受到原来职能管理部门的影响。沿海滩涂管理委员会下设一个负责日常事务的执行局（姑且称之执行局。当然也可以称之为秘书处。但是为了和模式二加以区别，笔者将之称为执行局），这一执行局负责召集会议、设立议程、主持会议、发布会议决议的事宜。

三 沿海滩涂管理体制改革方案比较

笔者所设计的上述三种改革模式，显然并不能穷尽所有的改革方案。当然，也没有必要穷尽，因为很多方案具有非常明显的缺陷和弊端。笔者认为上述的三种方案最为典型和和具有代表性。那么，在所设计的三种最为典型的改革模式中，应该选择哪一种作为沿海滩涂的管理体制改革方案呢？笔者认为模式三较之模式一和模式二，更适合我国沿海滩涂管理体制的改革。理由如下。

（一）模式一的比较分析

模式一的最大优点是，不必另起炉灶设立一个新的管理机构，只是将原来的某个滩涂管理机构的职能进行拓展，在此基础上实现"综合管理"。但是这一模式具有以下难以化解的矛盾。

1. 很难选定哪一个职能部门承担这一职能拓展的任务。各个职能部门基于自己的管理职能及权力需要，也会力图将沿海滩涂纳入自己的管理职权之内。可以预见，如果按照模式一的构建设想进行体制改革，将是一场旷日持久的"唇枪舌剑"，其推行将面临巨大挑战。

2. 当前的职能管理体制下，沿海滩涂的管理会不可避免地涉及多个职能部门。如果强行将沿海滩涂完全归于某一职能部门的管理职能之中，则意味着对其他职能管理部门职能的割裂。例如如果将沿海滩涂完全归入海洋部门管理，那么林业部门的湿地规划就不得涉及沿海滩涂，这其实并不利于林业部门的湿地管理；这也就意味着国土部门的土地规划中不得涉及沿海滩涂，这对于国土部门的整体土地规划也是一个不小的挑战。换言之，以我国当前的行政管理体制，将沿海滩涂完全纳入其中的一个职能管理部门进行管辖，将衍生更多的问题。

3. 如果按照模式一的构建方式，将沿海滩涂的管理权限都归入到某一职能部门之中，也无法改变沿海滩涂"资源管理"的本质，除非将这一职能完全纳入环境保护部门。但是如果将沿海滩涂的管理职能都纳入了环境保护部门之中，也不意味着可以有效实现沿海滩涂的保护。2008 年的大部制改革，将环境总局升格为环境保护部，从而使环境保护部成为唯一一个新设的大部。环境管理大部制改革希望把原来分散在农业部门、水利部门、发展与改革部门等部门的土壤资源保护、水资源保护、核安全管理等环境管理职能，按照整体生态保护紧密联系程度及职能整合的逐步推进需要，最大限度地交由环境保护部门管理。但是综合分析涉及环境保护的法律法规，我们可以看出，环境主管机关统一监管职能执行比较顺利的包括工业固体废物和危险废物、噪声污染控制、辐射和核安全、大气污染控制、农村环境保护等领域。而在其他领域，尤其在海洋环境保护、自然保护区管理、水污染防治、生物多样性保护、土壤污染防治等方面统一监管方面，因涉及海洋、水利、土地、林业等资源管理部门的分工合作和制约，环境主管机构统一监管能力依然显得十分脆弱。特别是伴随着土地资源、水资源立法的相继出台，环境主管部门更多呈现的是"形式管理主体"。升格后的环境部在其法定职能中所罗列的监督、牵头协调及参与等环保职责都更多地成了摆设或美好愿景。① 环境保护部门的这样"弱势"格局不可能实现沿海滩涂生态环境的有效保护。

综合而言，笔者认为模式一的方案设计并不能有效实现沿海滩涂的保护，也难以有效化解当前的一些问题。

（二）模式二的比较分析

模式二成立了滩涂综合管理委员会，将沿海滩涂的管理职能进行整合。相比于模式一，模式二在沿海滩涂的管理整合方面，更进了一步，但是其管理体制改革有着某种"换汤不换药"的味道。这是因为模式二中的核心机构是设立在原来相关管理职能部门中的秘书处，

---

① 王清军、Tseming Yang：《中国环境管理大部制变革的回顾与反思》，《武汉理工大学学报》2010 年第 6 期。

而滩涂综合管理委员会只是一个虚设的临时会议机构。设立在原来相关职能部门的秘书处，不可避免地带有原来管理部门的管理痕迹。可以说，秘书处的选择，也就意味着沿海滩涂管理方式和思路的选择。秘书处将继承所在管理部门的管理风格和管理重点，这使改革后的管理体制实现沿海滩涂综合管理和生态管理的能力大打折扣。而且选择秘书处设立在哪个管理部门中并非易事。这一点与模式一具有异曲同工之处。

此外，模式二成立新的沿海滩涂管理委员会，只是着眼于滩涂，而没有从一种更为宏观和综合的角度去权衡设计的方案的成本和可行性。我国目前的行政体制改革，总体上应该秉承"职能转变、机构精简"的思路。设立新的管理机构固然可以有效化解一些问题，但是也有可能造成机构的庞大，从而与整体的行政体制改革思路相背离。如果按照模式二的设计思路，有可能造成我国大量协调管理机构的出现。① 当然，我国目前的行政机构精简，更多的是压缩肩负管理职能的机构，而适当拓展肩负服务职能的管理机构。进行流域和海岸带综合管理，是政府服务社会的重要方面。因而设计新的海岸带管理机构，也并不能由此造成我国行政机构的"臃肿"。② 但是大量协调机构之间如何协同，则又是一个需要面对的问题。而模式二显然没有为此提供一个很好的对策。因此，沿海滩涂管理体制的改革，不能仅仅局限于沿海滩涂本身，需要从一种更为综合和宏观的角度去构建。

（三）模式三的比较分析

模式三将沿海滩涂融入了海岸带管理中，不仅实现了沿海滩涂本身的综合管理，而且从一种更为综合和全面的视角来看待沿海滩涂，将更有利于沿海滩涂的综合管理。笔者认为模式三具有模式一和模式二所不具有的以下优点。

---

① 例如在面对渤海环境治理困境时，很多研究者提出要设立新的管理协调机构加以解决。具体参见徐祥民、尹鸿翔《渤海特别法的关键设置：渤海综合管理委员会》，《法学论坛》2011 年第 3 期。

② 徐祥民、张红杰：《关于设立渤海综合管理委员会必要性的认识》，《中国人口·资源与环境》2012 年第 12 期。

1. 模式三下的沿海滩涂综合管理委员会不依附于任何现有的滩涂管理部门，使它更能实现设立的管理宗旨，保证沿海滩涂管理从资源管理转变为生态管理。沿海滩涂作为具有明显生态特性的区域，在我国当前的行政管理体制之下，其管理涉及海洋、水利、土地、林业、农业等部门，环境保护部门反而处于一种边缘化的局面。伴随着国家资源开发和经济发展战略的进一步转移，上述部门也从传统的资源开发管理逐渐转向"资源开发与保护为一体"的管理，自然资源保护开始体现"生态建设"或"生态保护"的特点，这些部门的职能也日趋"生态化"。但是，在我们欢呼资源管理"生态化"趋势的同时，也应当冷静地看到这些职能部门生态化管理却在以正当、合理且合法的方式削弱和瓦解环境保护统一监督管理的职能。[①] 这种局面下，依附于任何职能部门（包括环境保护部门）之下的沿海滩涂管理都不可能实现沿海滩涂生态环境的有效保护。作为正在"生态化"职能部门"交锋"点的沿海滩涂，唯有设立一个新的滩涂管理与协调机构，方能有效消除管理弊端。

2. 模式三下的滩涂管理可以最大程度地整合中央与地方的管理分歧。中国体制中的一条关键法则，是同一个级别的单位不能向另一个单位发出有约束力的指令。从操作上说，这意味着任何部委不可以向任何省发出有约束力的命令，即使直属中央政府的部委在组织坐标上居于省之上。同样的法则意味着一个部不可能向另一个部发布有约束力的命令，一个省不可能向另一个省发布有约束力的命令。[②] 在这种职权关系之下，职权的"垂直"线条（也即是我们所称的"条"）和"水平"线条（也即是我们所称的"块"）间显然存在一种潜在的冲突。前者按职能搭配（如环境保护），后者按它管辖地的需求搭配。尽管具体内容有变化，但一般而言，自中国 20 世纪 70 年代末以

[①] 王清军、Tseming Yang：《中国环境管理大部制变革的回顾与反思》，《武汉理工大学学报》2010 年第 6 期。

[②] 要了解 Kenneth Lieberthal 有关中国政府职权更为详细的相关内容阐述，可参见 Kenneth Lieberthal, *Governing China: From Revolution Through Reform*, New York: W. W. Norton, 1995。

来的改革所取得的最突出的进展已经让职权的水平线（即地域）压倒了垂直线。也就是我们所称的"使条条隶属于块块"。其结果就是地方政府普遍变得更加强大，而中央层面的职能部门只能跛脚前行。[①]

Kenneth Lieberthal 作为一个外国学者，对中国的行政管理体制观察可能还带有某种偏见，但是他对中国行政管理体制在环境保护方面面对的尴尬局面，还是有着非常独到和深入的见解。我们目前沿海滩涂保护不力的一个重要原因，就在于 Kenneth Lieberthal 所总结的那样，地方政府将经济发展置于环境保护之上，而中央职能部门又没有效的手段可以遏制这种行为和政策导向。要破解这种环境管理困境，需要重新审视中央与地方的职权分配以及激励结构。从某种程度上而言，模式三尽管不能完全有效地改变这种环境管理体制局面，但是它可以在沿海滩涂管理方面，最大程度地实现中央与地方的整合，消除两者的管理分歧。David M. Lampton 认为我国在当前的行政管理体制下，要实现有效的操作，极有必要形成一种共识，而旨在建立这种共识的协商就成了这个体制的核心特征。[②] 其组成人员即包括中央相关职能部门，也包括沿海地方政府的沿海滩涂综合管理委员会。为这种共识的达成，以及协商提供了很好的平台。这一平台非常重要，正如有的研究者在论述跨界水资源管理时所总结的那样，要构建基于民主协商的制度供给平台，而不能仅仅依赖于政府水行政执法部门的政治敏锐性或驾驭局势的能力。[③]

3. 模式三从一种更为宏观和综合的角度来看待滩涂管理，从而为未来海岸带综合管理的实施奠定基础。沿海滩涂需要实现综合管理，这种综合，不仅仅体现在沿海滩涂内部相关管理的综合上，也体现在需要将沿海滩涂纳入海岸带管理之中。换言之，沿海滩涂的综合

---

① 李侃如（Kenneth Lieberthal）：《中国的政府管理体制及其对环境政策执行的影响》，李继龙译，《经济社会体制比较》2011 年第 2 期。

② David M. Lampton, *Policy arenas and the study of chinese politics Studies In Comparative Communism*, Volume 7, Winter 1974（4）, pp. 409 – 413.

③ 周申蓓、张阳：《我国跨界水资源管理协商主体研究》，《江海学刊》2007 年第 4 期。

管理，不仅仅体现在沿海滩涂相关职能部门管理职能的整合，也体现在从海岸带甚至大海洋生态系①的角度来看待沿海滩涂管理。较之模式一和模式二，模式三更能体现综合管理的特性。

而且模式三为其他综合管理机构以及协调机构之间的关系理顺提供了思路。毋庸讳言，要实现海岸带综合管理以及有效化解当前沿海的环境问题，将出现大量的综合管理机构及协调机构。可以想象，为了治理海岸带周边的环境问题，将出现大量的专门治理机构。如何协调这些机构之间的关系，也是我们需要面对的问题。模式三为机构之间的协调提供了一种思路。海岸带综合管理委员会统筹相关的管理机构和协调组织，从而实现海岸带的综合管理。

当然，我们目前还没有设立海岸带综合管理委员会，但是这并非意味着模式三下的沿海滩涂管理委员会必须在等到海岸带综合管理委员会设立之后再行设立。模式三的操作过程完全可以采用"自下而上""自小而大"的设置原则。即首先成立沿海滩涂管理委员会。由于沿海滩涂的环境管理存在更为明显的问题，其委员会的运作可以为将来海岸带综合管理委员会的设立提供经验借鉴。② 这种"从点到面""从增量到存量"的改革，实际上也是我国改革开放 30 余年的

---

① 1984 年美国生物海洋学家 Sherman 和海洋地理学家 Alexander 博士正式提出大海洋生态系（Large Marine Ecosystem，LME）的概念，主要强调从大生态系统的角度保护海洋生物资源。LME 是指从河流盆地的沿岸区域和海湾到陆架边缘或到近海环流系统边缘的相对较大的海洋空间，具有独特的地形、水文、生产力和营养依赖的种群等特征。LME 所占面积不到全球海洋面积的 10%，但是承担了世界 95% 的海洋捕捞量和 100% 的海水养殖产量。具体参见 Kenneth Sherman. *Application of the Large Marine Ecosystem Approach to U. S. Regional Ocean Governance*. Workshop on Improving Regional Ocean Governance in the United States，2002

② 目前，在学术界，学者们基本达成了共识，要实现海洋环境的治理，需要实行海洋综合管理。而海岸带综合管理是海洋综合管理重要的组成部分。具体参见帅学明、朱坚真《海洋综合管理概论》，经济科学出版社 2009 年版；赵建华《数字海岸与海岸带综合管理》，《海洋通报》2003 年第 1 期；叶功富《海岸带退化生态系统的恢复与海岸带综合管理》，《世界林业研究》2006 年第 4 期；周鲁闽《东亚海区的海岸带综合管理经验：从地方性示范到区域性合作》，《台湾海峡》2006 年第 6 期；张灵杰《海岸带综合管理的边界特征及其划分方法》，《海洋地质动态》2009 年第 7 期；李百齐《对我国海洋综合管理问题的几点思考》，《中国行政管理》2006 年第 12 期。

成功改革经验。

四　模式三下的沿海滩涂综合管理委员会制度设计

模式三作为最为可行的一种管理体制改革方案，要实现其沿海滩涂生态环境的有效保护，尚需要进一步理顺其内部的权责划分、工作内容、领导制度等。也需要理顺其与环境保护部门、其他海岸带管理机构之间的职权关系。而这无疑决定着模式三能否实现滩涂的有效保护。因为环境主管部门统一协调监管和分部门管理的有机统一是各国环境管理体制有效运行的一个难题，即使环境监管事务发达的美国亦不例外。[①] 沿海滩涂作为涉及水利、国土、海洋、农业、环境等多个部门的典型区域，要理顺其管理，需要进行系统全面的制度设计。

（一）沿海滩涂综合管理委员会的职权划分和激励结构

Kenneth Lieberthal 认为，理解如何才能推动中国改进环境成效，必须搞清楚造成中国在环境问题上承诺和绩效之间出现裂痕的系统动力。其中，职权划分（Distribution of Authority）和激励结构（Structure of Incentives）这两个因素对于这一问题的分析尤显重要。[②] 笔者认为这一认识同样适用沿海滩涂的生态管理分析。要实现模式三的有效运作，需要进行职权划分和激励结构的制度设计。

1. 职权划分

模式三下的沿海滩涂综合管理委员会（下文所称的委员会即是指沿海滩涂综合管理委员会）负责全国沿海滩涂规划、开发、评估、管理的一切事宜，尤其是其生态环境的保护。委员会与海岸带综合管理委员会并非领导与被领导的关系，而是指导与被指导、监督与被监督的关系。之所以确立这种职权划分，是因为这种权力运作关系更有利于沿海滩涂综合管理委员会实现沿海滩涂的生态保护。利益相关者既

---

① Carola. Casazza Herman, DavidSchoenbrod, Richard B. Stewart & Katrina M. Wyman.：*Environmental Reform for the New Congress and Administration.* New York：University Environmental Law Journal, 2008（17），pp. 7 – 8.

② 李侃如（Kenneth Lieberthal）：《中国的政府管理体制及其对环境政策执行的影响》，李继龙译，《经济社会体制比较》2011 年第 2 期。

可以直接向委员会进行利益诉求和表达，也可以通过向海岸带综合管理委员会诉求，通过两级委员会之间内部的业务往来、会议协调进行处理。①

沿海滩涂综合管理委员会不依附于任何以往的滩涂管理部门，而是独立设立，接受中央的直接领导。但是委员会的成员包括相关职能部门以及沿海地方政府，从而实现委员会主导之下的部门协调、中央与地方协调、环境保护与经济发展协调。委员会达成的协议，在得到海岸带综合管理委员会认可后，交由海岸带联合执法队执行，并由相关部门和地方政府执法机构协助。沿海滩涂综合管理委员会下设执行局，作为委员会的日常管理机构。如果在海岸带综合管理委员会尚未成立的情况下（即还没有相应的海岸带联合执法队），执行局负责委员会决议的执行。

2. 激励结构

如果说职权划分是为模式三的权力运作划定道路和方向，那么激励结构就是保障权力沿着这一道路和方向前进的动力。我国目前的管理体制激励结构，主要着眼于激励地方政府及其官员提升当地的 GDP 增长，增加就业。地方官员的升迁以及赞誉，主要来源于他对当地经济的贡献。这一激励结构大大促进了地方政府发展当地经济的积极性，也促成了中国改革开放 30 余年的高速增长。但是不可否认，这一激励结构对环境有着巨大的伤害。地方官员在这一激励机构的促使下，在促进经济发展的同时也往往以环境破坏为代价。因此，要改变地方官员的这一行为，需要改变其激励结构。有研究者就指出，在官员政绩考核指标体系的设置上，要反映干部所创政绩对环境保护等涉及全局利益、长远利益的工作实绩，只顾眼前利益，破坏资源环境的"政绩"不能作为考核的依据。②

笔者认为，改变整个管理体制的激励机构还面临众多问题，上述

---

① 王刚、王印红：《中国沿海滩涂的环境管理体制及其改革》，《中国人口·资源与环境》2012 年第 12 期。

② 张玉军：《浅析我国的区域环境管理体制》，《环境保护》2007 年第 5A 期。

研究者提出的设想在实际推行中将面临巨大阻力。但是在涉及环境及资源保护方面的管理体制，却可以推行。对于沿海滩涂综合管理委员会而言，就需要改变这种注重经济发展的"GDP激励结构"，而代之以生态环境保护的激励结构。委员会的工作成效以及官员的政绩，主要在于是否促进了滩涂生态的改善，而非是否促进了滩涂周边经济的发展。这一激励结构的改变意味着衡量官员绩效及政策价值标准的改变。

诚然，这一激励结构的构建并非易事。由于生态环境改善的效果往往难以有效衡量，因此，委员会及其官员的工作成效难以像GDP激励那样明确和"立竿见影"。在某种情况下，委员会及其官员付出了巨大的工作努力，但是由于受到外界众多因素的影响，滩涂生态环境的改革可能微乎其微；而在有的情况下，委员会及其官员"放任自流"，滩涂生态环境可能也保持"良好状态"。[①] 这种局面的存在不可避免地会影响委员会及其官员的工作积极性和热情，也会使其职权的行使发生扭曲。那么，应该如何有效构建模式三的激励结构呢？

笔者认为，可以从三个方面加以构建。

一是增强生态环境在委员会中职能的比重。在资源开发与生态保护的天平上，委员会应该侧向生态保护一侧。委员会应该明确自己的核心职能是保护沿海滩涂的生态环境。当经济开发与生态保护发生冲突时，需要将生态保护放在首位。

二是加强委员会及其官员的行政伦理及生态伦理建设。张康之指出，官僚制体制要运作顺畅，需要以宗教精神作为"机器运作的润滑剂"。[②] 张康之指出了行政伦理对于官僚制有效运作有着不可或缺的重要作用。对于沿海滩涂综合管理委员会及其官员的行政伦理建设，必须增加生态的成分，即包含生态伦理的成分。目前的有关研究也已

[①] 例如沿海区域属于侵蚀型滩涂，那么要保有滩涂面积的不减少，则需要付出更多的努力；而处于淤涨型的滩涂，即使侵占一些滩涂，也可以保有滩涂面积的不减少。这就使如何科学、公平地衡量沿海地方政府的工作成效，面临诸多困难。

[②] 张康之：《寻找公共行政的伦理视角》，中国人民大学出版社2002年版。

经表明，情感（感性）对我们的行为和决策有着至关中重要的影响。休谟早就说过"理性是并且也应该是情感的奴隶"。① 可以说，我们既生活在追逐利益的理性中，也生活在伦理所构建的情感氛围之中。② 因此，加强委员会及其官员的行政伦理及生态伦理建设，塑造一种情感氛围和约束，对激励委员会的沿海滩涂保护非常重要。

三是进行委员会工作内容的舆论宣传，从而获得民众认可。按照公共选择学派的观点，政府官员同样也是自私的，他们在行使公共权力促进公共利益的同时，也希望获得自己的个人利益。因此，政府官员特别希望自己的"政绩"获得社会民众的认可，从而获得政绩的美誉，得到职位的升迁和一些物质回报。③ 因此，不能获得社会广泛关注的工作，政府官员一般少有激励去积极应对，即使这种工作具有重大的公共利益。这种状况也可以解释为环境保护的预防原则至关重要，但是政府鲜有积极去实现预防原则的行为。因此，要激励委员会去保护沿海滩涂，需要将沿海滩涂保护的价值向社会宣传和"灌输"，这种宣传会让民众意识到委员会工作的价值，从而激发委员会去积极保护沿海滩涂。

（二）沿海滩涂综合管理委员会的工作内容

委员会的工作内容（或者称为行政职能）可以确立为以下几个方面。

1. 统筹全国的沿海滩涂，实现滩涂开发与生态保护的平衡。沿海滩涂具有动态性，有的地域不断遭受侵蚀，而有的地域则不断淤涨。而且沿海不同地区对滩涂的需求是存在差异的。例如沿海城市由于城市扩建对侵占滩涂就有更高的利益冲动。因此，委员会可以在"零净损失"的前提下，对全国的沿海滩涂进行统筹规划，侵占滩涂的地方政府需要向其他保有或者淤涨滩涂的地方政府"购买"滩涂

---

① ［英］休谟：《人性论》，关文运译，商务印书馆 1996 年版，第 453 页。

② 这方面的研究在国内已经取得了一定的成果。具体研究内容可以参见蔡曙山《认知科学框架下心理学、逻辑学的交叉融合与发展》《中国社会科学》2009 年第 2 期；费多益《认知视野中的情感依赖于理性、推理》《中国社会科学》2012 年第 8 期。

③ 民众认可也是精神回报之一，从而也可以实现精神享受。

面积。如果要实现沿海滩涂的有效保护，除了需要完善"零净损失"制度之外，还需要建立一个全国的滩涂面积监控机构。而沿海滩涂综合管理委员会无疑是这一职能的最佳机构。委员会既是全国滩涂"零净损失"的监控机构，也是实现全国滩涂面积交易的平台。此外，委员会也是实现沿海滩涂生态补偿的平台。不同地域之间的沿海滩涂之间的生态补偿标准、方式等都属于委员会统筹滩涂的工作职责。委员会也是滩涂功能区划的主导者。采取何种标准划分滩涂功能区划，以及如何实现不同功能区之间的生态平衡，也是委员会统筹全国沿海滩涂的重要工作内容。

统筹全国的沿海滩涂，委员会可以采取多种调整手段。第六章所构建的滩涂保护调整手段，即是委员会的职权，也是委员会必须进行的工作内容。

2. 进行沿海滩涂的环境评估。委员会需要组织专家对沿海滩涂生态环境进行评估，测定人类活动以及自然环境变化对沿海滩涂的环境影响，从而为制定科学合理的滩涂保护规划提供基础。沿海滩涂的环境评估既需要进行事前（即滩涂开发）环境评估、事中环境评估，也需要事后环境评估；既需要委员会的自我操作环境评估，也需要公民参与环境评估。

3. 进行沿海滩涂生态环境的信息公开，并发布年度报告。报告制度现在已经成为国际环境法实施的一项重要制度，尽管不少学者对于报告制度的实际效果存在疑问，但是毫无疑问，报告制度对于政府的舆论压力是显而易见的。[①] 委员会向社会公开沿海滩涂环境报告，会促使相关职能部门、地方政府以及委员会本身在沿海滩涂生态环境保护中投入更多的精力，尤其当这一报告制度化、长期化的时候。因此，进行沿海滩涂生态环境的信息公开，并发布年度报告，既可以实现对委员会的正向激励（如上所述，当他们的工作取得成绩并获得民众认可时），也可以对他们产生压力，防止不利行为发生。

---

① 王刚、王琪：《我国海洋环境应急管理的政府协调机制探析》，《云南行政学院学报》2010 年第 3 期。

　　4. 进行沿海滩涂生态环境恶化的责任追究。沿海滩涂的相关管理部门或沿海地方政府需要对沿海滩涂生态环境恶化承担一定的责任。但是目前的管理体制缺乏对政府的有效责任问责机制。我国的环境法规也是侧重对污染主体（主要是企业）的责任追究，而缺乏相应的政府责任追究设定。我国环境法学家吕忠梅先生也认识到这一问题的症结，指出需要建立政府环境责任追究机制和环境保护问责制度。① 因此，委员会将对保护滩涂环境不利的相关政府进行责任追究，从而建立我国沿海滩涂生态环境恶化的政府责任追究机制和环境保护问责制度。唯有建立政府的责任追究机制，方能避免政府单纯依靠履行程序逃避责任的"入口管理"，从而实现沿海滩涂生态环境的"过程管理"。因此，委员会既是一个协调沿海滩涂生态环境保护的管理机构，也是一个追究相关部门及地方政府责任的问责机关。②

（三）沿海滩涂综合管理委员会的领导制度

　　我国目前的领导制度共分为三个层次：民主集中制是其根本制度，行政首长负责制是其行政领导制度，而进行上下级领导之间的联系、领导班子之间的协调则是其日常领导制度。③ 委员会的领导制度也可以相应地分为这样三个层次。

　　委员会也实行民主集中制，实行集体领导。可以由相关管理部门、沿海地方政府各派代表一名，作为委员会的委员，参与综合管理委员会相关事宜的讨论和决策。对于重大的事务，在集体讨论的基础上，实行少数服从多数的原则，其决策由委员会共同负责。

　　委员会的主席（姑且称之为主席。当然，称为主任、秘书长等也未尝不可）是其核心领导，由委员会的委员选举产生。我国的行政首长负责制是集体领导与个人分工负责制的结合。是指重大事务在集体

---

① 王建军：《吕忠梅：建立政府环境责任追究制度》，《法制日报》2012 年 3 月 13 日。

② 当然，委员会本身也需要承担滩涂生态环境恶化的责任，因为按照权力与责任的配置关系，只要委员会拥有了管理的权力，则必然需要承担相应的责任。至于谁来追究，以及如何追究委员会的责任，限于篇幅以及为了问题探讨的集中度，本书在此不再展开论述。

③ 王乐夫：《领导学：理论、实践与方法》（第三版），高等教育出版社、中山大学出版社 2006 年版，第 322—328 页。

讨论的基础上有行政首长定夺，行政首长独立承担型行政责任的一种行政领导制度。由于委员会本身是一个协调机构，因此，它与其他机构的行政首长负责制还具有一定的区别。委员会的主席不具有优于其他委员的权力，当然也不独自承担相应的行政责任。委员会作为一个领导集体，共同承担相应的领导责任。这样的领导制度构建，可以避免委员会成为一个新的行政职能机构，而将其定位为一个协调机构。

委员会的主席与其他委员的区别在于，主席负责日常行政事务，负责会议的主持和召集。主席负责委员会决议的传达，并督促相关管理主体进行决议的执行。主席对委员会日常管理工作的不力，需要承担相应的行政领导责任。

第五章　沿海滩涂的性质定位

第一节　沿海滩涂性质定位的争辩

一　沿海滩涂性质定位的实质及现实价值

沿海滩涂由于其独特的地质特征以及概念范畴，使得探讨其性质定位（抑或称为法律性质、法律属性），关系到沿海滩涂使用、开发、保护与补偿的不同内容和方式。所谓沿海滩涂的性质定位，是指应该将沿海滩涂归入土地范畴，抑或海域范畴。如果沿海滩涂属于土地，那么它应该接受土地类法律的调整；而如果属于海域，则应该接受海洋类法律的调整。由于我国在土地管理和海域管理上实行不同的方式，使现行土地类法律与海洋类法律在沿海滩涂保护上存在冲突和不协调。在我国，土地类法律和海洋类法律在调整方式和属性规定等方面都存在差异。例如我国法律规定，土地既可以是国家所有，也可以是集体所有，但是海域只可以是国家所有。所以，对沿海滩涂在性质上属于土地抑或海域的性质进行深入探析，是一个无法回避的认知前提。

目前，我国对沿海滩涂的性质定位，还没有明确的规定。包括《宪法》《土地管理法》等法律以及一些地方法规，尽管涉及对滩涂的规定，但是并没有对它的法律属性做出过非常明确的界定。① 这种

---

① 有关我国法律在此方面规定的模糊，在下文中将进一步展开论述。我国的法律法规在此方面规定的模糊性，不仅仅体现在法文没有做出明确的规定上，也体现在存在大量支持滩涂属于"土地"抑或"海域"的法律法规上。

法律规定上的模糊，造成了实际管理部门在实践管理中的困难。早在2002 年，国土资源部就向国务院法制办公厅呈报了《国土资源部关于请明确"海岸线""滩涂"等概念法律含义的函》：

国土资源部关于请明确"海岸线""滩涂"等概念法律含义的函

（2002 年 4 月 19 日国土资函 ［2002］ 154 号）

国务院法制办公室：

最近，在协调有关利用海涂围海造地的管理问题中，对滩涂是土地的一部分，还是海域的一部分，各方分歧很大。我部认为，问题的产生，源于新出台的《海域使用管理法》与《土地管理法》的调整范围和衔接问题。《海域使用管理法》第二条第一款和第二款规定："本法所称海域，是指中华人民共和国内水、领海的水面、水体、海床和底土。""本法所称内水，是指中华人民共和国领海基线向陆地一侧至海岸线的海域。"在这一规定中，"海岸线"成为土地和海域的分界线，滩涂是在海岸线以内还是以外，是分歧的焦点。

我部认为，滩涂属于土地范畴。宪法第九条第一款规定："矿藏、水流、森林、山岭、草原、荒地、滩涂等自然资源，都属于国家所有，即全民所有；由法律规定属于集体所有的森林和山岭、草原、荒地、滩涂除外。"宪法并没有把海涂列为海域。而且滩涂存在国家和集体所有两种形式。按照《海域使用管理法》第三条规定海域只能是国家所有，也表明滩涂不能属于海域。《土地管理法实施条例》第二条规定："下列土地属于全民所有即国家所有：……（四）依法不属于集体所有的林地、草地、荒地、滩涂及其他土地；……"可见，滩涂属于土地。根据有关法律法规的规定和国务院批准的土地分类，我部和原国家土地管理局一直是将滩涂作为土地来管理的。

由于对法律的理解不同，已引起了目前行政管理上的矛盾，特请法制办对《海域使用管理法》和《土地管理法》及有关法

律法规的相关概念，如"海岸线""滩涂"等的含义予以明确，
并对有关法律法规的衔接问题进行协调。

显然，在向国务院法制办的呈函中，国土资源部明确表达了自己
对沿海滩涂性质的定位，即认为沿海滩涂应该属于土地。但抛开这一
呈函表面所包含的信息，它向我们展示了沿海滩涂性质定位两个方面
的深层问题：第一，它反映了我国的现有法律法规尚未对此有着明
确、直接的条文规定，否则国土资源部就无须向国务院法制办进行性
质定位的呈函；第二，它也反映了确定沿海滩涂的性质定位是何等的
重要，它直接关系到实际管理部门在此方面进行有效的管理、开发和
保护。

国务院法制办针对国土资源部的沿海滩涂性质确认函，进行了如
下复函：

《关于请明确"海岸线""滩涂"等概念
法律含义的函》的复函

国法函〔2002〕142号

国土资源部：

你部《关于请明确"海岸线""滩涂"等概念法律含义的
函》（国法资函〔2002〕154号）收悉。经研究，我们认为，函
中要求明确的问题，实质上是"滩涂"与"海域"的划分问题。
依照现行法律规定，"滩涂"属于土地；"滩涂"与"海域"的
划分，关键在于"海岸线"的划定，属于法律执行中的具体问
题。鉴于海洋局是国土资源部管理的国家局，建议你部会同国家
海洋局进行充分论证后拿出划定方案，必要时报国务院批准后
实施。

国务院法制办在复函中，认可了国土资源部对沿海滩涂属于土地
的性质定位。但是法制办的这一性质定位的认定，并没有打消现实中

对沿海滩涂性质的争辩和质疑。其原因有二：第一，国务院法制办作为国务院的一个下属机构，对沿海滩涂性质定位的认定，其法律效力难以与全国人大等立法机关等价，在我国的法律位阶中处于较低的层面，这就使其复函在实践管理和司法实际中无法作为有力的法律文件；第二，复函尽管认定"滩涂属于土地"，但是在文中又表达了这样的论述："滩涂与海域的划分，关键在于海岸线的划定，属于法律执行中的具体问题。鉴于海洋局是国土资源部管理的国家局，建议你部会同国家海洋局进行充分论证后拿出划定方案，必要时报国务院批准后实施。"这意味着法制办对自己的复函中气不足，也使海洋管理部门并没有完全认可复函的内容，在界定沿海滩涂时，依然将其定位为海域。

显然，国务院法制办对国土资源部的复函，并没有使沿海滩涂的性质定位明确化。在我国近年来发生的一些实际案例中，也折射出法律上对沿海滩涂性质定位的模糊化所导致的一些深层问题。2011 年发生在浙江乐清的一起滩涂维权争议事件中，事件的核心就是沿海滩涂的性质不清引发的。

浙江乐清"滩涂被征收"引发维权　滩涂性质成最大焦点①

滩涂使用权证，政府突然"通知"废止

"我们的滩涂，包括围塘（滩涂中围起来的部分）、堤坝外滩涂。围塘是上个世纪 80 年代政府号召围海造田的结果。"侯阜钦告诉记者，后塘村共有近千亩滩涂，其中围塘 397 亩。

侯阜钦说，1984 年 9 月，乐清县（1993 年撤县设市）政府给原南岳乡（后变镇，今年 5 月撤销）有滩涂的 9 个村庄分别颁发了《浙江省乐清县浅海滩涂使用权证》，涉及滩涂近万亩。同年，南岳乡发布滩涂定权图，确定各村滩涂位置。

1985 年，乐清县政府发布关于下达 1985 年第一批造地投资

---

① 郑赫南：《浙江乐清"滩涂被征收"引发维权　滩涂性质成最大焦点》，正义网，2015 年 12 月 7 日访问。笔者在收录时做了删减和修正。

的通知实施造地工程。同年，后塘村围垦联户与乐清县政府有关部门签署"造地经济责任合同"，将围塘用于水稻种植，并开始缴纳农业税。

"20年前，村民们将海水引入围塘，全部滩涂都用来海产养殖。"在侯阜钦看来，滩涂是村里的主要经济来源。该村有580户村民、2500口人，本村的陆上耕地只有500亩稻田，人均只有2分地，"稻田收入很低。滩涂的海产养殖，每亩年收入则达2万元以上。"

侯阜钦的说法，也得到了岩坑村村委会主任王福韬的印证。"我们养殖对虾、黄花鱼、扇贝等，对虾100多元一斤，水稻才多少钱一斤？"王福韬告诉记者，岩坑村共有550亩滩涂，每亩围塘年承包费800—1000元，一般滩涂300—500元，"每年村集体租金收入便有20多万元"。

当乐清湾边的养殖户们想利用滩涂创造更大财富时，2009年10月28日，乐清市政府的一纸通知击碎了他们的梦想。乐清市政府发布的《关于收回南岳大鹅头至长山尾巴之间非港口和非临港工业建设用海项目海域使用权的通告》（下称通告）称：因乐清湾港区开发建设需要，决定收回部分海域使用权，该范围内原乐清县政府颁发的"浅海滩涂使用权证"，自通告发布之日起废止。

2009年11月23日，南岳乡政府、乐清湾港区开发建设管委会联合发布《关于收回南岳大鹅头至长山尾巴之间浅海滩涂海域经济补偿方案》的公告，补偿标准为：围塘（含围塘养殖）每亩补偿16200元，其他滩涂每亩补偿1000元。

村民不满补偿低，起诉要求撤销补偿协议书

"在乐清，土地征收补偿每亩8万元至几十万元，滩涂的收益远高于同面积的耕地，补偿费为什么反而低了许多？"侯阜钦回忆说，尽管政府的通告、补偿公告都在村里张贴公布了，但村民们想不通。

"至少也要和土地一样的补偿标准才行啊。"后塘村村民老林

向记者表示，既然他们有使用权证，围塘还缴纳过农业税，征用时就该按"征用耕地"的标准来补偿。

但是，令村民们无奈的是，政府的补偿款很快就到账了。"政府以每亩围塘2万余元，每亩滩涂2000元的标准给后塘村账户突然打了征地补偿款912万元。"侯阜钦表示，村民们不同意这个标准，要求村委会将款"打回去"，但是现在实行"村账镇管"，村委会也没办法。

"到账"的背后，是该村上任村委会主任在2010年2月与南岳镇政府签署的《乐清港湾区北港区收回国有围塘（滩涂）政策处理协议书》（下称协议书）。该协议书约定：该村562亩滩涂按每亩2000元补偿，该村396亩围塘按每亩20200元补偿。

王福韬也参加了签订协议书的会议。"在征收范围内的9个村村委会主任都到了，我不同意签字。我建议政府，如果想把地拿走，就召集村民开会协商补偿标准，如果大部分村民接受，我就签字。有几个人卷袖子要打我，我也没示弱……"王福韬最终没有签字，但后来，岩坑村的集体账户上也被"强迫到账"374万元。

无奈之下，四个村的6000名村民选择聘请杨在明、张艳玲等来自北京的律师，依法维护2800亩滩涂的权益。今年5月12日，后塘村、里二村村委会起诉乐清市政府至温州市中级法院，请求判决撤销协议书。同一天，四个村委会以乐清市政府为被告提起要求判令撤销"通告"的行政诉讼。

争议的核心焦点：滩涂是"海域"还是"土地"

两个诉讼的公开庭审，引起当地村民关注。"7月13日开庭时，近300名村民到庭旁听。庭审持续到晚上7点，当庭未宣判。"张艳玲告诉记者。

张艳玲介绍，关于协议书，乐清市政府辩称，其基于公共利益的需要，依法收回涉案国有海域使用权，协议书经"双方协商一致自愿签订"，且已经履行完毕。7月27日，温州市中级法院判决认为，约定书的补偿金额高于先前的补偿标准，"应认定协议是双方的真实意思表示"，驳回了村委会的诉讼请求。

辩论更激烈的，是四村委会起诉市政府的案子。最大争议在于：滩涂是"海域"还是"土地"？

在通告中，记者看到，乐清市政府表示："南岳大鹅头至长山尾巴之间的'海域'的海洋功能区划主导功能为港口区和临港工业区，该区域范围内的用海项目必须符合海洋功能区划，并依法取得'海域'使用权……"

法庭上，四村委会认为，《中华人民共和国土地管理法》、国土资源部办公厅2004年《关于确认海涂、滩涂土地权属问题的复函》，以及国务院法制办2002年《对〈关于请明确"海岸线""滩涂"等概念法律含义的函〉的复函》等均明确规定，滩涂属于土地，而非海域。"乐清市政府仅凭一纸通告便将滩涂定性为海域，明显违反法律法规。"法庭上，律师们这样表示。

村委会一方的主要证据是：乐清县1985年下发的《关于下达85年第一批造地投资的通知》，证明后塘村的围塘缴纳农业税，已属基本农田；南岳镇土地利用总体规划图（1996—2010年），图示四村围塘属基本农田，滩涂属一般农田；四个村的《浅海滩涂使用权证》等。

"原告所持的《浅海滩涂使用权证》所登载面积均在通告收回区域内，无论是否经过围垦，均系国有海域而非土地。"庭审时，乐清市政府委托的代理律师戴家华表示，根据《中华人民共和国海域使用管理法》（下称海域使用管理法）规定，因公共利益或国家安全的需要，原批准用海的政府可依法收回海域使用权。而乐清湾港区是交通部和浙江省政府《温州港总体规划》的重要组成部分，关系公共利益，故有权依法收回。

"四原告所称'滩涂'性质的相关复函，均非立法机关的有权解释，不具有解释海域管理法的效力。"戴家华说。

对南岳镇土地利用总体规划图，温州市中级法院认为"是对南岳镇辖区内土地利用远景所作的规划，与涉案滩涂的当前性质无关"。

8月15日，四村委会收到该案一审判决书。判决认为"原告诉称滩涂系土地，缺乏事实和法律依据"，根据海域使用管理法的规定，海域是指我国内水、领海的水面、水体、海床和底土，而内水是指我国领海基线向内陆地一侧至海岸线的海域，"根据南岳乡海涂定权图，涉案区域自堤坝外 70 米向海一侧延伸，符合法律关于内水的规定，可以认定属于海域。"

毫无疑问，案例所反映的核心问题是有关沿海滩涂性质定位在法律上没有明确的规定。而且国务院法制办对沿海滩涂的性质认定，在司法实践中又难以获得普遍的认可。同时，我国土地类法律和海洋类法律的差异，使沿海滩涂的不同定位，将面临情况迥异的产权、使用和补偿，也昭示着沿海滩涂的管理方式和体制存在差异，从而引发了一系列的冲突和问题。将滩涂（潮间带）视为土地或海域，将产生不同的管理方式和法律后果（见表 5-1）。从这个意义上而言，深入探究沿海滩涂的性质定位，对于完善沿海滩涂的使用与保护制度，消除社会冲突和矛盾，具有极其重要的价值。

表 5-1　　　　　　　将滩涂视之为土地或海域的不同情况

比较内容	将滩涂视之为土地	将滩涂视之为海域
主管机关	土地管理部门	海洋行政主管部门
所有权	可以归国家或集体所有	自能归国家所有
划分领域	按农用地、建设用地的划分予以管制	按海洋功能区域予以管制

二　当前沿海滩涂性质的二分法定位争辩

沿海滩涂可以划分为潮上带、潮间带和潮下带三部分。其中，潮上带属于土地，潮下带属于海域，几乎没有争议。[①] 所不同的是对于潮间带的性质定位存在模糊。不管是世界各国的实际法律规定，还是

① 陈甦、丁慧：《试论滩涂在法律上的性质》，《辽宁师范大学学报》（哲学社会科学版）2000 年第 5 期；樊静、解直凤：《沿海滩涂上的物权制度研究》，《烟台大学学报》（哲学社会科学版）2006 年第 1 期。

学术界，都存在争议和差异之处。

在罗马法上，将海岸定义为"延伸到冬季最高潮所达到的极限"。① 显然，罗马法将潮间带界定为海域。这种传统民法对海洋与土地的划分标准，为当代很多国家所延续。例如在日本，"社会上通常的观点是，根据海水表面涨到最高潮时达到的水边线为基准划分海和陆地。并且现在一般认为海面以下的地盘不是土地"。② 因此，在日本，潮间带也属于海域。我国台湾地区对近岸海域的划分以平均高潮线至等深线30公尺，或平均高潮线向海5公里处，取其距离较长者为界。因此，我国台湾地区也将滩涂潮间带视为海域。③

将潮间带界定为海域的法律规定，意味着将滩涂定义为共有物，这是因为在西方的法律传统中，海洋、海岸属于共有物，因而属于所有人共有。查士丁尼的《法学总论》中明确规定："依据自然法而为众所共有的物，有空气、水流、海洋，因而也包括海岸（海滨）。"并且将"不得禁止任何人走近海岸（海滨），只要他不侵入住宅、公共建筑物和其他房屋，住宅房屋不像海洋那样只属于万民法的范围"。④ 海岸（海滨）属于共有物的传统在西方历史悠久，最早都可以追溯到古希腊的西塞罗，他指出，"那些被投于海洋之物与海洋一样为共有，那些扔于海岸上的东西与海岸一样也为共有"，⑤ 维吉尔（Vergil）也对此持相同的观点，认为空气、海洋和海岸对所有人开放。海岸属于共有物，包含在海岸中的滩涂当然也属于共有物。实际上，在古罗马的概念中，海岸与滩涂具有相同的含义。海岸或者海滨的拉丁词 litus 有两层意思，第一层意思是海岸、海滨、海边；第二层意思是海滩、湖滩、河滩，即汉语中的滩涂。⑥ 西方法律上的共有

① ［古罗马］查士丁尼：《法学总论》，张企泰译，商务印书馆1996年版，第48页。

② ［日］北川善太郎：《日本民法体系》，科学出版社1995年版，第17页。

③ 樊静、解直凤：《沿海滩涂上的物权制度研究》，《烟台大学学报》（哲学社会科学版）2006年第1期。

④ ［古罗马］查士丁尼：《法学总论》，张企泰译，商务印书馆1996年版，第48页。

⑤ 格劳秀斯：《论海洋自由或荷兰参与东印度贸易的权利》，马忠法译，上海人民出版社2013年版，第30页。

⑥ 谢大任：《拉丁语汉语词典》，商务印书馆1988年版，第327页。

物类似甚至等同于经济学上的公共物品。将滩涂定性为共有物或者公共物品，意味着滩涂具有非排他性和非竞争性等特性，从而也使它的使用、流转与保护等具有了不同于土地的特性。

我国大陆的法律法规没有对沿海滩涂的性质定位进行过非常明确的规定，其最高的文件就是上文所述的国务院法制办对国土资源部的复函。法律法规上的空白，给我国学术界在此方面的讨论和争辩预留了很大的空间，不同的研究者从不同的方面对此进行了论述，从而形成了三派观点迥异的学说。

1. 土地说

土地说的核心观点是将潮间带（滩涂）定位为土地，其中的代表性人物为陈甦、[①] 樊静[②]等人。土地说的核心依据在于：

第一，高潮线在我国并没有成为区分土地与海洋的分界线。土地说的论者承认在西方的民法传统中，高潮线是土地和海域的分界线，但是他们认为"在我国，海水高潮线没有划分海域与土地边界的意义"，"我国土地和海域在法律上的界线，应当是海水的低潮线"。[③]如果以海水的低潮线作为土地和海域的分界线，潮间带（滩涂）当然地属于土地，而非海域。

第二，地理意义上的沿海滩涂与法律意义上的沿海滩涂并非完全一致，甚至存在相当的差异。在我国的一些法律法规中，存在一些法律条文对土地和滩涂有所区别的规定，土地论者对这一问题的反诘在于，地理意义上的沿海滩涂与法律意义上的沿海滩涂存在差异，"法律上的土地应当是不能被海水永久淹没的地球表面。超过低潮线延伸于浅海中的部分，可能作为地理意义上或养殖业意义上的滩涂，但不

---

① 陈甦、丁慧：《试论滩涂在法律上的性质》，《辽宁师范大学学报》（哲学社会科学版）2000 年第 5 期。

② 樊静、解直凤：《沿海滩涂上的物权制度研究》，《烟台大学学报》（哲学社会科学版）2006 年第 1 期。

③ 陈甦、丁慧：《试论滩涂在法律上的性质》，《辽宁师范大学学报》（哲学社会科学版）2000 年第 5 期；樊静、解直凤：《沿海滩涂上的物权制度研究》，《烟台大学学报》（哲学社会科学版）2006 年第 1 期。

能作为法律意义的滩涂，因为法律意义上的滩涂土地的一种形态"。①

第三，现行的法律条文中隐含着将滩涂作为土地。采用这一观点学者，其主要依据是来自《民法通则》和《土地管理法实施条例》。《民法通则》第74条规定，劳动群众集体组织的财产包括法律规定为集体所有的土地和森林、山岭、草原、荒地、滩涂等。《土地管理法实施条例》第2条规定，依法不属于集体所有的林地、草地、荒地、滩涂及其他土地，属于全民所有即国家所有。在我国制定民法通则时，对滩涂的利用已经十分普遍，滩涂已经被视为可以进行排他性使用的自然资源，可见，在我国土地管理法以及民法，已经把滩涂作为土地的一种形态，纳入土地的范畴之内。②

2. 海域说

海域说则认为应该将潮间带（滩涂）视为海域。③ 马得懿是这一派学说的代表人物。海域说主要理由在于：

第一，对海洋进行分界的法律和国家标准都是在《宪法》颁布实施以后指定的。在《宪法》制定时，海洋与陆地的分界线尚不明确，国家还未对海洋进行综合管理，也没有制定有关海洋综合管理的法律。而滩涂已经大量使用，《宪法》将滩涂作为土地加以规定不过是权宜之计，没有修订的原因应该是未意识到滩涂性质问题，而非有意为之。

第二，以海岸线作为海陆分界线是国际通行做法，世界上大部分国家把平均大潮高潮线作为海域与陆地的分界线。

第三，我国《海域使用管理法》已经为修订土地管理利用类法律、法规准备了衔接制度。在《海域使用管理法》颁布实施以前，由于《宪法》将滩涂视为土地，规定滩涂可以为集体经济组织所有，所以，大量滩涂已经以集体经济组织的名义发包。针对这一情况，

---

①　陈甦、丁慧：《试论滩涂在法律上的性质》，《辽宁师范大学学报》（哲学社会科学版）2000年第5期。

②　同上。

③　马得懿：《基于自治与管制平衡的法律机制——以辽宁沿海滩涂的保护与利用为例》，《太平洋学报》2010年第10期。

《海域使用管理法》第 22 条做了相应的协调。在我国集体经济组织主体虚位的背景下，将滩涂可以从集体所有修改为滩涂归国家所有，但可以授权给集体使用，由集体发包给其成员用于养殖生产。①

3. 独特说

所谓独特说，是指在认定沿海滩涂的性质问题时，不再拘泥于属于土地抑或海域的分析框架，而是打破传统的陆海二分分析结构，认定沿海滩涂属于湿地生态系统。②

鉴于学界在沿海滩涂属于土地抑或海域的认定上形成泾渭分明的两派，而且每一派的论断都有着自己强有力的支撑论据和论证，但是每一派又无法提出完全驳斥对方的论断，因而独特说在学界也逐渐形成。目前，独特说在学界尚属少数，其立论的理由也没有进行充分的挖掘和探讨，因而尚未获得充足的学界认可度。而且其所认定的沿海滩涂属于湿地生态系统的论断，也没有从根本上回答沿海滩涂的性质定位，因为如果进一步追问的话，湿地系统属于哪一种形态呢？大部分的湿地位于内部，可不可以认定这一类学说将滩涂定位为土地呢？但是毋庸讳言，这一打破非海洋即土地的分析框架，值得我们肯定和进一步挖掘。它只是指出了以往非黑即白的二分法分析框架已经无法有效探究沿海滩涂的性质定位，再拘于沿海滩涂非土地即海洋的二分法，将无法冲出这一认知和性质认定的争论怪圈。

第二节　沿海滩涂性质的再定位

一　沿海滩涂法二分法性质定位的认知特性与误区

实际上，将滩涂（潮间带）视之为土地，抑或视之为海域，都可以进一步深入探讨，其在法律上性质的归属也可以提出更多的理由。

---

① 马得懿：《基于自治与管制平衡的法律机制——以辽宁沿海滩涂的保护与利用为例》，《太平洋学报》2010 年第 10 期。

② 胡云云等：《沿海滩涂资源的法律性质》，《福建农林大学学报》2014 年第 5 期。

限于篇幅，本书在此不再赘述。本书在此重点指出的是，不管是将（滩涂）潮间带视为土地，还是海域，都存在一定的问题。这些问题的探讨和分析可能对于沿海滩涂的保护更为重要。

实际上，我国当前的法律对滩涂属于海域还是土地存在模糊之处，其定位甚至存在逻辑矛盾。诚然，《土地管理法》《土地管理法实施条例》等的字里行间，隐含着将滩涂也作为土地的一种形态，但是其他的一些法规却与之不同。例如《上海市滩涂管理条例》第16条规定："圈围滩涂形成的土地，属国家所有。"从这些规定的字面含义来看，滩涂与土地是有区别的，否则不存在"滩涂形成土地"的情形。显然，条例没有将滩涂视为土地。这种规定在有关滩涂的法律法规中随处可见。《福建省沿海滩涂围垦投资建设若干规定》中规定："适度围垦……，是增加土地供应、实现耕地占有平衡和耕地总量动态平衡的有效途径。"如果滩涂本来就是土地，围垦滩涂又怎么会增加"土地供应"？

之所以存在这种立法上的矛盾和逻辑不周延之处，有两个方面的根源。首先，在于我国的法律没有基于沿海滩涂非常明确的性质定位，其性质定位是模糊的、隐含着的，因而需要实际管理者以及地方立法者从《土地管理法》等法律中去推导和引申。而引申的层次和幅度导致了认知差异和冲突。其次，我们对沿海滩涂的认知存在这样的矛盾潜意识：从生活的常识和直观感受而言，沿海滩涂应该属于土地，因为沿海滩涂的潮上带以及海水褪去之后的潮间带，和一般的土地并无二致，这使初识沿海滩涂的人们很自然地将其作为土地；但是在进一步细究的基础上，人们又会意识到沿海滩涂与土地还是存在相当大的差异，甚至存在根本的不同。因而，立法者在这种矛盾的潜意识主导之下，出现立法的不周延之处也就不足为奇了。

实际上，不管是将沿海滩涂定位为土地，抑或海洋，都只是兼顾了其形态的一部分特性，而无法涵盖其全面的核心特性。如上所述，沿海滩涂包括三部分：潮上带、潮间带和潮下带。从形态上而言，潮上带更接近土地。潮下带更接近海洋，而潮间带综合了土地和海洋的双重特性。将沿海滩涂定性为土地者，在形态上只是涵盖了潮上带的特性而没有涉及潮下带；相反，将沿海滩涂定性为海洋者，在形态上则只是涵盖了潮下带的特性而没有涉及潮上带。不管哪一种定位，都只是对沿海滩涂的割裂和部分特性的提炼。换言之，不管是将沿海滩涂定性为土地，抑或定性为海洋，都是对其性质的一种片面反映，对其特性的一种武断。这种归类在实际运用上，也将无法涵盖现实中的很多问题，发生法律适用问题以及管理问题，也就在所难免。从这个意义上而言，我们需要打破沿海滩涂这种"非此即彼""非黑即白"的二分法性质定位思路，而从一种更为全面、更为科学的角度去实现性质定位。

二　打破二分法性质定位的形而上学思考

概念是人类进行理性认识以及逻辑推理的基础。按照一般的哲学及逻辑学教程的认识，"概念是反映对象本质属性或特有属性的思维形式"。[1] 但是人们对对象的本质属性或特有属性的把握并非易事，这也使概念本身变化不定，其内涵与外延存在变化极模糊。部分研究者试图将概念划分为初级概念和深刻概念，以解释这种变化和模糊："人对事物的认识是一个不断深化的过程，最初的认识总是不深刻的，只能把握到一些表面的特有属性，这时形成的概念叫作初级概念。"而当认识进一步深化之后，达到了对事物的本质的认识，就会形成"比较深刻的概念"。[2]

但是这种论断也不足以解释概念何以存在不断变化之中。因为从概念的变化中，我们很难界定哪些是初级的，哪些是深刻的。从概念的变化谱系而言，没有所谓初级与深刻之分，都是在一个不断演进的过程中。那么，概念变化的根源在于何处呢？我们认为，这是因为概念只是人们认知一个系统和连续的世界的截取点或者截取面。世界是完整的、联系的和系统的。但是人类无法对这个完整的、联系的和系统的整体进行一步到位的认知，因此需要进行截取。而截取的工具就

---

[1]　郭桥、资建民：《大学逻辑导论》，人民出版社 2003 年版，第 13 页。
[2]　吴家国：《普通逻辑原理》，高等教育出版社 1989 年版，第 26 页。

是对其进行概念化。从这个意义上而言，概念是人们对整体世界一个点或截取面的聚焦。多个概念的成立和排列就整合成整个世界的图景。聚焦的概念总是试图进行封闭，即封闭一个概念的内涵和外延。但是由于世界又是连续的，因而这种封闭只能是暂时的和相对的。其对概念的所谓本质属性的把握也是相对的。

在建立概念的同时，这种认知模式也需要建立认知体系。其中的一个重要步骤就是建立概念之间的属种关系，即建立不同概念之间的包含关系。从当前的形式逻辑认知体系而言，任何的概念都需要至少包含在一层属概念之中，其自己也可以划分不同的种概念。毋庸讳言，这种概念的构建以及其属种概念的划分，不可避免地使边延区域的种概念存在属性不符的特性，从而引发人们的认知混乱。如果我们将所有的"人"都划分为"男人"和"女人"，那么一种所谓的"双性人"就使我们很难对其进行分类；我们将所有的"生物"都划分为"动物"和"植物"，那么"细菌"就使我们很难对其进行分类。

遇到这种难题，我们通常的做法是什么呢？一般而言可以分为两种情况。其一，如果这种很难归类的个案不多的话，我们只是对其作为个案处理，不对其进行系统处理，或者将其强制归类。例如上述的"两性人"在人类群体中毕竟是绝对的少数，因为没有撼动"男人"与"女人"的两分法属概念分类体系，人们会将个案的"两性人"更偏重于哪一个性别，从而将强归类为"男人"或"女人"。其二，如果这种个案大量出现，并且已经无法进行强制归类的话，人们就试图打破以往的属种分类体系，从而构建一个更为系统和全面的属种体系。例如上述的"细菌"已经在"动物"与"植物"中无法实现有效归类，而且还有"蘑菇""病毒"等大量的无法归类的概念出现，那么其解决的一个最有效的办法就是打破以往的"动物"与"植物"的二分法分类体系，构建出一个"微生物"的属概念，从而建构出了"生物"包括"动物""植物"与"微生物"的三分法分类体系。当然，这种三分类的分类体系如果随着新情况的出现，也可能面临再次的修改。

如果上述所言的"人"与"生物"的属种概念划分与归类，还太过于形而上学，那么当我们将视角切入与沿海滩涂更为密切的"海洋"概念划分及其演变，可能会给予我们更为直观和形象的认知。海洋目前划分为"领海"与"公海"，但是这种划分并非初始有之，其二分法的划分也面临挑战。人类对海洋的认知要远逊其对陆地的认知。因而在认知初期，人们并没有对"海洋"这一概念进行更为细致的划分（当然，对其进行"海"与"洋"的区分不是本书论述的方面）。但是在人们争夺海洋的时候，这一单一的概念认知逐渐表现出它的局限性。1493 年，教皇亚历山大六世发布诏书，指定大西洋上的一条子午线，即通过佛得角群岛以西 100 里格（约 5.42 公里）的地方作为两国行使权利的分界线，东边归葡萄牙，西边归西班牙，别国的船只要得到控制国许可否则不得在那里航行或通商。亚历山大六世的这一海洋划分行为，是海洋概念划分的滥觞。为了反击葡萄牙与西班牙对海洋的独占，1609 年，荷兰国际法学家格劳秀斯的《海洋自由论》问世。其提出海洋是人类共有的观点，从而为"公海"概念的出现奠定了基础。但是这一对海洋性质的全面自由化定位，并没有获得一致认同。1618 年英国塞尔登著《闭海论》问世，认为海洋同土地一样可以成为私有的领地和财产保险，为英国君主占有英国周围海洋的行为辩解，从而为"领海"概念的诞生奠定基础。但是这一阶段的争论依然存在重大冲突，其对于海洋性质的截然对立的争论持续了很长时间。这种争论随着对"海洋"一体化性质的否定而得到有效解决，1702 年荷兰学者宾刻舒克在其《海洋领有论》中将"海洋"区分为"领海"和"公海"，从而为海洋的性质定位打开了全新的认知视角。领海与公海的区分，成为现代国际社会构建海洋法的基础，从而奠定了现代的国际秩序基础。

但是随着时代的推进，这一二分法的海洋性质定位也面临冲击。例如在 1982 年的《联合国海洋法公约》中，确立了 12 海里领海，24 海里毗邻区，200 海里经济专区。这就存在一个至今在学界还争论的话题：毗邻区是属于领海，还是公海？《海洋法公约》第 55 条将专属经济区界定为"领海以外并邻接领海的一个区域"，将专属经济区制度称为"特定法律制度"。① 已经有学者指出，专属经济区是一种间于领海与公海之间性质的海域，具有混合或复合水域的法律地位或性质。② 王铁崖也认为："可以肯定地说，它既不是国家的领海，也不是公海的一部分呢，而是一种'自成一类'的领域。"③ 显然，在今天的社会，海洋的二分法也面临冲击，领海与公海的"非此即彼"的二分法已经难以容纳一些新出现的概念和状况。

　　这种状况在社会发展中并不鲜见，而且也是必然的。如上所述，现实世界是连续而整体的。但是鉴于人类认识世界的特性，我们需要构建一些反映整个世界某个视角及片段的概念，作为认识这个世界的工具。但是由于我们认识的局限性，对概念的规定以及其间的逻辑关系，往往并没有反映出整个世界的特性。我们界定了"黑"和"白"的概念及两者之间的关系，但是我们忽视了还有一些"不白不黑"的"灰"。因此，随着认识的深入，我们会在以前建构的概念基础上，不断加以完善，增加一些新的概念，从而改变原来概念的逻辑关系。除了上述的"领海"和"公海"的关系变化外，经济学上的"公共物品"和"私人物品"的逻辑关系也经历了这样的转变。当人们意识到将物品单纯地划分为这种物品过于武断时，就创建了介于这两种物品的新概念"准公共物品"，从而将"公共物品"和"私人物品"的矛盾逻辑关系转变为反对逻辑关系。

　　这种事例已经比比皆是，举不胜举。从形而上学的角度，对这个问题进行分析，至少给我们以下的启示：第一，现实的世界是整体的，但是人们给予概念而建构的认知体系是不完善的、片面的，从而存在很大的缺陷。第二，随着人们认识的深入以及现实的需要，我们可以对以往的概念及其之间的逻辑关系进行调整。这种调整甚至可以说是必需的。因此，对于沿海滩涂的性质定位而言，打破原来建构的

---

　　① 刘惠荣：《剩余权利语境下专属经济区内沿海国环境保护管辖权研究》，《求索》2015 年第 6 期。

　　② ［日］中村光：《专属经济区的法律性质》，《法学教室》1987 年第 34 号，第 16 页。

　　③ 邓正来编：《王铁崖文选》，中国政法大学出版社 1993 年版，第 124 页。

"非土地即海洋"的二分法性质定位认知体系，是非常必要的。在古代社会，人们对沿海滩涂的使用和利用较为简单，其法律调整关系也并不复杂，管理体制和管理手段也简单明了。但是在现代社会，随着人口大量涌入沿海区域，人口与经济在沿海滩涂区域的密集聚集，从而使沿海滩涂的生态保护与经济开发矛盾凸显。因此，以往的法律调整体系和管理体制都不再适用，需要加以完善，从而变得复杂化。从这个意义上而言，以往的二分法性质定位也不再适用今天的沿海滩涂管理。因此，我们需要打破以往的二分法性质定位思路，而代之以三分法的沿海滩涂性质定位。

三　三分法的沿海滩涂性质定位

（一）三分法沿海滩涂性质定位的优势及理由

当然，上述法规在涉及滩涂的规定时，其对滩涂的指代可能存在差异。有的法规指代滩涂潮上带和潮间带，有的则指代滩涂潮间带和潮下带。这也说明进一步明确沿海滩涂概念的重要性。从本质上而言，之所以存在滩涂为土地抑或为海域的争议，是秉承了两分法的思路。这种思路强调海和陆的差异，因而在探讨海陆交融的滩涂问题时，存在意见的分歧也就不足为奇。在古罗马时期，大家没有意识到海岸带的独特之处，强调海陆的不同非常有必要。时至今日，生态环境的问题日益凸显，海岸带既不同于海洋、也不同于陆地的属性，已经越来越为大家所认可。而且海陆两分法一个不可回避的后果，就是人为割裂了沿海滩涂在法律上的性质定位。沿海滩涂包括潮上带、潮间带和潮下带三部分，海陆两分法，使沿海滩涂三个部分属于不同法律体系的调控对象。由于海岸线的不断变化，使某一区域时而为海域、时而为土地的情况，将不断上演。因此，笔者认为，在探知沿海滩涂法律上的性质定位时，可以跳出海陆两分法的思维框架，从三分法的角度进行，这样可以化解很多问题。所谓三分法，就是既不强调沿海滩涂的土地属性，也不强调沿海滩涂的海域属性，而是强调海岸带的独特性，将沿海滩涂纳入海岸带的范畴之内。在法律上如此定位沿海滩涂的性质，具有以下优势与理由。

1. 能够最大限度地实现沿海滩涂的保护。沿海滩涂的潮上带、潮间带和潮下带具有生态环境上的一体化，从生态学的角度，很难将它们截然分开。例如红树林，它不仅仅生活在潮上带，潮间带和潮下带也可以生长。因此，如果将之割裂，红树林滩的潮上带和潮间带归属土地类法律调整，而潮下带归属海洋类调整，则很难在现实中实现红树林的有效保护。实际上，之所以越来越多的研究者赞同从广义的角度来界定和研究沿海滩涂，是因为他们已经意识到潮上带、潮间带和潮下带具有生态环境上的一体化。三个部分具有生境上的相似性和关联性，人为地割裂这三部分，或者单单局限于某一部分，都不利于沿海滩涂的保护。因此，强调沿海滩涂的整体性，是实现沿海滩涂良好保护的前提。

2. 强调沿海滩涂的整体性，可以保证"滩涂"概念使用的统一。如上所述，我们目前的很多法律法规对"滩涂"的规定有着不同的使用范畴。有的法规对滩涂的界定主要暗指潮上带，有的则暗指潮间带。这种概念使用不同的做法使法规经常出现不协调甚至矛盾之处。因此，强调沿海滩涂的整体性，可以保证"滩涂"概念使用的统一，避免法规之间的矛盾。当然，打破两分法后的沿海滩涂性质定位，并非意味着沿海滩涂的管理对土地类法律和海洋类法律的绝对排斥。它只是强调沿海滩涂要作为一个整体来接受调控。实际上，我国现实的一些做法，已经在强调沿海滩涂的整体性。例如海洋功能区划的实施，几乎所有的研究者都强调，海洋功能区划不能仅仅局限于海域，还必须包含一部分的沿海陆域。其实，所包含的沿海陆域，主要指沿海滩涂的潮上带和潮间带。

3. 打破海陆两分法的做法，已经有其他国家的成功案例。1972年，美国率先出台了《海岸带管理法》，这是美国海洋领域具有里程碑意义的重要立法，也是世界上第一部海洋综合管理法。韩国也是世界上已经颁布《海岸带管理法》的国家之一。1998年7月韩国出台了《海岸带管理法》，并根据该法于2000年2月公布了"国家海岸带综合管理计划"。① 由于海岸带地理位置的特殊性，即与陆地和海洋相连并没有明确的界限，韩国将海岸带海域范围规定为 12 海里，陆域范围规定为 500 米。对于特殊区域，陆域范围可以扩大到 1000 米。韩国既没有将海岸带等同于土地（陆地），也没有等同于海域，而是强调它的特殊性，作为单独区域制定法律予以规范。② 韩国的做法尽管在世界上还属少数，但是它有效地实现了海岸带的保护。因而值得我们认真思考，予以借鉴。③

（二）三分法性质定位的策略

实际上，三分法的性质定位在学界中已经有之，如上所述的"独特说"就是一例。其提出的沿海滩涂既不属于土地也不属于海洋的观点，认为应该将其定位为湿地生态系统。笔者认同其打破二分法的思维模式，但是其将沿海滩涂定位湿地生态系统的观点依然有失偏颇。尽管从本质上而言，湿地由沼泽和滩涂构成，但实际上沼泽和滩涂在部分属性上相差甚大，尤其是沿海滩涂所具有的淤涨性或者侵蚀性，并非湿地的本质属性。因此，如果将沿海滩涂定位为湿地，尽管相比于强制地归性为土地或者海洋更为合理，但是也存在些许问题。那么，除了将其定位为湿地之外，我们应该如何实现三分法的性质定位呢？笔者认为以下两种定位策略是可行并且较为科学的选择。

1. 策略一：确立土地、海洋、海岸带的三分法，将沿海滩涂归于海岸带

所谓海岸带，就是围绕沿海地带划出一定的区域，是海陆交互作用的过渡地带，包括滨海陆地、沿海滩涂和沿岸水域。因其近海且狭

---

① 刘洪滨：《韩国海岸带综合管理概况》，《太平洋学报》2006 年第 9 期。

② 马得懿：《基于自治与管制平衡的法律机制——以辽宁沿海滩涂的保护与利用为例》，《太平洋学报》2010 年第 10 期。

③ 当然，打破沿海滩涂"土地抑或海域"的二分法法律性质定位，将之定位为"海岸带"，其最大的困难在于我国目前还没有出台相应的海岸带法。笔者认为，现实法律法规的缺位，并不妨碍我们从法理上探究沿海滩涂新的法律性质的可能。恰恰相反，法律法规的缺位正应该促使我们进行积极的探索。这种积极的探索也正可能成为新的法律法规出台的基础。

长如带，形象地称之为海岸带。① 海岸带具有不同于海洋与陆地（土地）的独特特性，既承担高度化的人口和产业集聚功能，同时也有良好生态环境维护的要求。② 目前不仅仅海岸带成为一种边界明确的地域指称，而且海岸带综合管理（ICZM）也成为一种最受推崇管理方式。③

　　海岸带既不同于土地、也不同于海洋的特性已经获得普遍认可。从理论界及世界各国的实际而言，都在尝试将其作为一种独特的地域加以管理和保护。如上所述，美国早在 1972 年就意识到海岸带的独特之处，从而制定了《海岸带管理法》。该法自制定后历经了 4 次修改，至今仍是美国海洋管理的法律基石。《海岸带管理法》开篇指出海岸带的重要价值及有效管理的重要意义，列举了海岸带面临的主要问题，指出鼓励各州与联邦及其他利益相关者合作，超越部门局限进行决策和管理是海岸带保护的关键。④ 我国学界也呼吁出台《海岸带管理法》，从而将海岸带作为一个独特的区域和对象加以对待和管理。从这个意义上而言，不管是理论界还是现实实践中，都已经开始逐渐突破"非海洋即土地"的二分法分析框架，只是在沿海滩涂的性质定位（法律性质）的研究者那里，没有获得充分的重视。

　　沿海滩涂是海岸带的重要组成部分，其包含在海岸带中。例如美国的《海岸带管理法》第 1453 条⑤把"海岸带"界定为"相互影响且邻近沿海各州海岸线的海岸水体和滨海湿地"。不同的地区或国家对海岸带的范围界定不尽相同，但是大致保持了相同的范围。例如我国台湾地区的《海岸管理法》规定，其海岸带包括滨海陆地和近岸海域两部分，其向路一侧的边界为第一条省道、滨海道路或者山脊

---

①　王向和：《急待制定海岸带管理法》，《法学》1992 年第 10 期。

②　孙伟等：《海岸带的空间功能分区与管制方法》，《地理研究》2013 年第 10 期。

③　Godschalk D R. Coastal Zone Management. Encyclopedia of Ocean Sciences. 2nd ed. New York：Acdemic Press，2009，pp. 599 – 605.

④　巩固：《欧美海洋综合管理立法经验及其启示》，《郑州大学学报》2015 年第 3 期。

⑤　《海岸带管理法》在美国法典第 16 卷第 33 章，因而其所引用该法之条文按其在美国法典中的序号。

线；其向海一侧的边界为以平均离潮线往海洋延伸至 30 米等深线，或 3 海里，并取其距离最长者。显然，尽管海岸带的范畴有所变动，但是无一例外地都包含着沿海滩涂。海岸带之所以具有不同于土地与海洋的特性，根本之处在于它包含了沿海滩涂。出台海岸带管理法，或者我们在管理与立法中，基于海岸带一种不同于一般陆地与海洋的属性定位后，沿海滩涂当然地形成一种独特的特性。即沿海滩涂既不属于土地，也不属于海洋，而是属于海岸带。

将海岸带作为一种既不同于土地也不同于海洋的第三种地貌区域加以管理、规范和保护，有利于其理顺现有土地类法律与海洋类法律在该区域的适用冲突，从而化解沿海滩涂"非土地即海洋"的性质定位困局。

2. 策略二：划分为土地、海洋、沿海滩涂三类，直接将沿海滩涂定位为一种既不同于土地，也不同于海洋的第三种形态

上述确立土地、海洋、海岸带的三分法，将沿海滩涂归于海岸带的性质定位，对于沿海滩涂的性质定位而言，还是一种间接的策略和方法。鉴于海岸带的独特性已经逐渐获得普遍认可，此种三分法的性质定位更容易为人们所接受，也更易与当前已经出台或者即将出台的《海岸带管理法》相契合。这是第一种策略的优势所在。但是对于沿海滩涂的性质定位而言，这一策略过于突出海岸带的特性，而忽视了沿海滩涂的特性。

实际上而言，由于海岸带的划分范围要远远大于沿海滩涂，因而，在海岸带内部，其不同地貌之间的物理性质和法律关系也存在很大的差异。上一次的性质划分，更易实现，但是对于优化沿海滩涂的管理而言，还是过于间接。因此，另一种更为直接的三分法性质定位策略，就是直接划分为土地、海洋和沿海滩涂三类，直接将沿海滩涂定位为一种既不同于土地，也不同于海洋的第三种形态。这一种策略在于直接提升沿海滩涂的地位和独特性，在管理和司法实践中，不再纠结于沿海滩涂是土地抑或是海洋的困局，而是明确其不同的特性。

沿海滩涂性质定位（法律性质）的困局在于，我们总是试图将沿海滩涂作为性质定位的种概念，并试图寻找出所属范围的属概念。沿

海滩涂为何不能作为一种与土地、海洋并列的一级概念呢？诚然，一级属概念种类的繁多的确可能会增加我们思考和比对的成本，这种基于便捷和降低成本的思考方式，的确应该成为我们构建逻辑关系的基本准则。但是当现有的一级属概念已经无法容纳当前的状况，改变这种逻辑关系也是更为可行的方法和策略。沿海滩涂独特的地质和物理特性，已经难以完全按照土地和海洋的二分法性质分类逻辑关系去认知。其所涉及的管理和法律关系，也难以与土地或海洋的管理体制及法律体系完全融合。因此，将沿海滩涂直接上升为与土地、海洋并列的一级属概念，也未尝不是一种更为科学的方法和策略。

将沿海滩涂定性为一级与土地、海洋同级的属概念后，不管是形态上更接近土地的潮上带，抑或是其形态上更接近海洋的潮下带，在法律性质上是一致的，即都需要从沿海滩涂的整体上去认识、规划和管理，而不是将其割裂，分别套用土地类或者海洋类法律体系。这一性质定位策略的优势在于可以更为凸显沿海滩涂的独特之处，也更有利于针对沿海滩涂的地质和生态特性加以管理、规划和利用。当然，这种策略的弊端在于可能很难赢得对沿海滩涂不了解的人群的认可，其与当前海岸带的定位也存在张力。而且它也容易引发其他一些连锁反应，例如既然沿海滩涂都可以作为一级与土地、海洋同类的属概念，那么与此相类似的"湿地""海岛"可以获得相同的性质提升吗？

诚然，这一种策略的确存在上述问题。但是我们认为这些问题都可以随着时间的推移、沿海滩涂重要性的凸显而得到解决。因此，从时间的序列上而言，我们认为可以首先采取策略一的性质定位方法。在实际运用中，如果沿海滩涂的重要性越来越凸显，已经难以与海岸带的其他地貌相同管理，并且这种差异已经如此明确，也获得了人们的普遍认可，那么就可以推进到策略二，直接将沿海滩涂作为一级与土地和海洋平级的属概念，其性质定位也可以更为直接。

第六章　沿海滩涂的调整手段

第一节　我国沿海滩涂的现有法规及调整手段

一　我国沿海滩涂的现有法律法规及不足

我国并没有出台一部专门的沿海滩涂管理或生态环境保护的法律和行政法规。目前中央的滩涂管理部门对沿海滩涂的管理依据，主要来自两个方面：一是有关（海洋）环境保护的法律法规，二是有关（海洋）资源管理的有关法律法规，它们构成了中央职能部门进行沿海滩涂管理的主要法律依据（见表6－1）。

表6－1　　　　　我国沿海滩涂管理的主要法律法规依据

	海洋环境保护法	1982（1999 年修订）
	海洋石油勘探开发环境保护管理条例	1983
	防止船舶污染海域管理条例	1983
	海洋倾废管理条例	1985
（海洋）环境保护	防止拆船污染环境管理条例	1988
	环境保护法	1989
	防治海岸工程建设项目污染损害海洋环境条例	1990（2007 修订）
	防治陆源污染物污染损害海洋环境管理条例	1990
	自然保护区条例	1994
	渔业法	1986（2000 修订）
	矿产资源法	1986（1996 修订）
	土地管理法	1986（1998、2004 修订）
（海洋）资源管理	土地管理法实施条例	1998
	渔业法实施条例细则	1987
	野生动物保护法	1988（2004 修订）
	水生野生动物保护实施条例	1993
	野生植物保护条例	1996

续表

其他	海上交通安全法 航道管理条例 领海与毗邻区法 湿地公约 海域使用管理法	1983 1987（2008 修订） 1992 1992（加入） 2001

在地方政府中，其对沿海滩涂的管理，不仅依据上述的法律法规，还依据地方人大或政府颁布的地方法规或地方规章。目前，大部分的地方政府都颁布了地方环境保护条例，有的沿海地方政府还颁布了地方海洋环境保护条例。例如浙江省在 2004 年颁布了《浙江省海洋环境保护条例》。除此之外，在 11 个省级沿海地方政府中，已经有 7 个地方政府颁布了专门的沿海滩涂管理法规或规章。它们构成了地方滩涂管理机构进行滩涂管理的主要法律依据（见表 6 - 2）。

表 6 - 2　　　　　　沿海 7 省市的有关沿海滩涂的地方法规或规章

地方政府	有关沿海滩涂管理的地方法规及规章	颁布主体	颁布时间
江苏省	江苏省海岸带管理条例	江苏省人大	1991（1997 修订）
	江苏省滩涂开发利用管理办法	江苏省政府	1998
浙江省	浙江省滩涂围垦管理条例	浙江省人大	1996
上海市	上海市滩涂管理条例	上海市人大	1996
福建省	福建省浅海滩涂水产增养殖管理条例	福建省人大	2000
广东省	广东省河口滩涂管理条例	广东省人大	2001
天津市	天津市渔业管理条例	天津市人大	2004
山东省	山东省国有渔业养殖水域滩涂使用管理办法	山东省政府	2011

从表 6 - 1 和表 6 - 2 的对比中可以发现，我国沿海滩涂管理的法律依据具有两个特点：

（1）在法律和行政法规层面上，我国尚没有颁布一部专门的沿海滩涂管理的法律，有关滩涂管理的只有地方法规或规章。中央职能管理部门对沿海滩涂的管理主要依据（海洋）环境保护法律法规和（海洋）资源管理法律法规以及其他的一些相关法律。散见于不同法律规定的沿海滩涂管理，使沿海滩涂管理机构的多元化成为现实的选择。

（2）地方政府也并没有制定专门的滩涂生态环境保护的法规或规

章，其对沿海滩涂的管理条例或办法更多的是从资源管理的角度制定的。因此，地方滩涂管理机构的滩涂管理法律依据是滩涂管理条例，而非滩涂环境保护条例。法律依据对滩涂资源的过多关注，也使地方滩涂管理机构更侧重于滩涂的资源管理，而非生态环境保护。

二 我国沿海滩涂的调整手段及不足

本书所谓的调整手段，主要是保护沿海滩涂的环境调整手段，亦可称之为管理手段、环境调整方法。从环境法的角度而言，环境调整手段的具体含义有广义与狭义之分。广义而言，是指通过与环境资源有关的社会关系，使环境法的功能得以发挥、内容得到具体落实的手段和方法的总称。狭义而言，是指环境法律责任或制裁方式。[①] 环境调整手段具有多样性，依据不同的标准，环境调整手段可以做出不同的划分。徐祥民先生曾经在理论上对环境调整手段（环境法调整方法）做出过非常全面的总结。根据手段发挥阶段的不同，可以将之划分为预防性调整方法、整治性调整方法和后果性调整方法。预防性调整方法侧重于事前预防，具体包括环境规划、环境影响评价等；整治性调整方法是环境损害发生后采取的法律规制方法，具体包括环境事故应急处理、污染物集中处理等；后果性方法则是环境责任的认定和负担方法。根据具体调整方式的不同，可以将之划分为放任型调整方法、义务性调整方法、强制性调整方法、经济性刺激调整方法。其中，强制性调整方法具体包括环境民事责任、环境行政责任和环境刑事责任；经济性刺激调整方法最为丰富，包括政府奖励、财政补贴、税收优惠、信贷优惠等。根据调整方法来源的不同，可以将之划分为传统调整方法和环境法特有的调整方法。前者包括行政强制、环境行政责任、环境民事赔偿等；后者包括环境影响评价、生态补偿等生态性调整方法。[②]

尽管我国沿海滩涂的管理部门众多，理论上的环境调整手段具有

---

① 徐祥民：《环境与资源保护法学》，科学出版社2008年版，第64页。
② 同上书，第65页。

多样性，但是现实中我国沿海滩涂的调整手段却比较单一。目前我国沿海滩涂管理部门依据沿海滩涂法规，采用的调整手段主要有以下几种：

1. 滩涂开发的环境许可

环境许可是生态环境保护中重要的事前控制。由于生态环境的破坏具有不可预测性，事前的风险预防尤为重要。目前，预防性原则已经成为国际环境保护的一项最为重要的原则。国际环境法专家基斯认为，预防性原则可以解释为防止环境恶化原则的最高形式。① 国内学者也认为，在环境保护中，预防为主的原则应该是环境保护中的一项基本原则。滩涂开发的环境许可，是指滩涂管理部门根据公民、法人或者其他组织的申请，经依法审查，准予其从事涉及滩涂生态环境保护与资源开发等活动的行为。滩涂开发的环境许可是滩涂管理行政许可的主要内容。我国各地沿海地方政府也都强调对滩涂开发的事前许可，以保护滩涂的生态环境。浙江省 2007 年发布的《浙江省滩涂围垦管理条例》第 9 条规定："通过工程措施（包括滩涂圈围工程、促淤工程、堵港围涂工程）进行滩涂围垦建设的，须按本条例规定的程序报经批准，并取得滩涂围垦部门发放的滩涂围垦许可证。"山东省 2011 年公布的《山东省国有渔业养殖水域滩涂使用管理办法》第 5 条规定："县级以上人民政府海洋与渔业行政主管部门负责本辖区内水域滩涂使用许可和收回补偿的具体实施工作"，明确规定潮下带滩涂的渔业开发需要获得环境许可，并将这一环境许可的发放权授予海洋与渔业行政主管部门。

大部分沿海各地方政府都规定了滩涂开发之前，一定要获得滩涂相关管理部门的环境许可。但是作为我国沿海滩涂管理部门采用的主要调整手段之一，环境许可的运用还存在一定的问题：

（1）滩涂开发的环境许可与其他的行政许可纠合在一起，没有凸显滩涂开发许可的生态环境保护功能，从而使其生态环境保护能力下降。尽管滩涂的生态环境保护是行政许可的主要考虑内容之一，但在

---

① ［法］亚历山大·基斯：《国际环境法》，法律出版社 2000 年版，第 94 页。

法规的字面词义上，各地的行政许可大部分没有出现"环境许可"的概念。

（2）我国并没有出台滩涂开发环境许可的统一标准和方法。由于我国在滩涂管理和生态环境保护方面尚没有一部全国性的专门法律以及行政法规，这就使沿海各地方政府对于滩涂开发的行政许可发放标准和方法存在差异，各地方政府也将许可的发放办法制定一并授予滩涂管理机构。例如《浙江省滩涂围垦管理条例》的第 9 条中明确规定，"许可证的发放办法由省滩涂围垦部门制定"。滩涂开发环境许可中存在的这些问题，也使沿海滩涂管理部门难以实现对滩涂生态环境的有效保护。

2. 滩涂开发的环境规划

环境规划亦称为生态规划、环境资源规划，是生态环境保护的一项重要手段。学者们对其理解大同小异。例如许多学者认为环境规划是指为了使环境与社会经济协调发展，把"社会—经济—环境"作为一个复合生态系统，依据社会经济规律、生态规律和地学原理，对其发展变化趋势进行研究而对人类自身活动和环境所做出的时间和空间的合理安排。[1] 有的学者将其定义为应用各种科学技术信息，在预测发展对环境的影响及环境质量变化趋势的基础上，为了达到预期的环境目标，进行综合分析后作出带有指令性的最佳方案。[2] 还有的学者认为："环境规划是指政府（或组织）根据环境保护法律和法规（或原则等）所做的今后一定时期内保护或增强生态环境功能和保护环境质量的行动计划。"[3] 环境规划按照不同的标准，可以划分成不同的种类。按照管理层次和地域范围的标准，可以划分为国家环境保护规划、区域环境规划和部门环境规划；按照环境要素及其性质的标准，可以划分为污染综合防治规划、生态或环境保护规划、资源环境保护

---

① 郭怀成、尚金城等：《环境规划学》，高等教育出版社 2001 年版，第 1—3 页。

② 程胜高、张聪辰：《环境影响破解与环境规划》，中国环境科学出版社 1999 年版，第 9 页。

③ 宋国君、李雪立：《论环境规划的一般模式》，《环境保护》2004 年第 3 期。

规划。按照时间长短的标准，可以划分为远景环境规划、中期环境规划、短期环境那个规划。① 我国各地方政府的沿海滩涂管理条例中大部分都确立滩涂开发的环境规划，要求滩涂开发主体以及滩涂管理部门对滩涂开发进行有效的生态环境规划。没有达到规划要求或偏离环境规划的滩涂开发将被禁止。

因此，沿海各省的滩涂管理条例大部分已经明确规定了滩涂开发需要经过环境规划。环境规划是滩涂管理主体必须使用的一种环境管理手段。但实际上我国沿海滩涂开发的环境规划还存在以下几个问题：②

（1）缺乏利益相关者的参与。利益相关者对环境规划的参与非常重要，可以提高环境规划制定的科学性，促进环境规划的可实施性。但是各地方政府的滩涂管理条例鲜有对环境规划进行公众听证的规定和程序。尽管有部分管理条例（方法）对涉及的一些利益方做出了一定的补偿规定，但是没有规定利益相关方参与的渠道、程序。尽管沿海滩涂存在直接利益相关者缺位的现象，但是也应该为其他利益相关者提供参与的途径。

（2）缺乏对环境规划的检查和监测。控制是指监视各项活动以保障它们按计划进行并纠正各种重要偏差的过程。③ 检查和监测是一种主要的控制手段。对环境规划进行有效的检查和监测，可以及时了解规划目标和任务的落实情况以及存在的问题，及时纠正各种重大的偏差，保证规划按时保质保量完成。但是滩涂开发的环境规划一旦做出后，滩涂管理部门很少组织人力、资金等对环境规划的进展情况展开检查和监测。其对滩涂环境规划的实施，还是主要依靠入口管理，而非过程管理。

（3）缺乏对滩涂开发环境规划实施的评估。开发环境规划实施的

---

① 徐祥民：《环境与资源保护法学》，科学出版社 2008 年版，第 65 页。

② 王刚：《中国沿海探滩涂的环境管理状况及创新》，《中国土地科学》2013 年第 4 期。

③ ［美］斯蒂芬·P. 罗宾斯：《管理学》（第四版），黄卫伟、闻洁等译，中国人民大学出版社 1994 年版，第 476 页。

评估主要是对环境规划实施效果的检查、监督以及校正、调整和补救等。其中对造成或可能造成环境损害进行补救是评估的主要目的。但是滩涂一旦开发，或者开发完成后，滩涂管理部门便少有组织环境专家进行滩涂环境评估的行为。其实质是对滩涂资源开发的重视，对滩涂生态环境保护的轻视。

3. 滩涂违规开发与环境破坏的行政处罚

行政处罚是行政管理部门进行行政管理的重要管理手段，是一种纠错式的制裁式的法律规制方式。我国的行政处罚法规定了 6 种主要的行政处罚种类：警告；罚款；没收违法所得、没收非法财物；责令停产停业；暂扣或者吊销许可证、暂扣或者吊销执照；行政拘留。① 在环境保护领域，行政处罚被称为环境行政处罚。环境行政处罚相对于一般行政处罚而言，种类更多。例如刘武朝对行政处罚的种类做出过总结和归纳，发现环境行政处罚的种类不下 33 种（不含名称相同者）：（1）罚款；（2）警告；（3）停止生产和使用；（4）责令重新安装和使用；（5）限期治理；（6）责令停业和关闭；（7）没收违法所得；（8）责令拆除；（9）没收设施；（10）没收销毁；（11）取消生产和进口配额；（12）责令限期建设配套设施；（13）取消批准文件；（14）责令进口者消除污染；（15）责令搬迁、停业、关闭；（16）责令停业治理：排除妨碍；（17）收回海域使用；（18）产品和包装物的强制回收；（19）补种牧草，恢复植被；（20）吊销采矿许可证；（21）没收渔具；（22）没收渔获物和违法所得；（23）责令停止破坏行为；（24）吊销捕捞许可证；（25）限期恢复原状；（26）责令退运该危险废物；（27）采取补救措施；（28）责令停止建设；（29）责令停止开垦；（30）指定单位按照国家有关规定代为处置；（31）征收滞纳金；（32）交纳滞纳金；（33）行政拘留；等等。② 当然，这种环境行政处罚的种类总结过于宽泛，许多的处罚种类并不是属于环境行政处罚。刘武朝在随后的论述中也阐述了这一观点。但这

---

① 具体见《中华人民共和国行政处罚法》第 8 条。
② 刘武朝：《环境行政处罚种类界定及其矫正》，《环境保护》2005 年第 10 期。

也足以证明环境行政处罚的种类之多。

在沿海滩涂的生态环境保护中，行政处罚是非常重要的一种管理手段。沿海各地方政府有关滩涂管理的地方法规或者地方规章中都赋予滩涂管理机构相应的行政处罚权。目前，在我国的 11 个省级沿海地方政府，有 7 个省市制定了有关沿海滩涂的管理条例。概括而言，这些地方法规或规章设定滩涂违规开发与环境破坏的行政处罚主要包括以下几种：（1）罚款；（2）恢复原状；（3）赔偿损害；（4）停止违法行为。

尽管地方法规或规章对我国沿海滩涂的环境行政处罚的规定比较明确，但是在运用时还是存在一定的问题：

（1）种类过少。相对于几十种环境行政处罚种类，沿海滩涂的环境行政处罚种类显然过少，种类的不足会限制滩涂管理部门对环境行政处罚的有效运用。环境行政处罚作为最具威慑力的一种环境调整手段，从某种程度上而言，对其他调整手段的实施具有保障作用。过少的滩涂违规开发与环境破坏的行政处罚，显然会降低其他调整手段的实施保障。

（2）单纯注重罚款。在 8 个有关沿海滩涂的管理条例或办法中，对罚款的规定尤为详细。例如广东省在 2001 年发布的《广东省河口滩涂管理条例》中的第 28—31 条对违反河口沿海滩涂管理规定的违法行为制定了详细的处罚金额，设定了一万元以上五万元以下的处罚规定。《浙江省滩涂围垦管理条例》中第 26 条设定了二千元以上二万元以下的罚款，第 28 条设定了一千元以上一万元以下的罚款。但是对其他三种行政处罚方式却没有给予太多的设定。对罚款的过重依赖也使滩涂管理部门运用环境行政处罚进行滩涂保护时，难以实现对滩涂的有效保护。

三　沿海滩涂保护法律法规及调整手段的问题分析

基于上述沿海滩涂保护法律法规及其调整手段状况和问题的分析，概括而言，我国沿海滩涂保护的法律法规及调整手段存在以下问题。

（一）沿海滩涂保护的法律内容及体系不完善

目前，我国人大和人大常委会还没有出台一部专门的沿海滩涂保护法律，也没有有关湿地保护的法律。① 我国沿海滩涂管理机构所依据的法律主要是《海域使用法》《土地管理法》《环境保护法》《海洋环境保护法》等与沿海滩涂相关的法律，专门的沿海滩涂管理与保护法规只是地方性立法，甚至目前还没有一部国务院的行政法规。沿海滩涂开发与保护法律体系的不完善，尽管不是造成滩涂退化的直接原因，但却是极为重要的间接原因。因此，完善沿海滩涂开发与保护的法律内容及体系，确立沿海滩涂生态环境保护的法律制度内容，出台位阶较高的法律，是实现沿海滩涂保护的重要基础。

滩涂开发与保护的法律法规体系不完善只是其中的一个方面，另一个原因就是没有建立滩涂生态保护的法律制度内容。要实现沿海滩涂生态环境保护，并非单纯出台一部高法阶的沿海滩涂开发与保护的法规所能解决，所出台的法规必须充实完善的沿海滩涂生态环境保护法律制度的内容。目前，在国外取得良好效果的"零净损失"制度以及生态补偿制度，都是沿海滩保护可以有效借鉴的制度内容。②

（二）环境调整手段单一和僵化

在沿海滩涂保护上，调整手段过于单一。管理机构最常用的两种调整手段就是行政许可和行政处罚。但是目前行政许可和行政处罚的运用还是难以有效实现沿海滩涂的有效保护。行政许可是入口管理的重要管理手段，但我国沿海滩涂的行政许可没有非常明显的许可标准，地方政府掌握沿海滩涂开发的许可标准制定及核准。相反，国外一些国家对于许可标准有着非常明显的法律规定。例如美国早在20世纪90年代就通过立法对湿地（包括滩涂湿地）的开发许可、补偿等进行了规定，并制定了湿地"零净损失"的目标。所谓湿地"零

---

① 当然也没有出台海岸带综合管理或保护的法律。我国湿地保护所依据的《湿地公约》是国际公约，并不能完全等同于国内法。

② 正是基于这样的认识，笔者构建了"沿海滩涂的生态保护法律机制"，希望这样的法律内容充实到有关沿海滩涂的保护的法律法规之中。具体参见第四章。

净损失"，是指任何地方的湿地都应该尽可能受到保护，转换成其他用途的湿地数量必须通过开发或恢复的方式得到补偿，从而保持甚至增加湿地资源基数。① 这一目标相继被德国、加拿大、澳大利亚等国所采纳。

行政处罚是我国过程管理的主要管理手段，也是主要的责任追究手段。滩涂管理机构也热衷于运用行政处罚。但是行政处罚主要侧重于罚款，而且沿海滩涂的行政处罚设定的处罚标准规定，大部分的沿海滩涂地方法规与规章的处罚标准都设定在 5 万元以下。这相对于滩涂开发巨大的经济利益相比，难以实现有效的遏制。滩涂管理机构单一使用行政处罚中的罚款手段，并不能有效遏制破坏滩涂生态环境的行为。目前，我国沿海滩涂的环境调整手段非常不完善，没有形成从入口、过程到完结的一整套的体系。环境调整手段的单一和僵化是造成沿海滩涂退化的原因之一。因此，我国沿海滩涂保护，需要完善法律调整手段。即使对于行政处罚而言，也要拓宽行政处罚的使用手段，而不能仅局限于罚款。

四　构建沿海滩涂保护环境调整手段体系基本思路

构建系统、全面、综合的环境调整手段已经在学界达成共识。当然，很多调整手段还处于理论构建与阐述之中。环境法上之所以对调整手段有着如此强烈的综合诉求，一个最为根本性的原因在于环境保护需要建立一个从源头、过程到结果的完善的控制系统。为了构建这一完善的控制系统，就需要建立一种综合和过程的思路。生态环境越是重要的领域，这种要求就会越合理。沿海滩涂作为极具生态价值的区域，其生态环境保护的重要性已无须多言。但是诚如上所述，我国相关法律法规设定的沿海滩涂调整手段过于单一，其保护的效力也就难以彰显。因此，沿海滩涂保护调整手段构建的基本思路就是建立综合、系统能够实现过程调整的手段体系。

---

① 蔡守秋、吴贤静：《论几项湿地法律制度》，载徐祥民主编《中国环境法学评论（2010 年卷）》，科学出版社 2010 年版，第 80 页。

当然，如何构建度综合、系统的沿海滩涂保护调整手段体系，有的学者已经进行了一定程度的探讨。例如蔡守秋先生等认为我国现行法律调整机制（手段）无法有效解决滨海湿地（沿海滩涂）利用中的"公地悲剧"和利益平衡，因此应该根据社会发展的需要，采取行政调整、市场调整和社会调整相结合的综合性法律调整机制（手段）。① 这种探讨对于我们构建沿海滩涂保护的调整手段很有启发性。借鉴于蔡守秋先生的分类，笔者将沿海滩涂保护的调整手段划分为两大类：一类是基于命令—控制为特征的行政调整手段；另一类是基于激励—引导为特征的经济调整手段。这两类调整手段代表了环境保护的两个调整维度，从而可以实现环境的综合治理。笔者所构建的调整手段工具并没有穷尽环境法上所有的调整手段工具。当然，这并非意味着其他的工具就被排斥在沿海滩涂保护的调整手段工具之外。恰恰相反，要实现沿海滩涂的综合管理和保护，则需要不断创新调整手段和工具。笔者之所以选取了9种调整工具，是因为这9种工具能够最好体现出生态环境保护的特性，它们也是目前环境法学界最为认可的几种调整工具。

我们目前的环境保护调整手段主要依赖于行政调整手段，沿海地方政府出台的沿海滩涂条例，其法律调整手段几乎都集中在行政调整上。行政调整手段代表了环境保护的注重义务的思路，我国环境法学者徐祥民先生指出，履行义务的方法比主张权利的方法更有利于实现对环境的有效保护。② 行政调整手段更能体现出环境保护的义务特性，它更强调环境保护的义务，而非个人的权利。沿海滩涂作为极具生态价值属性的区域，其保护更需要从义务而非权利的角度去实现生态保护。不仅如此，行政调整手段还具有低成本直接性的调整优势，也是国家实现规制的主要方式。"规制"一词最早见于日本学者植草益的

---

① 蔡守秋、张百灵：《论我国滨海湿地综合性法律调整机制的构建》，《长江流域资源与环境》2011 年第 5 期。

② 徐祥民：《告别传统，厚筑环境义务之堤》，《郑州大学学报》2002 年第 2 期。

翻译。植草益将 regulation 译为日文的"规制",① 从而被中国学者所借鉴。目前,"规制"一词已经取代"管制"和"调节",成为最为认可的概念称谓。目前,有关规制的内涵和外延划分还存在模糊之处,施蒂格勒(Stigler)甚至将规制称为"法规的一种"。② 但是,学界在使用"放松规制(或管制)"一词时,其"规制"主要指行政调整手段。日本学者宫田三郎将环境规制制度界定为是对影响环境的设施、作业、特定物质的生产、贩卖和使用以及特定地域内一定行为而采取的禁止和限制措施。③ 徐祥民先生将环境规制定义为通过设定具体义务,对有关行为进行直接控制,是针对污染者采取的最为有效的控制方式,并认为环境规制包括环境标准、环境许可、环境监察、环境监测、限期治理和限期淘汰。④ 不可否认,规制过多,固然会妨碍经济的发展,但规制是国家实现法律意志最为直接和有效的手段。在环境领域,要在短时间内低成本地实现治理效果,环境规制(即行政调整手段)是必不可少的工具之一。

　　经济调整手段,亦可称为市场调整手段。目前,越来越多的学者认识到,政府环境治理形式需要由强制性的"命令控制""利益限制"发展为政府强制和需求诱导相统一。因此,构建基于激励—引导为特征的经济调整手段是其重要构成部分。强制性规范的初始点为政府,是一种自上而下的纵向博弈结构。而需求诱导性规范则体现为"以市场为中心,市场、社会与政府互通互动的自下而上的网状博弈结构"。⑤ 越是市场经济发达的国家,越是有完善的环境保护法律,政府在环境保护方面越具有权威性。环境保护经济手段包含许多内容,至今并没有世界统一的分类标准,为了理论上研究和理解的需

① ［日］植草益:《微观规制经济学》,中国发展出版社1996年版。

② Stigler, G. J., The Theory of Economic Regulation, Bell Journal of Economics &Management science, 1971 (2), pp. 3 – 21.

③ ［日］宫田三郎:《环境行政法》,信山社2011年版,第66页。

④ 徐祥民:《环境与资源保护法学》,科学出版社2008年版,第54页。

⑤ 刘耀辉、龚向和:《环境法调整机制变革中之政府环境义务嬗变》,《法学杂志》2011年第5期。

要，可大体分为以下五大类：收费；补贴；押金制；建立市场；执行鼓励金。① 早在 1985 年之前，OECD 的 14 个成员国中，已经有 150 种经济手段得到应用。② 相对而言，需求诱导性规范要比强制性规范的运行路径短，更易在"市场、社会与政府互通互动"中体现民意，发挥微观主体的主动性，分散制度创新风险与成本，快速实现潜在收益与绩效。政府义务不仅要节制公民邪恶的冲动，而且要促进公民"登上通往和谐与幸福的坦途"。③ 在环境治理方面，如果政府仅采取强制性的命令服从和利益限制模式，企业等社会主体容易产生抵触情绪，滋生偷排、暗排等法律规避行为，从而增加治理成本。而政府根据生产者的相关需求，采取支持、引导、鼓励、服务等诱导性措施，则能促进企业克服资金、技术、市场等方面障碍，主动节能减排、进行清洁生产。需求诱导和强制相结合的环境治理形式，要求政府履行更多的义务，发挥政府在环境治理中的宏观规划机能、服务机能和诱导机能。但是遗憾的是，我国目前的环境法规，对经济调整手段没有过多的规定，很多经济调整手段还没有得到法律确认。表 6 - 3 概括我国部分环境法规的调整手段，但是我们从中可以发现，目前的环境法规更多地采取行政调整手段，而非经济调整手段。因此，对于沿海滩涂保护的调整手段而言，构建合适的经济调整手段更为必要。

笔者之所以没有采用蔡守秋先生的划分方法，没有将社会调整手段纳入其中，主要出于两个方面的考虑：一方面，笔者认为社会调整手段可以纳入经济调整手段之中，因为两者都是激发社会的积极性去实现环境治理；另一方面，笔者认为沿海滩涂的环境治理重点是需要通过明确政府环境责任，而非公民参与去实现。因此，笔者没有单独

---

① 夏光：《环境保护的经济手段及其政策》，《管理世界》1994 年第 3 期。

② OECD. Environment and Economics, OECD, Paris, 1985.

③ ［英］丹尼斯·罗伊德：《法律的理念》，张茂柏译，新星出版社 2005 年版，第7 页。

阐述社会调整手段。①

表 6 – 3　　　　　我国有关环境污染防治法的调整手段体系

法律 调整手段及工具		水污染 防治法 （2008）	空气污染 防治法 （2000）	环境噪声 污染防治法 （1996）	固体废物 环境污染 防治法 （2004）	废弃危险 化学品污 染防治法 （2005）
行政类调整手段	标准/许可	7，13，14，16，17，35—40	6，7，11—13，15—17，24，27，32	10—13，23—25，28，29	11，12，28，32，51，52，57—59	
	行政处罚	70—90	33—41	48—60	68—82	22—27
	直接行政强制		19，20，28—3，33，36—44	14，15，17—19，30，32—40，42—47	13，14，16—18，20—25，33—35，44，45	5，9，11，13—22
市场类调整手段	补贴和押金返还					
	排污收费（税）	15，19	14	16	56	12
	排污权交易					
	自愿性协议					

表 6 – 4　　　　　　本书构建的沿海滩涂调整手段

调整手段	工具
行政调整手段	滩涂环境标准
	滩涂环境规划
	滩涂环境影响评价
	滩涂环境许可
	滩涂环境破坏处罚

①　在此需要特别加以说明，沿海滩涂环境调整手段不仅是构成沿海滩涂保护法律制度的内容之一，也是其他法律制度得以实现的手段，因此，在下文所构建的调整手段体系中，某些方面可能与第四章的"沿海滩涂的生态法律保护机制"存在一些内容的交叉和重叠。笔者认为这种部分内容的重叠是必要的，从另一个角度而言，它更能实现沿海滩涂保护法律制度的一体化。

续表

调整手段	工具
经济调整手段	滩涂开发权交易
	滩涂开发押金
	滩涂开发收税/费
	滩涂保护补贴

第二节　沿海滩涂行政调整手段体系构建

沿海滩涂行政调整手段，秉承了环境行政调整手段的一般特性。笔者所构建的沿海滩涂保护行政调整手段，有些现有滩涂条例已经做出了规定，有些则还没有纳入滩涂条例之中。尽管一些手段现有法规已经有所规定，但是其规定过于笼统，使其执行性大打折扣。在此，笔者试图对滩涂环境行政调整手段做一系统的构建。

一　滩涂环境标准

环境标准是为了防治环境污染，维护生态平衡，保护人体健康，由国家根据环境保护工作需要，依法制定的各种技术规范和技术要求。环境标准在环保工作中有着极其重要的地位和不可替代的作用。环境标准分为国家环境标准、地方环境标准和环境保护部标准。① 国家环境标准包括国家环境质量标准、国家污染物排放标准（或控制标准）、国家环境监测方法标准、国家环境标准样品标准和国家环境基础标准。地方环境标准包括地方环境质量标准和地方污染物排放标准（或控制标准）。其中，环境质量标准和污染物排放标准等属于强制性环境标准。环境质量标准是对一定区域内在限定时间内各种污染物

---

① 《环境标准管理办法》第 3 条。该办法由环境保护总局于 1999 年发布。2008 年我国的大部制改革，将环境保护总局升格为环境保护部。所以，本书将第 3 条的"环境保护总局标准"改为"环境保护部标准"。下同。国家标准代号冠以 GB 标识，例如 GB3097—1997（海水水质标准）；地方标准代号冠以 DB 标识，例如 DB31/199—1997（上海市污水综合排放标准）；

的最高允许浓度所做的综合性规定。环境质量标准是判断环境是否受到污染的依据，也是污染物排放标准的基础。污染物排放标准是为了实现环境质量目标，结合技术经济条件和环境特点，对排入环境的有害物质或有害因素所作的控制规定。① 自 1973 年第一项环境保护标准《工业"三废"排放试行标准》发布以来，历经 40 余年的发展，我国目前已形成由国家标准、地方标准及环保部标准共同构成的较为系统的环境保护标准体系。截至 2011 年我国已制定环境标准 1300 项。② 随着《国家环境保护标准"十二五"发展规划》的进一步出台，我国的环境标准将进一步得到完善。

尽管我国的环境标准不断完善，但是目前尚没有滩涂保护的环境标准规定。环境标准是生态环境保护的基础。唯有建立了科学、合理的滩涂环境标准，才能进行科学的滩涂环境许可、滩涂环境评估等。我国目前滩涂许可等方面存在的一些问题，其原因之一就是缺乏完善的滩涂环境标准。完善的沿海滩涂的环境标准应该包括以下几个方面：

1. 滩涂面积标准

滩涂面积标准是实现滩涂"零净损失"制度的基础，也是实现滩涂有效保护的载体。滩涂面积标准需要设立一条全国滩涂面积的"红线"，滩涂开发不得使滩涂的面积少于这一面积"红线"。除了设立全国的滩涂面积"红线"标准外，还需要设立不同类型的滩涂面积"红线"。当然，按照不同的标准，沿海滩涂可以有不同的类型划分。笔者认为可以对泥滩、砂滩、红树林滩及珊瑚礁滩等做出基本的面积标准。因为这几种滩涂最能体现滩涂的生态特性和价值。滩涂面积标准除了规定面积基本数据外，还需要规定，滩涂面积只可以增加，不可以减少。

2. 滩涂生物多样性标准

滩涂生物多样性是衡量滩涂生态环境质量的重要指标，因此，滩涂环境标准需要囊括滩涂生物多样性标准，在学界，生物多样性已经

---

① 徐祥民：《环境与资源保护法学》，科学出版社 2008 年版，第 54 页。

② 中国环境年鉴编辑委员会：《中国环境年鉴》，中国环境科学出版社 2011 年版，第 288 页。

成为衡量滩涂生态环境的核心标准。Jeoung Gyu Lee 等学者评估日本人造滩涂生态环境时，所使用的核心指标就是滩涂生物多样性。[①] 生物多样性标准可以包括三个方面：一是用立方米内滩涂土壤中所含物种的数量来衡量。其物种是多元的，既包括脊椎动物，也包括无脊椎动物；既包括动物、植物，也包括细菌等微生物。二是用公顷内物种的繁盛程度来衡量，其主要标准就是动植物的种类及其繁殖程度，包括是否为一些大型动植物提供了良好的庇护所。三是一些特殊类型的滩涂，用特殊物种的繁盛来衡量。例如红树林滩就需要用红树林的繁盛程度来衡量，作为一些名贵海龟产卵地的滩涂，则需要单独衡量这些海龟的繁殖情况。

3. 滩涂地质标准

滩涂地质是构成滩涂生态环境的基础，其地质标准主要指特定类型的滩涂所拥有的生物生存地质环境要求。不同类型的滩涂，其地质标准是不同的。对于泥滩而言，主要衡量淤泥的沉淀速度及厚度；对于砂滩而言，主要衡量海砂的沉淀速度及厚度；而对于岩滩而言，则主要衡量岩石的被侵蚀程度及碎石的数量、厚度。

4. 滩涂污染物排放标准

上述的滩涂面积标准、生物多样性标准、地质标准构成了滩涂环境质量标准。滩涂污染物排放标准即是滩涂环境标准的构成内容之一，也是实现其环境质量标准的重要途径。滩涂污染物排放标准，既可以采用一般的污染物排放标准，即将国家、沿海省市、环保部等排放标准套用到沿海滩涂，也可以单纯出台新的滩涂污染物排放标准。一旦制定新的滩涂污染物排放标准，则将适用这一新制定的标准。[②]

---

① Jeoung Gye Lee, Wateru Nishijima. Factors to determine the functions and structures in natural and constructed tidal flats, Wat. Res. Vol. 32, 1998（9），pp. 2601 – 2606.

② 地方或者行业可以制定严于国家的质量标准。向已有地方污染物排放标准的区域排放污染物的，应当执行地方污染物排放标准；国家污染物排放标准又分为跨行业综合性排放标准和行业性排放标准，综合性排放标准与行业性排放标准不交叉执行。即有行业性排放标准的执行行业排放标准，没有行业排放标准的执行按照综合排放标准。具体规定可以参见《环境保护法》《标准化法》《环境标准管理办法》。因此按照我国当前法规的规定，一旦制定了滩涂污染物排放标准，滩涂的生态环境标准将适用这一新的标准。

二　滩涂环境规划

环境规划是指以防治污染和保护生态环境为目标而制定的各种规划的统称。环境规划至少应包括污染防治、生态保护、自然资源开发三方面的内容。不仅由环境保护行政主管部门制定的"环境保护规划"属于环境规划，围绕土地、水、森林、矿藏等环境要素制定的开发利用规划同样属于环境规划的范畴。[①] 但遗憾的是，我国尚没有出台环境规范法，也没有专门针对滩涂的环境规划规定。

滩涂环境规划是实施滩涂生态环境保护的整体战略框架。因此，滩涂环境规划不仅仅是调整手段，它也是滩涂管理机构如何有效实施滩涂保护的指导规范与检验标准。换言之，滩涂环境规划是滩涂管理机构最为宏观的调整手段。概括而言，科学的滩涂环境规划应该经过以下几个步骤的制定过程：

（1）滩涂环境条件分析。滩涂环境条件是沿海滩涂环境规划的背景，也是基础。其环境条件分析主要包括滩涂地貌、地理位置、土壤、气候、植被、水文、土地利用、产业布局和产业结构及人口等自然与社会经济等条件分析。

（2）滩涂生态及污染源调查与分析。需要对滩涂的生态系统特点、物种构成进行细致调查与分析；需要对滩涂污染物的来源、性质、结构形态进行调查，并进行分析：其污染物是点源、面源，抑或线源？是自然污染，抑或人工污染？在查明污染物排放位置、形式、数量及演变规律基础上，根据其危害和毒性环境功能考虑对沿海滩涂环境总的污染危害程度。

（3）滩涂生态破坏及环境污染程度分析。依据滩涂生态及环境调查和监测资料分析，了解其生态破坏及环境污染程度，包括污染物浓度及其时空分布，从而做出滩涂生态质量的科学评价。

（4）滩涂环境自净能力分析。通过研究主要污染物在沿海滩涂环境中的分布、浓度、形态、价态、变化、残留率和迁移转化规律，了

---

① 张璐：《环境规划的体系和法律效力》，《环境保护》2006 年第 11 期。

解滩涂环境自净能力的大小和熵值，以及生态恢复的能力。

（5）对人体健康及滩涂生态系统的影响评价。通过人体健康调查和生态系统危害调查及环境医学，研究人类与沿海滩涂环境之间的相关关系，分析滩涂环境污染（包括滩涂土地重金属污染、溢油污染以及通过污染鱼蚌对人类食物的污染等）对人体健康及滩涂生态系统影响的相关性和因果关系。

（6）滩涂环境承载力分析。根据滩涂生态环境空间大小（滩涂的环境容量）、资源丰歉情况，结合当地生态环境现状及经济发展目标，分析滩涂生态环境对人口承载能力、土地开发承载能力、渔业养殖承载能力等经济活动支撑能力的大小。

三　滩涂环境影响评价

环境影响评价，简称环评，是指对环境质量有重要影响的行为，包括开发建设行为以及国家制定规划、政策和法律等行为，应事先对行为所可能造成的环境影响进行分析、预测和评估，提出预防或者减轻不良环境影响的对策和措施，进行跟踪监测的方法。① 环境影响评价主要体现了环境法的预防原则。已故著名的国际环境法专家亚历山大·基斯认为，预防原则可以解释为防止环境恶化原则的最高形式。② 而且生态价值越大的领域与事务，其预防原则就越加重要。《环境影响评价法》将环境影响评价作为环境预防的一项重要手段，甚至对规

---

① 《环境影响评价法》第 2 条。实际上，环境影响评价有广义和狭义之分。广义的环评是指对所有拟议人为活动（包括建设项目、资源开发、区域开发、政策、规划等）可能造成的环境影响进行分析、论证的全过程，并在此基础上提出采取的防治措施和对策。狭义的环评则仅指对拟议中的建设项目可能带来的环境影响进行预测和分析，提出相应的防治措施，为项目选址、设计及建成投产后的环境管理提供科学依据。早期的环评实践主要限于狭义的环评，但是由于建设项目只处在整个决策链的末端，无法从源头上保护环境，作用相当有限。所以法律对之采用了广义的界定。本书认同法律的这一界定思路。具体参见：徐祥民《环境与资源保护法学》，科学出版社 2008 年版，第 51—53 页；中国大百科全书编委会《中国大百科全书·环境科学》，中国大百科全书出版社 2002 年版，第 216 页；王社坤《我国战略环评立法的问题与出路》，《中国地质大学学报》2012 年第 3 期。

② ［法］亚历山大·基斯：《国际环境法》，法律出版社 2000 年版，第 94 页。

划的环境影响评估进行了比较细致的规定。① 不仅我国非常重视环境影响评价，而且它逐渐成为"国际社会为了实现可持续发展，运用最为广泛的决策工具之一"。② 所以，对滩涂开发进行环境影响评价已经得到法律的确认。

但是对滩涂进行科学的环境影响评价并非易事。环境评价存在保护与发展的冲突。尤其是沿海滩涂当地居民失业率很高（或经济发展需求很高），而本地滩涂的生态又十分独特时（如存在大片红树林，是珍贵物种的栖息地），这种冲突就尤为激烈。此外，环境影响评价最为核心的内容就是要评估开发事件的环境成本与开发收益。尤其是环境成本，其评估存在很大困难。而且我们目前的环境影响评价对环境成本的评估存在计算不足。美国环境与资源经济学家汤姆·泰坦伯格将资源价值分为三种：使用价值、远期价值和不使用价值。③ 当然，汤姆·泰坦伯格这种划分并非按照逻辑上的划分方法，④ 笔者将之理解为直接使用价值、远期使用价值和不使用价值。直接使用价值反映环境资源的直接使用，例如滩涂中所打捞的渔产；远期使用价值指的是人们在未来有能力使用环境所带来的价值。它反映了人们这样一个意愿，即在现在不使用环境的情况下，保留在未来使用环境的选择权。而不使用价值指的是人们愿意为改善和保护那些永不会使用的资源所支付的价值。汤姆·泰坦伯格用美国大峡谷来说明不使用价值。

———————————

① 具体参见《环境影响评价法》第7—15条。

② Integrating Environment and Development: Overall progress Achieved since the United Nation Conference on Environment. Prepared by the UN Department for Policy Coordination and Sustainable Development, adopted by the UN Commission on Sustainable Development at Fifth Session, New York. , April 1997, pp. 7 – 25

③ ［美］汤姆·泰坦伯格：《环境与自然资源经济学》，严旭阳译，经济科学出版社2003年版，第37页。

④ 如果严格按照形式逻辑的划分原则，这一资源价值种类的划分是不严格的。实际上，汤姆·泰坦伯格可能采用了连续划分的方法：即首先将资源价值划分为使用价值和不使用价值。然后使用价值进行划分，又划分为使用价值和远期价值。因此，从这个角度来理解的话，汤姆·泰坦伯格所谓的"使用价值"可以理解为"直接使用价值"（或称之为近期使用价值），而"远期价值"可以理解为"远期使用价值"。笔者遵循这样的理解原则，将之对应划分为直接使用价值、远期使用价值、不使用价值。

对于那些从未到过或从不打算去大峡谷的人说，大峡谷这种独一无二的资源价值也是显而易见的。[①]

毋庸置疑，沿海滩涂的环境成本中也同样包含直接使用价值、远期使用价值和不使用价值。对于滩涂环境评价而言，直接使用价值评估较为容易，但是对于远期使用价值，尤其是不使用价值的评估，则要困难得多。沿海滩涂远期使用价值代表了未来技术进步等滩涂所带给人们的收益。比如沿海滩涂保有的某一野生两栖草由于未来技术进步而与水稻嫁接，从而产生高产水稻。而滩涂不使用价值则代表了沿海滩涂特殊地貌及物种所带给人们的巨大精神收益和心理享受。显然，我国目前的环境影响评价还只是囊括直接使用价值，或者涉及一定的远期使用价值，但是对不使用价值的评价严重不足。当然，由于不使用价值是来自动机而不是个人的使用，不使用价值要比直接使用价值缺少确切性。

由于沿海滩涂具有的独特生态特性，滩涂环境影响评价需要充分评估滩涂的远期使用价值和不使用价值。滩涂的直接使用价值可能很低，它不能提供大量的渔产，也难以提供大量的木材，但是这并非意味着滩涂开发的环境成本就很低。滩涂的环境成本中，很大一部分是远期使用价值和不使用价值。滩涂环境评价如果能够充分考虑滩涂的远期使用价值和不使用价值，将使得滩涂的生态环境保护更为有利。

四　滩涂环境许可

滩涂环境许可是指滩涂管理机构根据滩涂开发主体的申请，经依法审查，准予其从事滩涂开发事宜的调整手段。滩涂环境许可是行政许可的一种。我国《行政许可法》明确规定："有限自然资源开发利用、公共资源配置以及直接关系公共利益的特定行业的市场准入等，需要赋予特定权利的事项，需要设定行政许可。"[②] 这为滩涂环境许

---

① ［美］汤姆·泰坦伯格：《环境与自然资源经济学》，严旭阳译，经济科学出版社2003年版，第 38 页。

② 《行政许可法》第 12 条第 2 款。

可的设立提供了法律依据。我国目前的有关法规已经对滩涂开发许可进行了一定的规定，但是如上所述，开发许可存在些许问题。其弊端之一就是滩涂许可缺乏一定的滩涂环境标准。滩涂环境许可作为一种重要的滩涂环境调整手段，要实现其保护沿海滩涂生态环境的功效，需要在以下几个方面予以重申：

首先，滩涂环境许可必须符合上述的滩涂环境标准、滩涂环境规划和滩涂环境评价。由于我国目前的法规还没有制定非常完善的滩涂环境标准和滩涂环境规划，滩涂环境评价也需要改进，因而滩涂环境许可应尽量保持"低度许可"的原则。所谓"低度许可"，是指在不能明确滩涂开发的环境影响时，基于预防性原则，而采取尽量不许可开发的策略。

其次，滩涂环境许可本质上是滩涂开发许可，即对开发滩涂行为的许可。但是需要明确，滩涂环境许可重点是审核滩涂开发对滩涂生态环境的影响，这种环境影响需要从一种更为综合和全面的角度审查。换言之，不能仅仅审核开发主体的资质、资金、技术等，还需要评价开发地区的滩涂生态环境状况。滩涂环境许可应该根据滩涂功能区划制度，设立不同的开发许可标准。

最后，改变目前滩涂许可单纯"入口管理"的状况，而将其变成"过程管理"。滩涂环境许可必须与滩涂环境评价时时联动，一旦滩涂环境影响评价发现开发行为存在破坏沿海滩涂生态环境的状况，应该立即收回滩涂环境许可，停止滩涂开发行为。

五　滩涂环境破坏惩罚

滩涂环境破坏惩罚是针对破坏沿海滩涂的行为，而对破坏行为实施者进行一定惩戒性的环境调整手段。我们目前沿海滩涂调整手段的弊端之一就是单一使用行政处罚，但是否定单一使用行政处罚并非意味着滩涂环境破坏处罚无足轻重。恰恰相反，滩涂环境破坏惩罚代表了国家对沿海滩涂保护的末端调整手段，从而与上述的滩涂环境标准、滩涂环境许可、滩涂环境规划、滩涂环境影响评价等共同构成从预防、过程到结果的一整套行政调整手段体系。

滩涂环境破坏惩罚代表了环境法对强制性法律调整手段的借鉴与运用。所谓强制性调整手段，即法律以法律责任的形式对违法行为进行强制、惩戒和制裁。目前，学者们大都使用"环境法律责任"的概念来表述环境法的这种强制性调整手段，并将之细分为环境行政责任、环境民事责任、环境刑事责任。[①] 笔者将滩涂环境破坏惩罚与之相对应，划分为三种：

（1）滩涂环境破坏行政处罚。是指沿海滩涂开发组织和个人因违反环境法律义务而应当承担相应行政制裁的法律后果。其主要形式包括罚款、警告、没收违法所得或非法财物、责令停产停业、限期淘汰、限制治理、暂扣或吊销许可证或执照、行政拘留等。沿海各省市的滩涂条例，所使用的惩戒手段主要是滩涂环境破坏行政处罚，并主要使用罚款形式。要破除现有滩涂调整手段的弊端，其步骤之一就是要打破单一使用罚款形式的思路，尤其要使用限期治理、限期淘汰形式。

（2）滩涂环境破坏民事赔偿。指滩涂开发组织（主要是企业）或个人在沿海滩涂开发过程中对滩涂生态造成破坏或对滩涂环境造成污染，或者因为滩涂生态破坏或环境污染造成国家或个人损失而应该承担的民事赔偿。简言之，就是沿海滩涂开发主体因环境损害或环境侵权而应承担的民事责任。在我国民法体系中，环境民事侵权是一种特殊的侵权，相关责任主体承担民事责任不以过错为条件（以过错为条件是一般民事责任承担的基本要件），而采用无过错责任原则，即只要环境污染或生态破坏给他人造成人身伤害或财产损失，侵权行为人即使主观上没有故意或过失，也应该对造成的人身伤害或财产损失承担民事责任。滩涂环境破坏民事赔偿同样适用这样的法律原则。而且滩涂开发主体的污染物排放标准符合国家规定标准，并不能构成其承担滩涂环境破坏民事赔偿的免责事由。[②] 滩涂环境破坏民事赔偿的

---

① 徐祥民：《环境与资源保护法学》，科学出版社 2008 年版，第 70 页。
② 当然，污染物排放标准符合国家规定标准，可以构成其承担滩涂环境破坏行政处罚的免责事由。

主要形式包括赔偿损失、排除妨害、恢复原状等。有的环境法学者提出环境民事赔偿的内容还可以包括精神损失方面的赔偿，[①] 这方面的赔偿也可以纳入滩涂环境破坏民事赔偿。

（3）滩涂环境破坏刑事制裁。指滩涂开发主体因故意或过失实施危害滩涂生态环境的行为，造成重大后果或情节严重，构成犯罪，从而应承担的相应刑事制裁。滩涂环境破坏刑事制裁是最为严厉的一种滩涂调整手段，具有强大的威慑力和制裁力。其主要形式有罚金、没收财产、管制、拘役、有期徒刑等。

第三节　沿海滩涂经济调整手段体系构建

经济调整手段，体现了环境法对促进性和经济刺激性调整方法的应用和发展。而且市场经济越加完善，经济调整手段对环境保护的功效也就越加明显。它努力将社会力量纳入生态环境保护之一，而且治理理论也为它的实施提供了很好的理论基础。美国的环境学家保罗·R. 伯特尼认为经济调整手段具有低成本、高效率的特点和技术革新及扩散的持续激励。[②] 笔者构建的以下四种沿海滩涂保护经济调整手段，基本上都是对现有经济调整手段的借鉴。

一　滩涂开发权交易

滩涂开发权交易，是指在保有全国滩涂面积总量的前提下，拥有沿海滩涂的各沿海地区，通过货币交换的方式相互调剂滩涂开发面积，从而到达减少滩涂开发面积、保护沿海滩涂生态环境的目的。笔者所构建的滩涂开发权交易手段，其实质就是可交易的许可证制度中的一种。

可交易的许可证制度中最为知名的就是排污权交易。最早实施排

---

① 周珂：《环境与资源保护法》，中国人民大学出版社 2010 年版，第 119—120 页。

② ［美］保罗·R. 伯特尼：《环境保护的公共政策》（第 2 版），穆贤清等译，上海三联书店、上海人民出版社 2004 年版，第 43 页。

污权交易的国家一般认定为美国。1976 年 12 月，美国联邦环保局创立了补偿政策，这可以认为是美国最早运行的排污权交易形式之一。该政策鼓励"未达标区"将排放水平削减到法律要求水平之下，超量削减经联邦环保局认可后成为"排放削减信用"（Emission Reduction Credits，ERCs）。这些"信用"可以出售给想进入该地区的新排放源。新源只要从该地区的其他排放源手中获得足够的排放削减信用，使新源进入后该地区的总排放量低于从前，就可以进入未达标区的新排放源。[①] 1990 年的《清洁空气法案》（Clean Air Act CAA）修正案中就加入了二氧化硫可交易排放制度。而我国国家环保局（环境保护部前身）污染司于 1991 年，就在包头、开远、柳州、太原、平顶山、贵阳六城市进行了大气排污权交易政策试点。[②]

从本质上而言，可交易的许可证制度是一种政策工具，是模拟市场来提供公共物品的替代途径。[③] 市场固然具有自身的缺陷，我们也难以做到完全依靠市场来解决生态环境保护问题。但不可否认的是，市场的确为生态环境保护提供了一种途径，这种途径能够较好地权衡保护成本与收益之间的关系，[④] 从而激发社会参与生态环境保护的热情。市场的一个最大特点就是保证了"交易"行为的发生，并确保交易的公平。滩涂开发权交易是运用市场机制的这种特点，实现沿海滩涂生态环境保护的成本与收益的平衡。

目前，可交易的许可证制度已经不仅仅局限于排污权交易。单单

---

① 吴健、马中：《美国排污权交易政策的演进及其对中国的启示》，《环境保护》2004年第 8 期。

② 邢晓军：《排污权交易及其规范》，《中国人口·资源与环境》1998 年第 2 期。

③ Raul P. Lejano, Rei Hirose, Testing the assumptions behind emissions trading in non-market goods: the RECLAIM program in Southern California, Environmental Science & Policy, 2005 (8), pp. 367 – 377

④ 当然，从生态环境保护的角度而言，市场权衡的生态环境保护成本与收益是不完善的。例如徐祥民先生认为，在围填海的过程中，围填海造地所得的是地价利益，而付出的是生态成本。不管是滩涂，还是湿地、港湾，它们支撑着各自不同的生态系统，各种可以向社会提供多种服务的生态系统，仅仅为了某些企业、地方团体的地价利益而牺牲这些生态系统，支付生态成本，这显然是不"合算"的。具体参见徐祥民、凌欣《对禁止或限制围海造地的理由的思考》，《中国海洋报》2007 年 3 月 13 日"理论实践"版。

在美国，它已经形成了排污权交易、铅排放交易、水质许可证交易、含氯氟排放交易、SO₂排放许可证交易、交易的开放权。① 具体而言，滩涂开发权交易属于交易的开发权。实际上，美国的"交易的开发权"，其应用主要集中在湿地保护方面。由于美国湿地保护的"零净损失"法律制度的确立，一些湿地潜在开发商被要求采取"补偿性缓冲"的做法，申请者可以从缓解银行中购买"缓冲"信用，在购买信用之后才能开发湿地。② 到20世纪末，美国52%的湿地面积在缓解银行，在全国范围内实现了21328英亩湿地的"零净损失"。③理查德·波斯纳指出，如果允许交易，资源总能实现最有价值的用途。④ 可以说，交易的开发权，是美国实现"零净损失"的重要手段。因此，滩涂开发权交易不仅仅是沿海滩涂生态环境保护的一种调整手段，也是沿海滩涂"零净损失"制度的有机构成内容之一。滩涂开发权交易实施的很多内容都在滩涂"零净损失"制度中得以界定，例如全国滩涂总面积的确立，沿海各地区的滩涂面积及类型确定，滩涂生态环境质量评估等。除此之外，滩涂开发权交易尚需要建立一个"虚拟市场"作为交易的平台。这一滩涂交易"虚拟市场"能够较好地反映出滩涂的"供求关系"。如果滩涂淤涨的速度较快，滩涂开发的需求较少，"滩涂价格"就会降低，从而减少沿海地区开发滩涂的成本；相反，如果滩涂侵蚀严重，而滩涂开发的需求又较高，"滩涂价格"就会水涨船高，增加滩涂开发的成本，从而遏制滩涂开发行为。

尚有一点要明确，滩涂开发交易所得的资金，需"专款专用"，

---

① ［美］保罗·R. 伯特尼：《环境保护的公共政策》（第2版），穆贤清等译，上海三联书店、上海人民出版社2004年版，第47—54页。

② Voigt，Paul C，Wetlands Mitigation Banking Systems：A Means of Compensating for Wetlands Impacts. NC：North Carolina State University，Department of Agricultural and Resource Economics，Applied Resource Economics and Policy Group.

③ PHILLIP H. BROWN，The Effect of Wetland Mitigation Banking on the Achievement of No-Net-Loss，Environmental Management Vol. 23，1999（3），pp. 333 – 345.

④ ［美］理查德·波斯纳：《法律的经济分析》（第7版），蒋兆康译，法律出版社2012年版，第12页。

即用于现有沿海滩涂的生态环境保护，而不能挪作他用。从这一点上而言，滩涂开发权交易，不仅可以遏制过度开发滩涂的行为，而且也是筹集沿海滩涂保护资金的一种重要途径。

二　滩涂开发押金

押金，亦称保证金、风险抵押金。是指当事人双方约定，债务人或第三人向债权人给付一定的金额作为其履行债务的担保，债务履行时，返还押金或予抵扣；债务不履行时，债权人得就该款项优先受偿。[①] 在环境保护领域中，押金制度（亦称押金返还制度）已经成为一种重要的调整手段。最初的押金制度，主要是对生态环境具有潜在污染的产品在终端销售时增加的一项额外费用，如果购买者通过回收这些产品或把残余物送到指定的收集系统后达到了避免生态环境污染的目的和初衷，就把押金退换给购买者。[②] 因此，押金制度运用最为广泛的领域就是废弃物的处置，押金制度在防止废弃物不当丢弃的处置中，最能发挥其优势。[③] Margaret Walls 也指出，其他的一些废物处置政策，例如原生材料税（virgin materials taxes）、先期处置费（advance disposal fees）、循环内容标准（recycled content standards）以及回收补贴（recycling subsidies）等在废物处置方面，都逊色于押金制度。[④] 在一些国家，押金制度主要应用于饮料容器和废汽车、废耐用品等的回收。

由此可见，押金制度主要运用在防止环境污染领域。对于滩涂开发押金而言，主要目的也是防止滩涂开发主体对沿海滩涂生态环境造成污染破坏，滩涂开发主体在开发沿海滩涂开发之前，需要向滩涂管

[①]　汪传才：《押金初探》，《政治与法律》1999 年第 2 期。

[②]　朱仁友：《押金制度——一些国家解决固体废物污染问题的经济手段》，《价格月刊》1999 年第 2 期。

[③]　Bohm, Peter. Deposit-Refund Systems: Theory and Applications tp Environmental, Conservation, and Consumer Policy. Baltimore, MD: Johns Hpkins University Press for Resources for the Future, 1981.

[④]　Margaret Walls, Deposit-Refund Systems in Practice and Theory, http://www.rff.org/RFF/documents/RFF-DP-11-47.pdf.

理机构缴纳一部分开发押金。押金的主要约束内容包括：

沿海滩涂周边环境污染。一旦开发主体造成滩涂潮上带、潮间带以及潮下带的区域的环境污染，将不得收回押金。这些环境污染既包括垃圾的堆放，也包括滩涂土壤重金属超标、溢油污染、滩涂鱼虾大批死亡等。

沿海滩涂周边区域的资源过度开放。这一部分内容是指滩涂开发主体采取明显地掠夺性开发手段，对滩涂生态环境造成明显破坏的行为。例如开发主体大规模开采潮下带海砂，造成滩涂岸基不稳。或者明显超出红树林的承受能力而大肆砍伐红树林。

滩涂开发押金的主要目的，在于督察滩涂开发主体在开发滩涂的过程中，采取谨慎行事原则。如果滩涂开发主体能够实现滩涂开发的生态环境保护，将收回开发押金，从而降低滩涂开发成本；相反，如果无视滩涂生态环境，将使押金不能收回。从而提高了自己的开发成本。

三　滩涂开发税/费

具体而言，滩涂开发税/费可以分为两种：滩涂开发税和滩涂开发费。前者是一种环境税，是基于环境税收的角度来考虑滩涂保护；后者是一种政府环境收费，是基于政府收费的角度来考虑滩涂保护。两者尽管存在差异，但都是立足使用者负担原则（Users Pays Principles，亦简称 UPP 原则）的滩涂生态环境保护调整手段。追本溯源，使用者负担原则是由"谁污染，谁付费"原则（Polluter Pays Principle，亦简称 PPP 原则）发展而来。"谁污染，谁付费"原则于 1972 年由经济合作与发展组织（OECD）首次提出，其核心内容就是要求所有的污染者必须为其所造成的环境污染直接或间接地负担费用。[①] 使用者负担原则在"谁污染，谁付费"原则基础上，将环境资源的利用也纳入其中，从而更加全面实现生态环境保护。

滩涂开发税作为一种环境税，可以有效调整滩涂开发行为者的行

---

① 付慧姝、俞丽伟：《中国环境税立法探析》，《南昌大学学报》2010 年第 1 期。

为。环境税为消费者和生产者提供刺激，使他们改变行为方式，用生态化的方式使用资源和开展生产，进而促进创新。与其他环境政策工具相比，税收的见效期间相当短，一般只需要2—4年。当然，我国目前还没有出台正式的环境税，但是这并非意味着我国就没有环境税，实际上，一些现有的税收经过"绿化"已经达到了环境税的效果。① 从融入税制的角度而言，滩涂开发收税是一种资源税，它对使用滩涂资源的开发主体收缴税收，从而达到遏制滩涂过度开发的目的。当然，根据滩涂功能区划法律制度，开发不同区域和种类的滩涂，其开发税率是不同的。作为税的一种，滩涂开发税具有固定性、强制性、无偿性等特性。开发主体可以事前评估滩涂开发税对自己开发成本的影响，从而调整自己的行为。

相对于环境税，我国的环境费的实践经验要更为丰富。从1979年9月开始，我国在江苏省率先对15个企业开展排污收费试点，到1980年试点在全国开展。距今，环境收费已经有30年余年的历程。今天的环境费，已经不仅仅局限在污染（排污）收费上，它体现了对开发者对资源使用的支付成本。滩涂开发费，其目的在于提高滩涂开发者的成本，从而实现开发者的滩涂谨慎开发。与滩涂开发税相比，滩涂开发费更具有灵活性。滩涂管理机构可以更好地对滩涂开发主体进行调控。例如一旦发现滩涂开发主体的开发行为对滩涂生态环境产生不良影响，滩涂管理机构就可以进行收费。如果说滩涂开发收税主要体现在开发的事前影响上，那么滩涂开发费就体现在事中和事后影响上。

---

① 2005年年底，中国环境规划院、财政部财政科研所、国家税务总局税科所完成了《国家环境税收政策与实施方案》。该《方案》提出了中国建立环境税的三种方案——独立环境税方案、融入环境税方案和环境税费方案。目前我国尚无实质意义上独立的环境税税种，因此独立环境税方案作为我国环境税立法工作的远期目标或终极目标是可行的，但在现阶段采用融入环境税方案，对现行税制进行"绿化"，综合考虑建立一种税费共存的制度体系是比较现实的。具体参见王金南《环境税收政策及其实施战略》，中国环境科学出版社2006年版，第1—14页。

四　滩涂保护补贴

环境补贴是指政府在经济主体因认识上的偏差或资金上的私有制不能有效进行环保投资的情况下，为了解决环保问题，或是出于政治、经济原因而对企业进行各种补贴，以帮助企业进行环保设备、环保工艺改进的一种政府行为。[①] 滩涂保护补贴是环境补贴的一种，是政府基于沿海滩涂保护的理念，对进行滩涂保护的主体进行财政补贴；或者对改进滩涂开发技术的企业进行一定的财政扶持。与滩涂收税/费不同，滩涂财政补贴体现了政府对沿海滩涂保护的一种引导和鼓励。

从某种程度上而言，滩涂财政补贴是滩涂生态补偿的途径之一，也是滩涂生态补偿法律制度的构成内容。滩涂财政补贴体现了政府对沿海滩涂生态环境保护的财政支持。滩涂财政补贴的对象可以分为两大类：一是出于生态环境保护目的，而对沿海滩涂进行保有、保护以及环境改进等行为主体。二是尽管进行了沿海滩涂开发，但是改进自己的开发技术，从而实现了沿海滩涂生态环境保护的行为主体。这一类的滩涂财政补贴，其实质是政府对开发保护环境的新技术的支持。

滩涂财政补贴的资金来源可以从三个方面筹集：一是有关滩涂开发权交易、滩涂开发收税/费、因违反滩涂开发规定而没收的开发押金。这一部分资金体现了滩涂生态环境保护资金的"专款专用"。二是政府的财政拨款。这一部分资金体现了政府对沿海滩涂保护的重视，例如一些大型的滩涂自然保护区的设立和运营，都需要政府给予一定的财政支持。三是社会的捐助。社会捐助体现了社会对于沿海滩涂保护的认可，也是社会力量介入滩涂保护的一种途径。

当然，很多经济调整手段还处于理论阐述与构建之中，现实中的运用还不尽如人意。即使在市场经济最为发达的美国，其经济调整手

---

① 姚爱萍：《环境补贴对国际贸易的影响及我国应采取的对策》，《世界贸易组织动态与研究》2005 年第 4 期；李本：《欧盟环境执法 PPP 原则及其例外考察——兼议对中国环境补贴制度设计的启示》，《世界经济与政治》（理论专刊）2009 年第 10 期。

段也仍未成为环境政策的主体，而且大部分还处于管制政策的边缘。①尽管如此，笔者认为要实现沿海滩涂生态环境保护，构建科学、合理、全面的经济调整手段，是非常必要的。它与行政调整手段一起构成了沿海滩涂综合管理的组成部分。

---

① ［美］保罗·R. 伯特尼：《环境保护的公共政策》（第 2 版），穆贤清等译，上海三联书店、上海人民出版社 2004 年版，第 75 页。

第七章 沿海滩涂的"零净损失"制度与功能区划制度

第一节 沿海滩涂的"零净损失"制度

一 "零净损失"制度简述

"零净损失"（No Net Loss）制度发端于美国，是美国为了保护其湿地而设立的一项制度。美国是世界上湿地面积较大的国家之一，19世纪上半叶约有 2.2 亿英亩的湿地。但是 1850—1950 年百年，由于开发加剧，美国丧失了约一半的湿地面积。此后，由于环境保护的发展和对湿地价值认识的不断深化，这一高损失率才逐渐降低，但是其损失还在上演。1950—1975 年，美国年度湿地损失量在 40 万—50 万英亩之间，1975—1985 年大约为 29 万英亩湿地，1985—1995 年大约为 11 万英亩。① 其中，淡水湿地的损失主要是由于转变为农业生产用地造成的，海岸湿地（即沿海滩涂）的损失一半以上是由于疏浚、建造码头、船舶和运河开发以及侵蚀的作用造成的。

较高的湿地损失引起了美国社会各界的高度重视，尤其是当湿地（包括滨海湿地）的生态功能为大家普遍认识的时候。1987 年，美国环保署署长汤姆斯·李（Thomas Lee）要求"保护基金会"召集一个由环境、商业、农业、研究机构等各领域领导人组成的精英小组——国家湿地政策论坛（the National Wetlands Policy Forum，简称 NWPF），

---

① 王相：《美国湿地的法律保护》，《世界环境》2000 年第 3 期。

讨论保护湿地的议题。该论坛的讨论结果认为，美国联邦湿地"零净损失"是一个合理的目标。这一目标的含义被解释为：任何地方的湿地都应该尽可能地受到保护，转换成其他用途的湿地数量必须通过开发或恢复的方式加以补偿，从而保持甚至增加湿地资源基数。① 随后，"零净损失"目标相继被布什政府及克林顿政府所采纳。有两个农业计划对湿地恢复的影响比其他任何计划的影响都要大。一个是保护储备计划（Conservation Reserve Program），这一计划使那些已被转变成种植用途的湿地得以退耕10年；另一个是湿地储备计划（Wetlands Reserve Program），这一计划的主要目的是购买那些已被转为作物生产的湿地的永久地役权，并把它们恢复。②

　　自此之后，湿地的"零净损失"成为美国湿地管理的重要政策目标。③ 而"零净损失"制度得以有效执行，得益于美国《清洁水法》第404条和陆军工程兵部队的管理。④ 因此，有些美国学者表示，美国已经进入"零净损失"时代，美国的湿地已经不再损失，并且有些正在被创造。⑤ 美国对于湿地保护的"零净损失"制度已经受到普遍认可，这一制度相继被德国、加拿大、澳大利亚等国所采纳。

　　美国湿地保护的"零净损失"制度由一系列内容构成：它确立了全国的湿地保护面积；并对湿地的重要程度进行划分；如果要开发湿地，则必须对开发湿地可能造成的生态环境影响进行评估；经过评估

---

① National Wetlands Policy Forum, 1988. Protecting America's Wetlands: An Action Agenda, The Final Report of the National Wetlands Policy Forum. The Conservation Foundation, Washington, D. C., p. 3

② 张蔚文、吴次芳：《美国湿地政策的演变及其启示》，《农业经济问题》2003 年第11 期。

③ Hansen, L., 2006. Wetlands: status and trends. In: Wiebe, K., Gollehon, N. (Eds.), *Agricultural Resources and Environmental Indicators*, 2006 Edition. Economic Information Bulletin No. (EIB – 16), US Department of Agriculture, Washington, D. C., July, 2006 (http://www.ers.usda.gov/publications/arei/eib16/Chapter2/2.3/).

④ Todd Bendor, A dynamic analysis of the wetland mitigation process and its effects on no net loss policy, Landscape and Urban Planning, 2009 (89), pp. 17 – 27.

⑤ Dennis F. Whigham, Ecological issues related to wetland preservation, restoration, creation and assessment, The Science of the Total Environment, 1999 (240), pp. 31 – 40.

之后的湿地开发必须实现补偿，在异地创造出不小于开发湿地面积的新湿地。例如，据陆军工程兵部队声称，为了赔偿在1993—2000年损失的2.4万英亩湿地，他们已经新建了4.2万英亩湿地。而且美国法律制度对湿地"零净损失"的理解不仅仅停留在数量上，还包括湿地所提供的功能和服务也没有净损失。因此，除了在新建和恢复湿地上做努力外，维持和改良剩余湿地的质量也是这一法律制度所追求的一个重要目标。

二 沿海滩涂"零净损失"制度的必要性及可行性

我国于1992年加入《湿地公约》，成为《湿地公约》的缔约国，但是并没有出台相应的湿地保护法律。湿地国内立法的空白，难以实现湿地的有效保护。在湿地保护方面，我们可以借鉴国外在此方面的立法经验，尤其是成功经验。"零净损失"制度可以算是国外在湿地保护方面的成功经验。沿海滩涂作为湿地的重要组成部分，其"零净损失"制度的确立，不仅仅可以促进沿海滩涂自身的保护，而且也会促进我国湿地及海洋的保护。因此，确立沿海滩涂"零净损失"制度具有必要性和可行性。

（一）确立沿海滩涂"零净损失"制度符合我国渐进立法思路

改革开放30年来，我国成功的经验之一就是坚持"摸着石头过河"的改革思路。这种渐进的改革思路对于像我国这样地域辽阔、民情相差甚大的大国而言，是非常适合和必要的一项改革和建设思路。相反，我国目前出现的一些问题，很多是没有坚持渐进思路而遵循"一刀切"造成的不良后果。这种"由点及线"，进而"由线及面"的渐进改革，塑造了我国30年的经济繁荣。这种改革思路不仅仅体现在经济改革中，社会的其他领域也不可避免地受到影响。

在立法领域，这种渐进的思路也同样存在。大量实验性立法的存在就是一个明证。当然，这其中的原因可能并不仅仅在于遵循了渐进立法的思路，立法机关无法完成大量的立法任务以及行政机关独有的实践优势也是其原因之一。但是不可否认的是，大量实验性立法与我国渐进的改革和建设思路相吻合，从而使我国的立法得以循序渐进地推进。立法思路能与整个社会弥漫的文化相契合，才能发挥功效并延伸下去。苏力考证了社会契约理论得以在西方产生并得到广泛传播的一个重要原因，在于社会契约理论与西方的文化认同相契合，所以尽管众所周知社会契约不可能真实发生，但是却乐于接受。① 法律具有相同的性质。美国学者哈罗德·J. 伯尔曼（Harold J. Berman）曾经说："法律必须被信仰，否则它将形同虚设。"② 与理相同。唯有与社会文化相契合的立法及出台的法律，才能广受信仰并发挥功效。

　　尽管"零净损失"这一制度在美国等国家已经广泛被接受并发挥了很好的作用，但是对于我国而言，毕竟这还是一项新的制度。要在湿地立法空白的基础上，借鉴这一制度，还有这么多障碍。"零净损失"作为一项"外来"的制度，还没有普遍受到社会认同，也没有广泛接受这一制度的社会文化氛围。因此，对于保护湿地的"零净损失"制度，最好也采取渐进的立法思路，从点入手，在效果明显的情况下，再推而广之，将实现这一制度的顺利建立和良好执行。而沿海滩涂就是建立这一制度很好的"实验场"。选取沿海滩涂这一湿地中的独有区域来首先"实验"这一制度，显然符合渐进立法的思路，也容易为国人所认可和接受。尽管沿海滩涂在湿地中所占的比重并不太大，但是却非常重要，而且相比淡水湿地，它具有适合"零净损失"的独有特性。（这一独有特性将在下面展开论述。）

　　（二）沿海滩涂的动态性需要"零净损失"制度施以保护

　　与一般的湿地不同，沿海滩涂的显著特征之一就是具有很强的动态性（具体见第二章第二节）。动态的特征使不同区域的沿海滩涂其自然淤涨和侵蚀不同。处于淤涨地域的沿海滩涂，即使人工侵占大量的沿海滩涂也不会造成这一区域滩涂的大量减少，更不用说付出保护滩涂的巨大努力了。相反，处于侵蚀地域的沿海滩涂，要保持沿海滩

---

　　① 苏力：《从契约理论到社会契约理论—— 一种国家学说的知识考古学》，《中国社会科学》1996 年第 3 期。

　　② 哈罗德·J. 伯尔曼：《法律与宗教》，梁治平译，中国政法大学出版社 2003 年版，第 3 页（导言）。

涂面积不变，则需要付出巨大的成本和努力。

这种地域特征的差异需要对全国的沿海滩涂统筹规划，否则，单纯规定不同区域保持当地滩涂面积不变，既显失公允，也难以推行。而建立全国沿海滩涂面积的"零净损失"制度则可以化解沿海滩涂动态性带来的这种保护难题。而且沿海滩涂的动态性，也有利于推进"零净损失"制度的实施，从而实现沿海滩涂的有效保护。"零净损失"法律机制，并非规定某一地域的沿海滩涂面积不能减少，相反，它着眼于全国的沿海滩涂面积，强调在保持全国沿海滩涂面积总量不变的情况，根据各地不同的淤涨和侵蚀特性，实施不同的沿海滩涂面积保持办法。处于淤涨地域的沿海滩涂，当地政府不仅仅需要保持滩涂面积的不减少，还需要保持这种淤涨，从而为处于侵蚀区域的滩涂增加面积。相反，处于侵蚀区域的沿海滩涂，当地政府可以允许适当减少其面积，但前提是需要寻找出增加面积的区域，并且增加面积的当地政府愿意为此承担侵蚀区域减少的滩涂面积。当然，侵蚀区域需要为此向淤涨区域支付一定的费用，这就需要建立一定的生态利益补偿制度。

实际上，"零净损失"制度实现了沿海滩涂面积的动态平衡。它不仅适合淤涨区域和侵蚀区域之间的动态平衡，也适合侵占区域和保有区域之间的动态平衡。如果沿海城市由于城市扩容的需要，必须侵占沿海滩涂，就可以评估成本，向保有并淤涨滩涂的区域"购买"滩涂面积。"零净损失"对于急需土地的沿海城市而言，是一种福音，而对于保有滩涂面积不被侵占的区域而言，也可以实现利益补偿。

上述阐述说明了沿海滩涂的动态性使沿海滩涂得以有效保护需要"零净损失"制度，而从另一个角度而言，沿海滩涂的动态性也使"零净损失"制度的推行减少了一些阻力。着眼于全国滩涂面积不变的"零净损失"制度使一些不得不侵占滩涂的沿海区域可以通过"购买"其他区域的滩涂面积来实现夙愿。而淡水湿地由于不具备动态性，因此，侵占了湿地的区域，必须自己人工恢复或塑造一些湿地，其成本显然加大。这种状况下，在淡水湿地推行"零净损失"

法律机制显然要面对更大的阻力。也正是在这个意义上而言，首先在沿海滩涂推行"零净损失"制度，可以为其在全国湿地的实施奠定基础。

三 沿海滩涂"零净损失"制度的内容

首先需要明确，沿海滩涂"零净损失"制度并非简单指沿海滩涂面积的不变。保持全国滩涂总面积不变只是其中的内容之一，除此之外，更重要的是保持滩涂的生态功能不被降低。因此，沿海滩涂"零净损失"制度是一个系统的内容。①

(一) 确立全国沿海滩涂面积总量

确立全国沿海滩涂面积总量是沿海滩涂"零净损失"制度的基础。但是需要特别指出的是全国的沿海滩涂面积总量确定并非根据现有的沿海滩涂面积统计出来后，简单确立。全国沿海滩涂面积总量，需要根据滩涂承担的生态功能加以计算，确立一个合理的数据。这一数据可能与现有的滩涂面积并不一致。当现有的滩涂面积难以承担起生态环境保护的功能时，政府需要进行环境规划，规定一些过多侵占沿海滩涂的区域退换滩涂，恢复沿海滩涂的地貌和形态，从而使其发挥生态保护与气候调控的功能。

除了需要确立全国沿海滩涂面积的总量外，还需要确立沿海滩涂不同种类的面积数量。泥滩、岩滩、砂滩等尽管同属于沿海滩涂，但是它们对生态的影响还是存在一些差异，因此实施细化管理、分类保护是实现沿海滩涂保护的一个重要内容。实际上，在国外，对沿海滩涂进行细化立法也是一个受到普遍认可的做法。例如，美国马里兰州将本州的沿海滩涂分为三大类型，分别用三部法律进行分类保护：非潮汐湿地法，潮汐湿地法，海岸区管理计划。②

---

① 王刚、李凌汉：《沿海滩涂的"零净损失"法律制度研究》，《中国海洋大学学报》2014 年第 2 期。

② William L Want. Law of Wetlands Regulation［DB/OL］. See west law：Environmental Law Series，Clark Boardman Callaghan.

因此，全国沿海滩涂面积总量需要从时间维度和类别维度两个方面加以确定。在时间维度上，需要考虑沿海滩涂的侵占历史，并着眼于未来，而不能拘束于现有的滩涂面积当量。易言之，滩涂面积总量从时间上而言，应该是动态的平衡；在类别维度上，需要根据沿海滩涂的种类，确立不同种类的面积总量，从而更好地实现沿海滩涂生态保护和气候调控功能。

（二）建立沿海滩涂面积监测机制

要实现沿海滩涂"零净损失"制度，需要建立一个长效的面积监测机制。目前，从技术上而言，建立全国的滩涂面积监测已经可行。卫星遥感技术为其监测提供了很好的技术支撑。尤其是我国在监测一些大宗作物时，已经奠定了一些很好的技术基础。[①] 而且如果考虑到建立全国滩涂面积监测成本过高的话，建立抽样监测也是非常可行的。因为经过一个世纪的发展和研究，抽样技术已经非常完善和成熟。[②]

因此，目前建立沿海滩涂面积监测机制的核心问题，并非技术，而是如何设置面积监测机构的职权及其隶属关系。如上所述，管理职能涉及沿海滩涂的管理部门众多。如果建立沿海滩涂面积监测机制，很多管理部门都会力图将这一监测机构纳入自己的管理范畴之内。而监测机构的职权及其隶属关系也将影响到它的业务运作。从这个意义上而言，要实现沿海滩涂"零净损失"法律机制，必须调整沿海滩涂的管理体制。本书已在第五章中翔实论述管理体制的梳理，力主成立新的沿海滩涂管理委员会。其中，沿海滩涂面积监测也是其管理职能之一，因此，建立的滩涂面积监测机构也应该是管理委员会的下设机构之一。

沿海滩涂面积监测数据不仅仅是"零净损失"制度的组成部分，它也应该成为沿海滩涂保护的重要资料来源。因此，应该设立滩涂面

---

①　蒋楠等：《不同遥感数据融合方法在南方水稻面积监测中的应用研究》，《西南大学学报》（自然科学版）2012年第6期。

②　李金昌：《应用抽样技术》，科学出版社2006年版，第8页。

积监测数据信息公开和交流机制，使社会可以及时获得全国沿海滩涂的面积数据，从而为沿海滩涂保护提供全社会的智慧。

（三）建立沿海滩涂开发的置换机制

"零净损失"并非要求湿地或沿海滩涂不得开发。相反，它允许开发，只是开发的前提是需要准备好置换的湿地或滩涂。因此，建立完善的沿海滩涂开发置换机制，是实现"零净损失"制度的核心。唯有建立了完善的开发置换机制，才能使"零净损失"制度得以有效贯彻执行，并实现沿海滩涂的保护。否则，可能适得其反。

建立沿海滩涂开发置换的平台，是这一机制的核心。从某种程度上而言，沿海滩涂"零净损失"制度与碳排放交易具有异曲同工之处。① 开发置换平台就如同碳减排交易的市场，唯有建立一个交换的"市场"，才能实现有效的置换。沿海滩涂开发置换平台，就是这样一个公平与公开的市场。开发置换平台为急需土地的沿海区域提供了一条通过货币支付手段获得土地的途径，同时，它也为保有滩涂面积的区域提供了生态利益补偿，从而激励沿海区域保护滩涂，实现滩涂面积的不减少。可以预见，如果滩涂淤涨的速度低于滩涂侵占的速度，置换平台下的滩涂"价格"将水涨船高。当这一价格高到侵占滩涂的区域无法承受时，侵占滩涂的速度也将随之降低，甚至停止，从而实现滩涂面积的不减少。相反，当滩涂淤涨速度高于侵占速度时，意味着有大量的滩涂出现，这种情况下滩涂的"价格"也就会随之减低，沿海区域就会适度购买滩涂，从而实现滩涂的合理开发与利用。

在开发置换平台建立的基础上，尚需建立置换价格比较与结算系统。由于沿海区域保有以及淤涨的滩涂面积是不一样的，因此，各个区域的滩涂"出售价格"也是不一致的。这就需要置换平台建立一个滩涂价格比较以及结算系统。购买者与出售者在这一价格平台的基础上，进行权衡和比较，从而达成交易。实际上，开发置换就是在实

---

① 沿海滩涂开发的置换机制，是实质就是滩涂开发权交易。有关滩涂开发权交易的相关内容，本书在第五章第二节中还会展开进一步论述。

现滩涂面积的异地转移，从一个急需土地的沿海区域转移到保有滩涂面积成本较低的区域。当然，这一成本也囊括机会成本。

开发置换是否能够有效实施，还需建立置换的执行监督系统。已经出售了滩涂面积的区域，需要保有已经出售的滩涂面积，不得开发。同样，购买滩涂面积的沿海区域可以开发购买的同样面积的本地滩涂，但是不得在开发中扩大购买的面积数量。而这些都需要建立执行监督系统。

（四）建立沿海滩涂生态环境质量评估机制

需要明确指出的是，沿海滩涂"零净损失"制度并非仅指滩涂面积的零净损失，同样也包括滩涂生态环境质量的零净损失。不可否认，"零净损失"制度的确可以遏制一些区域过度开发与侵占沿海滩涂，但是它并非禁止沿海滩涂的完全开发与侵占，只是它需要保障全国滩涂面积的不减少。这种情况下，很多侵占沿海滩涂的区域会通过再造或者购买其他区域的滩涂来实现滩涂面积的"零净损失"。但是不管是自己再造，或者购买，可能都意味着人工滩涂的出现。在实现湿地"零净损失"制度的美国，这种情况也较为突出。Dennis F. Whigham 通过研究发现，为了实现"零净损失"，很多区域的湿地恢复都是失败的。人造湿地在保有生物多样性方面不能和自然湿地相提并论。而且被侵占的湿地是周围风景（landscape）的构成部分，从风景的角度而言，也是湿地功能的丧失。①

日本一些学者直接研究了日本人工滩涂与自然滩涂的生物多样性差异，从而得出更为直接的结论。日本在 20 世纪上半叶，滩涂侵占情况也非常严重。20 世纪 40 年代有滩涂面积 82600 公顷，但是到了 80 年代，有将近 40% 的滩涂面积被侵占了。② 随着时间的推移，人们逐渐认识到滩涂的重要性，日本经过多方努力，通过修建人工滩涂的

---

① Dennis F. Whigham, *Ecological issues related to wetland preservation, restoration, creation and assessment*, The Science of the Total Environment 1999 （240）, pp. 31 – 40.

② Kimura K. *The function of water r purification in constructed tidal flat.* Jpn. Bottom Sediment Management Assoc. 1994 （60）, pp. 50 – 81.

方式，恢复了一些滩涂面积。但是研究发现，人工滩涂在生物多样性方面远远不能和自然滩涂相比。不管是微生物，还是有机物的数量，两者都相差甚远。①

因此，如果单纯从面积和表面形态上来理解和执行"零净损失"，将无法实现沿海滩涂的真正保护。要通过"零净损失"制度实现沿海滩涂的有效保护，需要建立沿海滩涂生态环境质量评估机制。沿海滩涂生态环境质量评估机制需要建立全方面的质量测评与验收。其全方面性体现在两个方面：

在内容上，沿海滩涂生态环境质量评估至少需要涵盖四个方面：一是评估滩涂面积是否达到需要恢复的数量；二是对恢复滩涂的生物多样性进行检验，或者检验其是否为生物多样性的生存提供了相应的生境。生物多样性或其生境检验应该是质量评估的核心；三是评估恢复的滩涂能够保持多长时间，换言之，恢复后的沿海滩涂是否能够经受住海洋的侵蚀。建立侵蚀区域的沿海滩涂更需要进行这方面的评估；四是建立滩涂环境污染检测，以及时发现并防止沿海滩涂的环境遭受污染。

在时间上，沿海滩涂生态环境质量评估至少需要涵盖两个方面：一是置换之前，需要对将要开发或置换的沿海滩涂生态环境状况进行评估。如果被开发或者置换的滩涂具有无法替代的生态功能，则禁止开发或者置换。例如如果被开发的滩涂是一种极为珍贵的物种的生存环境，破坏了这一区域将使这一物种灭绝，则将禁止开发。只有评估这一滩涂的生态环境改变，不足以造成重大的生态灾难的时候，才允许开发或者置换。二是置换之后，需要对新建造或淤涨的滩涂的生态环境状况进行评估，评估其面积、生物多样性或生境、稳定性等。换言之，获得置换资金的沿海区域，有责任保证现在的沿海滩涂生态环境不低于被置换的沿海滩涂。唯有建立这样全方面的沿海滩涂生态环境质量评估机制，才能保证"零净损

---

① Jeoung Gyu Lee, etc. *Factors to determine the functions and structures in natural and constructed tidal flats*, Wat. Res. Vol. 32, 1998, (9) pp. 2601 – 2606.

失"制度对沿海滩涂的有效保护。

第二节　沿海滩涂的功能区划制度

一　功能区划制度简述

"功能"一词,《辞海》解释为"作用"。《海洋功能区划技术导则》将之定义为"是指自然或社会事物于人类生存和社会发展所具有的价值与作用"。"区划"一词,《现代汉语词典》解释为"地区的划分"。"功能区划"即为按功能(作用)对地区进行划分。在"功能区划"概念中,"功能"是中心词,而"区划"只是作为地区划分的动词用。[①] 以往的"区划"更多的是和"行政"相接,"行政"是"区划"的唯一中心词。我国在不同的历史时期,其行政区划的原则是不同的:秦汉时期基于降低管理成本的考虑而形成"依山形变"的行政区划原则;元明时期基于加强中央控制考虑而形成"犬牙交错"的行政区划原则。尤其是后者,对我国当前的行政区划影响深远。"犬牙交错"的行政区划,往往使处于相同气候、相同地形、相同人文的区域被人为划分两个区域。这种人为割裂随着社会发展,其弊端越加明显。鉴于行政区划的调整成本过高,难度较大,目前弥补行政区划弊端的一个可行方法就是在行政区划基础之上进行功能区划。因此,功能区划的重要性越来越受到大家的认可。目前,我国有关功能区划制度的内容(或研究)集中在以下三个方面。

（一）主体功能区划制度

我国《国民经济和社会发展第十一个五年规划纲要》（以下简称"十一五"规划）首次提出形成主体功能区划的思路。"十一五"规划提出"根据资源环境承载能力、现有开发密度和发展潜力,统筹考虑未来我国人口分布、经济布局、国土利用和城镇化格局,将国土空

---

① 葛瑞卿:《海洋功能区划的理论和实践》,《海洋通报》2001 年第 4 期。

间划分为优化开发、重点开发、限制开发和禁止开发四类主体功能区，按照主体功能定位调整完善区域政策和绩效评价，规范空间开发秩序，形成合理的空间开发结构"。

"十一五"规划对"优化开发、重点开发、限制开发和禁止开发"四类主体功能区进行了界定。其中，优化开发区域是指国土开发密度已经较高、资源环境承载能力开始减弱的区域；重点开发区域是指资源环境承载能力较强、经济和人口集聚条件较好的区域；限制开发区域是指资源环境承载能力较弱、大规模集聚经济和人口条件不够好并关系到全国或较大区域范围生态安全的区域。①

我国《国民经济和社会发展第十二个五年规划纲要》（以下简称"十二五"规划）进一步明确了主体功能区划的实施思路，明确提出了"实施主体功能区战略"。"十二五"规划一方面延续了"十一五"规划的思路，例如在规划中提出"对影响全局生态安全的重点生态功能区，要限制大规模、高强度的工业化城镇化开发。对依法设立的各级各类自然文化资源保护区和其他需要特殊保护的区域要禁止开发"。另一方面对"十一五"规划又有所发展。例如"十二五"规划将我国的功能区划分为三类：城市化地区、农产品主产区、重点生态功能区。其中重点生态功能区又分为限制开发的重点生态功能区和禁止开发的重点生态功能区，前者要加大生态环境保护和修复投入力度，增强水源涵养、水土保持、防风固沙和生物多样性维护等功能，后者要依法实施强制性保护，严格控制人为因素对自然生态和文化自然遗产原真性、完整性的干扰，严禁不符合主体功能定位的各类开发活动，在清理规范的基础上，加大投入力度，完善管理体制和政策。②

---

① 《国民经济和社会发展第十一个五年规划纲要》。
② 同上。

（二）环境功能区划

环境功能区划，以亦可称为生态功能区划，[①] 是根据生态环境的同质性和异质性（或称之为差异性和相似性），基于生态环境保护的目的，而将区域空间划分为不同生态环境功能区。

环境功能区划，起源于自然区划，也是自然区划的进一步延伸。19 世纪初，德国地理学家 Humboldt 把植被分布与气候有机结合，首创了世界等温线图。这可以看作自然区划研究的滥觞。德国地理学家 Hommever 发展了地表自然区划的观念与在主要单元内部逐级分区的概念，设想出四级地理单元，从而开创了现代自然区划的研究。19 世纪末，生态环境区划的研究出现，其标志是 Merriam 以生物作为自然区划的依据来划分美国的生命带和农作物带。1905 年，英国生态学家 Herbertson 对全球各主要自然区域单元进行了区划，并指出进行全球生态地域划分的必要性。进入 20 世纪下半叶，两位加拿大学者对环境区划研究做出了突出贡献。1962 年，Orie Loucks 提出了生态环境区的概念，并为以此作为划分单位进行生态环境区划奠定了理论基础。1967 年，Crowley 根据气候和植被的宏观特征，绘制了加拿大生态区地图。[②] 在此基础上，美国生态学家 Bailey 于 1976 年提出了真正意义上的生态区划方案，从生态系统的角度，阐述了生态环境区划是按照其空间关系来组合自然单元的过程，并分别绘制了美国、北美

---

① 也有的研究者认为两者存在差异。例如蔡佳亮等在阐述生态功能区划理论时，认为其理论基础之一就是环境功能区划。显然，蔡佳亮等认为生态功能区划相对于环境功能区划，是研究的进一步延伸。许开鹏、黄一凡等研究者则与之持相反的意见，认为生态功能区划的研究先于环境功能区划，其研究有利于环境功能区划的进一步深入。尽管两者持相反的意见，但是他们都认为生态环境功能区划并不完全等同于环境功能区划。具体参见：蔡佳亮、殷贺《生态功能区划理论研究进展》，《生态学报》2010 年第 11 期；许开鹏、黄一凡等《已有区划评析及对环境功能区划的启示》，《环境保护》2010 年第 14 期。

② 具体内容，可以参见：Merriam C H. Life zones and crop zones of the United Stated. Bulletin Division Biological Survey 10. Washington DC: US Department of Agriculture, 1898; Herbertson A J. The major natural regions: an essay in systematic geography. Geographical Journal, 1905, (25): pp. 300 – 312.; Wichware G M, Rubec C D. Ecoregions of Ontario. Ecological Land Classification Series, No. 26. Sustainable Development Branch, EnvironmentCanada, Ottawa, Ontario, 1989.

洲、世界大陆和海洋的生态环境区地图。

我国的自然区划工作始于 20 世纪 30 年代，其标志是《中国气候区域论》的发表。20 世纪 40 年代，黄秉维首次对我国进行了植被区划。1959 年，中国科学院自然区划工作委员会编写出版了《中国综合自然区划（初稿）》一书，明确了区划的目的，是为农、牧、林、水等事业服务，并依据苏联的区划工作拟订了适合中国特点的区划原则和方法。与此同时，根据农业发展的需要，中国提出了一系列全国农业区划方案。20 世纪 80 年代出版的《中国自然生态区划与大农业发展战略》一书根据生态系统的差异性和同质性，首次将全国划分为 22 个生态自然区。杨勤业等将全国分为 52 个生态区。21 世纪初，傅伯杰等提出了中国生态区划方案，即将全国划分为 3 个生态环境大区、13 个生态环境地区、54 个生态环境区，为全国各地进一步开展环境功能区划建立了宏观框架。① 2001 年，国家环保总局组织中国科学院生态环境研究中心编制了《生态功能区划暂定规程》，对省域环境功能区划的一般原则、内容、方法、要求和程序做了规定，用于指导和规范各省开展环境功能区划。

（三）海洋功能区划

海洋功能是海洋自然资源环境条件对人类生存和社会发展具有的价值与作用。海洋功能区（marine functional zonation）是指"根据海域及相邻陆域的自然资源条件、环境状况和地理区位，并考虑到海洋开发利用现状和经济社会发展的需要，而划定的具有特定主导功能，有利于资源的合理开发利用，能够发挥最佳效益的区域"。海洋功能区划（division of marine functional zonation）则是指"按各类海洋功能区的标准（或称指标标准）把某一海域划分为不同类型的海洋功能

---

① 具体内容可参见：中国科学院自然区划工作委员会《中国综合自然区划（初稿）》，科学出版社 1959 年版；侯学煜《中国自然生态区划与大农业发展战略》，科学出版社 1988 年版；杨勤业、李双成《中国生态地域划分的若干问题》，《生态学报》1999 年第 5 期；傅伯杰、刘国华《中国生态区划方案》，《生态学报》2001 年第 1 期。刘康、李团胜《生态规划理论、方法与应用》，化学工业出版社 2004 年版。

区单元的一项开发与管理的基础性工作"。①

我国海洋功能区划的研究与实践要早于国家的主功能区划制度。早在1990—1995年，就展开了全国海洋功能区划，并建立了海洋功能区五类三级分类系统。1998施行的《海洋功能区划技术导则》对此进行了进一步修订，完善、建立了五类四级系统（见表7－1）。在此基础上，出台的《全国海洋功能区划（2011—2020）》将我国的海洋功能区划分为8个（见表7－2）。海洋功能区划的核心问题是如何揭示海洋特定区域固有的主导功能和如何协调好各种标准。海洋功能区划所界定的海洋特定区是主导、优势"价值"或"作用"，而不是一般、全部"价值"或"作用"。通过海洋功能区划对海洋开发利用或治理保护行为进行最佳选择和定位。

国外有关海洋功能区划的研究集中在海洋空间规划上（Marine Spatial Planning）。海洋空间规划也已经成为海岸带管理的热点，在海域开发利用程度高的区域更是成为全球关注的焦点，德国、英国、荷兰、比利时、澳大利亚、挪威、美国、新西兰、加拿大等国家相继制定了海洋空间规划或类似规划，旨在协调海洋资源的保护和利用，以及化解海洋空间开发之间的冲突，并建立基于生态系统的海洋空间规划、海洋空间规划管理实施和海洋空间规划监测评估。② 这些相关研究都为海洋功能区划提供了很好的参考价值。

最近，海洋功能区划的重点越来越与国家主体功能区划相契合。

---

① 《中华人民共和国国家标准 GB17108—1997 海洋功能区划技术导则》。我国的《海洋环境保护法》对海洋功能区划也有所界定。其第95条第4款规定："海洋功能区划，是指依据海洋自然属性和社会属性，以及自然资源和环境特定条件，界定海洋利用的主导功能和使用范畴。"

② Geoff Wescott. The theory and practice of coastal area planning: linking strategic planning to local communities. Coastal Management, 2004, （32）, pp. 95 – 100.; Paul M, Gilliland A, Dan Laffoley. Key elements and steps in the process of developing ecosystem-based marine spatial planning. Marine Policy, 2008, （32）, pp. 787 – 796.; Larry Crowder, Elliott Norse. Essential ecological insights for marine ecosystem-based management and marine spatial planning. Marine Policy, 2008 （32）, pp. 772 – 778.

设立海洋主体功能区划的思路已经受到普遍认可。① 相对而言，海洋功能区划是从某一具体海域的实际情况出发，指导该海域具体的海洋开发活动，具有区域性和微观性。而海洋主体功能区划是从国家发展的全局出发，从属于国家战略层面的区划工作，具有整体性和宏观性。海洋主体功能区划标志着我国海洋发展模式的重大转折，由原来的"齐头并进"转变为"有保有压"。由于现有海洋功能区划是在脱离海洋主体功能区划指导的情况下开展的，与海洋主体功能区划存在一定的矛盾，因此，有研究者指出，当务之急是开展海洋主体功能区划与海洋功能区划的关系和衔接研究，确保两者在我国的海洋事业中相结合，发挥各自的作用。②

表 7 – 1　　《海洋功能区划技术导则》的海洋功能区划分类体系

大类	子类	亚类	种类
发利用区	空间资源开发区	港口区	
		海上航运区	航道
			锚地
		旅游区	
		农、林、牧区	农业区
			林业区
			畜牧区
		工业和城镇建设区	
		核能利用区	
	矿产资源开发利用区	油气区	
		固体矿产区	金属矿区
			非金属矿区

---

① 具体参见：国家海洋局《全国海洋主体功能区划规划编制工作方案》，海洋出版社2006年版；王倩、郭佩芳《海洋主体功能区划与海洋功能区划关系研究》，《海洋湖沼通报》2009年第4期；何广顺、王晓惠《海洋主体功能区划方法研究》，《海洋通报》2010年第3期；李东旭、赵锐《近海海洋主体功能区划技术方法研究》，《海洋环境科学》2010年第6期；徐丛春、赵锐《近海主体功能区划指标体系研究》，《海洋通报》2011年第6期；徐丛春《海洋主体功能区划指标体系研究》，《地域研究与开发》2012年第1期。

② 王倩、郭佩芳：《海洋主体功能区划与海洋功能区划关系研究》，《海洋湖沼通报》2009年第4期。

续表

大类	子类	亚类	种类
发利用区	生物资源开发利用区	海水养殖区	滩涂养殖区
			浅海养殖区
		海洋捕捞区	
	化学资源开发利用区	盐田区	
		地下卤水区	
	海洋能和风能开发利用区	海洋能区	
		风能区	
	海上工程利用区	海上工程建设区	
		海底管线区	
整治利用区	资源恢复保护区	增殖区	
		禁渔区	
		地下水禁采和限采区	
	环境治理保护区	防护林带	
		污染防治区	
	防灾区	海岸防侵区	
		防风暴区	
		防海冰区	
海洋保护区	海洋自然保护区	生态系统自然保护区	红树林生态系统自然保护区
			珊瑚礁生态系统自然保护区
			湿地与沼泽地生态系统自然保护区
			汇聚流生态系统自然保护区
		珍惜与濒危生物自然保护区	珍稀与濒危动物自然保护区
			珍稀与濒危植物自然保护区
		历史遗迹自然保护区	自然历史遗迹保护区
			人类活动历史遗迹保护区
	海洋特殊保护区	典型海洋景观自然保护区	
特殊功能区	科学研究试验区		
	军事区		
	倾废区		
	排污区		
	泄洪区		
保留区	预留区		
	功能特定区		

表 7 - 2 《全国海洋功能区划（2011—2020）》的海洋功能区

分类及海洋环境保护要求

一级类	二级类	海水水质量量（引用标准：GB3097—1997）	海洋沉积物质量（引用标准：GB18668—2002）	海洋生物质量（引用标准：GB18421—2001）	生态环境
1 农渔业区	1.1 农业围垦区	不劣于二类			不应造成外来物种侵害，防止养殖自身污染和水体富营养化，维持海洋生物资源可持续利用，保持海洋生态系统结构和功能的稳定，不应造成滨海湿地和红树林等栖息地的破坏
	1.2 养殖区	不劣于二类	不劣于一类	不劣于一类	
	1.3 增殖区	不劣于二类	不劣于一类	不劣于一类	
	1.4 捕捞区	不劣于一类	不劣于一类	不劣于一类	
	1.5 水产种质资源保护区	不劣于一类	不劣于一类	不劣于一类	
	1.6 渔业基础设施区	不劣于二类（其中渔港区执行不劣于现状海水水质标准）	不劣于二类	不劣于二类	
2 港口航运区	2.1 港口区	不劣于四类	不劣于三类	不劣于三类	应减少对海洋水动力环境、岸滩及海底地形地貌的影响，防止海岸侵蚀，不应对毗邻海洋生态敏感区、亚敏感区产生影响
	2.2 航道区	不劣于三类	不劣于二类	不劣于二类	
	2.3 锚地区	不劣于三类	不劣于二类	不劣于二类	
3 工业与城镇用海区	3.1 工业用海区	不劣于三类	不劣于二类	不劣于二类	应减少对海洋水动力环境、岸滩及海底地形地貌的影响，防止海岸侵蚀，避免工业和城镇用海对毗邻海洋生态敏感区、亚敏感区产生影响
	3.2 城镇用海区	不劣于三类	不劣于二类	不劣于二类	
4 矿产与能源区	4.1 油气区	不劣于现状水平	不劣于现状水平	不劣于现状水平	应减少对海洋水动力环境产生影响，防止海岛、岸滩及海底地形地貌发生改变，不应对毗邻海洋生态敏感区、亚敏感区产生影响
	4.2 固体矿产区	不劣于四类	不劣于三类	不劣于三类	
	4.3 盐田区	不劣于二类	不劣于一类	不劣于一类	
	4.4 可再生能源区	不劣于二类	不劣于一类	不劣于一类	

续表

一级类	二级类	海水水质质量（引用标准：GB3097—1997）	海洋沉积物质量（引用标准：GB18668—2002）	海洋生物质量（引用标准：GB18421—2001）	生态环境
5 旅游休闲娱乐区	5.1 风景旅游区	不劣于二类	不劣于二类	不劣于二类	不应破坏自然景观，严格控制占用海岸线、沙滩和沿海防护林的建设项目和人工设施，妥善处理生活垃圾，不应对毗邻海洋生态敏感区、亚敏感区产生影响
	5.2 文体休闲娱乐区	不劣于二类	不劣于一类	不劣于一类	
6 海洋保护区	6.1 海洋自然保护区	不劣于一类	不劣于一类	不劣于一类	维持、恢复、改善海洋生态环境和生物多样性，保护自然景观
	6.2 海洋特别保护区	使用功能水质要求	使用功能沉积物质量要求	使用功能生物质量要求	
7 特殊利用区	7.1 军事区				防止对海洋水动力环境条件改变，避免对海岛、岸滩及海底地形地貌的影响，防止海岸侵蚀，避免对毗邻海洋生态敏感区、亚敏感区产生影响
	7.2 其他特殊利用区				
8 保留区	8.1 保留区	不劣于现状水平	不劣于现状水平	不劣于现状水平	维持现状

二 沿海滩涂功能区划（制度）的基本特性

沿海滩涂按照不同的划分类型，有着不同的种类划分。不同种类的滩涂有着不同地质特性、自然风貌，尤其是生态环境特性不尽相同。这些不同的特性使不同的沿海滩涂有着不同的价值与作用，因此有必要实行功能区划制度。而且功能区划制度有利于沿海滩涂"零净损失"制度的有效实施，可以保障滩涂开发交易对滩涂生态环境的损害最小化。沿海滩涂功能区划也是我国目前功能区划制度的重要内容之一，其特性可以概括为以下三个方面。①

（一）从国家主体功能区划而言，沿海滩涂功能区划是属于限制开发与禁止开发的区域，或者是属于重点生态功能区

"十一五"规划将国土分为"优化开发、重点开发、限制开发和禁止开发"四类主体功能区，其中"限制开发和禁止开发"主要基于生态环境保护的目的，这种划分已经意味着国家开始将生态环境保护纳入规划之中。"十二五"规划在此基础上，进一步提出了"重点生态功能区"的概念，并将"重点生态功能区"进一步细分为"限制开发的重点生态功能区"和"禁止开发的重点生态功能区"，从而使主体功能区划的生态性愈加明显。沿海滩涂作为极具生态特性的区域，其开发需要经过充分论证和前期考察，否则可能对沿海滩涂的气候调控功能、保有生物多样性功能等造成不可修复的损害。"十一五"规划列举了22处限制开发的区域。其中，我国沿海滩涂最为集中的区域是苏北，"十一五"规划设定苏北沿海湿地生态功能区，为限制开发区域。其主要功能是停止围垦，扩大湿地保护范围，保护鸟类南北迁徙通道；"十一五"规划所界定的禁止开发区主要指"依法设立的各类自然保护区域"。我国目前有各类自然保护区共243个，面积8944万公顷。其中，有关沿海滩涂保护的自然保护区共有20余个。

（二）从本质上而言，沿海滩涂功能区划是环境功能区划

从某种程度上而言，我国目前实施的主体功能区划、海洋功能区划都是一种环境功能区划。自1949年新中国成立以来，我国的发展

---

① 王刚：《沿海滩涂功能区划：定位、标准与划分》，《中国海洋大学学报》2015年第1期。

观经历了四个时期：平衡发展观（1949—1978）、重点发展观（1979—1992）、协调发展观（1993—2002）和科学发展观（2003年至今）。前三个时期发展观的重点是经济发展，而第四个时期发展观的重点是可持续发展。① 可持续发展需要统筹资源环境承载能力和社会开发能力，从而将生态环境问题纳入规划之中。"十一五"规划和"十二五"规划对主体功能区划概念的提出和深化，正是对生态环境重视的体现。而海洋功能区划的提出和实施同样遵循了保护海洋环境的思路，以海洋环境承载力为海洋功能区划的核心标准。有研究者指出，环境功能区划是制定其他规划、区划的本底和基础。② 环境功能区划最能体现功能区划的本质特征，可以说，功能区划的核心标准应该就是保障生态环境的一体化，从而促进生态环境的保护。

沿海滩涂功能区划同样是环境功能区划。这可以从两个方面加以表述：首先，沿海滩涂相对于其他区域（甚至海洋），更具有生态特性。滩涂被称之为海洋之肾，意味着它在海洋生态环境具有举足轻重的生态调控功能；湿地（沿海滩涂是湿地的重要组成部分）被称之为地球之肾，其生态价值不言而喻。沿海滩涂具有如此重要的生态价值与作用，其功能区划应该也必须是环境功能区划。其次，沿海滩涂功能区划的核心划分标准应该是滩涂生态环境，而非经济发展。进行功能区划，需要遵循一定的标准，不同区划的标准是不同的。沿海滩涂按照不同的标准，也有着不同的划分。但是沿海滩涂的功能区划标准，需要首先考量其生态性。在充分考量其生态价值的基础上，再综合以地域、地质以及当地经济状态等因素。从这个角度而言，沿海滩涂功能区划应该是环境功能区划。从另一个方面而言，沿海滩涂功能区划必须遵循环境功能区划的原则、标准等。

---

① 朱传耿、马晓冬等：《地域主体功能区划：理论·方法·实证》，科学出版社2007年版，第2—7页。

② 许振成：《全国环境功能区划的基本思路初探》，《改革与战略》2011年第9期。

（三）从隶属范围上而言，沿海滩涂功能区划是海洋功能区划的构成部分

不管是理论界还是海洋管理部门，都认为海洋功能区划不能仅局限于海洋，海洋功能区划一定要涵盖海岸带。1990—1995 年开展的全国海洋功能区划的范围不仅包括我国享有主权和管辖权的全部海域和海岛，还包括必要依托的陆域，陆域范围从海岸线向陆地一般不超过 10 公里。1998 年开展的全国大比例尺海洋功能区划的范围也囊括了海岸带。其范围包括我国的内海、领海、海岛、专属经济区以及相邻的依托陆域。全国大比例尺海洋功能区划对陆域范围的规定相对全国海洋功能区划窄一些，具体规定是：（1）一般选择距海岸线 1—5 公里 的区域；（2）城市建成区一般以临海第一条主要道路为界；（3）乡村地区以沿海乡镇所辖范围为界；（4）海岛的陆域范围包括全岛。尽管存在一些不同，但是它们都没有将海洋功能区划仅仅局限于海域。我国的海洋学家葛瑞卿同样指出，海洋功能区划必须实现海洋与依托陆地的一体化。[①]

沿海滩涂是海岸带的重要组成部分，海洋功能区划将海岸带（或者依托陆地）纳入其功能区划的范畴之内，这就意味着沿海滩涂功能区划是海洋功能区划的有机组成部分。因此，从隶属范围上而言，沿海滩涂功能区划是海洋功能区划的构成部分。

三　沿海滩涂功能区划制度内容

沿海滩涂功能区划的内容至少需要包括三个方面：区划的标准、区划的具体划分、衡量区划的指标体系。其中，标准的选择是基础，区划的具体划分是核心，衡量区划的指标是工具。

（一）沿海滩涂功能区划的标准

功能区划的划分标准应该是自然属性。但是具体到沿海滩涂功能区划，还需要进一步细化。首先，按照种类的标准，不同沿海滩涂的自然属性存在较大的差异性。泥滩在自然地貌上表现出大片的淤泥与

---

① 葛瑞卿：《海洋功能区划的理论和实践》，《海洋通报》2001 年第 4 期。

沼泽，较为平缓；而岩滩则表现为大块的碎石甚至礁岩，其海拔差也较泥滩较高；淤涨型滩涂面积不断得到增长，其开发的危害性并不明显，而侵蚀型滩涂的面积不断遭受损失，即使在停止开发的情况下，生态系统也可能会遭到破坏。地貌的不同意味着功能区划标准选择的至关重要。

其次，不同的滩涂其生态价值也存在差异。一般而言，生物滩较之裸滩，其生态价值更高一些。尤其是生物滩中的红树林滩和珊瑚礁滩，对保有生物多样性、调节气候、保护水土不流失方面，有着举足轻重的作用。尽管砂滩的生态特性不如生物滩明显，但这并非意味着砂滩、岩滩等没有生态价值。某些特殊位置的砂滩也可能具有极高的生态价值，例如某处砂滩有可能是一种极其珍贵的濒危海龟的产卵地，这片砂滩的开发或破坏会导致这种珍贵海龟物种的灭绝。因此，需要细致选择划分标准，并对划分标准进行层次设定。

最后，沿海滩涂功能区划在地理上可能并不是连续的和完整的。沿海滩涂本身散落在海岸线上，不同种类的沿海滩涂交错其间，形成"你中有我、我中有你"的分布格局。这种格局的分布使沿海功能区划的标准选择更为细致。

综上所述，沿海滩涂功能区划的划分不可能通过单一标准实现，它是多种标准的综合运用。除了需要对这些标准经过概括与提炼外，还需要对标准进行层级设施。当标准之间存在差异时，低层次的标准必须服从高层次的标准。在综合考虑滩涂自然环境、滩涂自然资源、滩涂区位条件等方面的基础上，笔者将沿海滩涂功能区划的划分标准概括为四个方面：滩涂生态价值标准；滩涂种类标准；与全国海洋功能区划相容标准；滩涂区位标准。这四个标准是一种由高到低的标准层次设立。

滩涂生态价值标准。滩涂生态价值标准是指滩涂在保有生物多样性、调节气候、防止环境污染等方面具有的生态环境价值。之所以将滩涂生态价值标准排在划分标准的首位，是因为沿海滩涂所具有的最为核心的功能（或者价值）就是生态环境价值。此外，功能区划的一个重要目的就是保护生态环境，实现可持续发展。沿海滩涂功能区划在本质上是环境功能区划。因此，滩涂生态价值标准应该排在划分标准的首位。

滩涂种类标准。由于不同种类的滩涂在地貌、自然属性方面存在较大的差异，因而需要将滩涂种类标准排在第二位。而且如上所述，滩涂的生态价值很大程度上与滩涂种类联系在一起。将地貌、自然属性相同的滩涂划分统一功能区，也符合管理规律。当然，滩涂种类标准也不尽相同，笔者认为，其种类的排序可以遵循以下顺序：生态的显示度标准、地质构造成分的标准、形态变化的标准、地貌特征标准、地质形态标准。其中，前三种标准是主要标准，后两种标准是参考标准。

与全国海洋功能区划相容标准。从隶属范围上而言，沿海滩涂功能区划是海洋功能区划的构成部分。因此，沿海滩涂功能区划要尽可能与全国海洋功能区划实现对接。要在全国海洋功能区划的框架下进行区划。当时，与全国海洋功能区划相容，并非意味着一定要照搬全国海洋功能区划的内容，沿海滩涂具有自己的特有属性，可以在范畴允许的情况下有所变通。

滩涂区位标准。滩涂区位标准是从地理位置及相连上而言的。例如两片红树林滩，中间相隔一片不大的砂滩，那么完全可以将之合并为一个功能区划。滩涂区位标准主要着眼于便于管理、降低管理成本的角度而言。它与细化滩涂功能区划的要求形成一对相反的力，从而实现滩涂功能区划的平衡。

（二）沿海滩涂功能区划的划分

按照上述沿海滩涂功能区划的标准，以及标准之间的层次排序，笔者将沿海滩涂功能区划首先分为两大类：限制开发区和禁止开发区。其中，限制开发区又细分为四小类：围海造地区、矿产与能源区、农渔区、旅游区。禁止开发区又细分为两小类：自然保护区和保留区。之所以进行这样的功能区划，主要基于以下几点考虑：

表 7 - 3　　　　　　　　　　　沿海滩涂功能区划体系

大类	子类	主要功能及要求
限制开发区	围海造地区	为沿海地区提供土地资源及发展空间,实现经济发展与生态保护的平衡。但是要减少对海洋水动力环境、岸滩及海底地形地貌的影响,要防止海岸侵蚀,不应对毗邻生态敏感区、亚敏感区产生影响。
	矿产与能源区	实现沿海滩涂矿产与资源的合理利用。但应减少对海洋水动力环境产生影响,防止海岛、岸滩及海底地形地貌发生改变,不应对毗邻海洋生态敏感区、亚敏感区产生影响
	农渔区	为沿海地区提供耕地、海水养殖、渔业。但不应造成外来物种侵害,防止养殖自身污染和水体富营养化,维持海洋生物资源可持续利用,保持海洋生态系统结构和功能的稳定
	旅游区	实现沿海滩涂的人文自然景观价值。但不应对毗邻生态敏感区、亚敏感区产生影响。
禁止开发区	自然保护区	保护沿海滩涂的生态系统,为一些特殊物种提供良好的生存环境。禁止对沿海滩涂的人为开发。
	保留区	

　　第一,沿海滩涂功能区划首先需要实现与全国主体功能区划的契合。"十一五"规划和"十二五"规划所划定的全国主体功能区划,对其他的功能区划都有着指导和规范作用。沿海滩涂功能区划同样需要秉承全国功能区划的原则和规范。如上所述,"十一五"规划将全国主体功能划分为"优化开发、重点开发、限制开发和禁止开发"四类,"十二五"规划在基础上又提出"重点生态功能区"的概念,并将之细分为"限制开发重点生态功能区"和"禁止开发重点生态功能区"两类。要实现沿海滩涂的"生态管理",转变其"资源管理"的属性,需要在功能区划中突出其生态价值。鉴于这种状况,笔者将沿海滩涂功能区划的大类划分为"限制开发区"和"禁止开发区"。

　　第二,沿海滩涂功能区划还需要实现与海洋功能区划的契合。从范畴上而言,沿海滩涂功能区划是包含在海洋功能区划之中的。因此,沿海滩涂功能区划的划分,应该尽量采用海洋功能区划的一些划分标准、术语。笔者基于这样的原则,针对沿海滩涂的特点,对海洋功能区划的体系进行借鉴,选取一些最能实现沿海滩涂生态管理的区划功能,从而构建了本书的沿海滩涂功能区划体系。

第三，沿海滩涂功能区划需要体现出生态环境为重的特性。沿海滩涂功能区划是实现沿海滩涂由"资源管理"转变为"生态管理"的重要法律制度之一，因此，其功能区划需要体现出生态环境环境为重的特性。基于这样的考量，笔者并没有构建"开发利用区"等这样体现资源开发利用的区划。当然，在"限制开发区"的大类中，笔者构建了"围海造地区""矿产与能源区"等子类，主要是基于"零净损失"法律机制中的可开发权交易而设定的。换言之，这些具有"资源管理"特定的沿海滩涂区划，其资源开发需要建立在沿海滩涂"零净损失"的基础上。

（三）沿海滩涂功能区划的指标

指标是按照标准实现沿海滩涂功能区划的主要工具。但是指标的制定并非易事。波伊斯特提出了制定指标的 7 条准则，① 但是其中的一些准则却存在相互矛盾之处。② 沿海滩涂功能区划的指标制定也不可避免地面临上述问题。尤其当面临多重标准时，这种矛盾就尤为明显。

指标体系作为一个有机整体是多种因素综合作用的结果。不同影响因素的选取对指标的设定有着重要影响。徐丛春等人在设定近海主体功能区划指标体系时，选取了海洋资源环境承载力、海洋开发强度和海洋发展潜力三个方面作为反映海洋主体功能区的主体特征和状况。③ 当然，近海主体功能区划并不完全等同于沿海滩涂功能区划。从某种程度上而言，沿海滩涂是近海的组成部分，是其生态环境保护的重点区域。鉴于这种状况，笔者借鉴了徐丛春等人的"海洋资源环境承载力"作为指标的主要方面。笔者对沿海滩涂资源环境承载力进

---

① ［美］西奥多·H. 波伊斯特：《公共与非营利组织绩效考核：方法与应用》，中国人民大学出版社 2005 年版，第 101—105 页。

② 例如其中的"抵制目标替换"和"低成本"就是一对矛盾体，尤其在难以实现量化的情况下。要避免目标替换，一定是高成本的。要实现低成本，就难以抵制目标替换。指标的制定，只能在这种矛盾的要求实现某种平衡。

③ 徐丛春、赵锐等：《近海主体功能区划指标体系研究》，《海洋通报》2011 年第 6 期。

行进一步细分，选取了"滩涂面积""滩涂地质""滩涂生物多样性""滩涂生态及气候调控"三个方面作为综合指标（见表7-4）。

滩涂面积。滩涂面积主要衡量沿海滩涂的面积保有情况、面积变化情况及人工对它的影响情况，它也是滩涂的形态变化指标。其中，"滩涂现有面积保有量"测量滩涂面积存量；"滩涂淤涨（侵蚀）速度"测量滩涂的面积变化速度。淤涨速度显示滩涂面积正向变化，面积在不断增长，侵蚀速度显示滩涂面积负向变化，面积在不断减少；"滩涂侵占速度"测量人工对滩涂面积的影响程度。如果三个指标显示滩涂面积在遭受严重破坏，则需要加大滩涂的保护力度。

滩涂地质。不同地质情况下的沿海滩涂具有不同的生态环境，其生态系统也不尽相同，因为滩涂地质也是滩涂功能区划的指标之一。一般而言，泥滩的生态性更高一些，而岩滩的资源性更高一些。

滩涂生物多样性。滩涂生物多样性是衡量滩涂的生态系最为重要的指标。其中，"滩涂生物显示度"主要指植物类生物在滩涂地表的可视性。生物现实度越高，至少说明滩涂的植物性生物越多；"滩涂生物种类"则是更为直接地测量滩涂的生物多样性的一个指标，"滩涂生物珍贵度"测量滩涂是否具有某些特殊种类的生物种群，以及这些特殊的生物种群的珍贵程度。

滩涂生态及气候调控。滩涂生态及气候调控指标主要衡量滩涂在整个生态系统中的重要程度。相对于"滩涂生物显示度"和"滩涂生物珍贵度"，"滩涂生态系统稳定性"更侧重滩涂整合生物群落的系统性和完整性；而"滩涂气候调控能力"则侧重滩涂在全球气候中的调控能力，测量滩涂的"地球之肾"功能。

表7-4　　　　　　　　沿海滩涂功能区划指标体系

综合指标	评价指标
滩涂面积	滩涂现有面积保有量
	滩涂淤涨（侵蚀）速度
	滩涂侵占速度

综合指标	评价指标
滩涂地质	泥滩
	砂滩
	岩滩
滩涂生物多样性	滩涂生物显示度
	滩涂生物种类
	滩涂生物珍贵度
滩涂生态及气候调控	滩涂生态在大生态系统中的地位与作用
	滩涂生态系统稳定性
	滩涂气候调控能力

指标体系将沿海滩涂功能区划的要求明确化和数字化。基于上述指标体系，我国沿海滩涂功能区划的具体划分，需要遵循以下划分原则及要求（见表7-5）。

表7-5 　　　　　　　　　沿海滩涂功能区划及指标划分要求

大类	子类	划分指标及要求
限制开发区	围海造地区	滩涂现有面积保有量应该达到一定数值
		须是淤涨型滩涂且达到规定淤涨速度
		港口用地尽可能是岩滩或砂滩
		滩涂生物种类较少
		滩涂生物珍贵度较低
		滩涂气候调控能力较弱
	矿产与能源区	滩涂蕴含较为珍贵的矿产与能源
		滩涂生物种类较少
		滩涂生物珍贵度较低
		滩涂生态系统稳定性较强

续表

大类	子类	划分指标及要求
限制开发区	农渔区	滩涂现有面积保有量应该达到一定数值
		改造为农业用地的滩涂尽可能是泥滩
		滩涂生物珍贵度较低
		滩涂生态系统稳定性较强
	旅游区	具有较高的人文自然景观
		须是於涨型或稳定型滩涂
		滩涂生态系统稳定性较强
禁止开发区	自然保护区	现已被列为国家自然保护区
		滩涂现有面积保有量应该达到一定数值
		滩涂生物种类多
		滩涂生物珍贵高
		滩涂生态在大生态系统中有较高的地位与作用
	保留区	具有较高的生态价值
		开发可能造成无法弥补的生态损害

实际上，沿海滩涂的功能区划在实践中已经开始逐步展开。在国家层面，20 余个滩涂湿地国家自然保护区的设立是沿海滩涂功能区划最高层次的实行；在地方层面，很多省市也已经开始划定滩涂湿地功能区划。例如青岛市出台的 2012 年新城市规划，就将大沽河入海口区域的大片滩涂确定为中心城区的"中央湿地保护区"，定位为"生态功能区"，依法进行保护，有效保护胶州湾湾底及沿海滩涂生态脆弱区的生态环境。[1] 可以预见，随着沿海滩涂生态价值的逐渐凸显，沿海滩涂功能区划制度将在沿海各地得到推广。

---

[1] 《青岛市新城市规划出炉》，人民网（http：//qd. people. com. cn/n/），2012 年 11 月 29 日访问。

第八章 沿海滩涂的补偿制度

第一节 沿海滩涂的使用补偿制度

一 沿海滩涂的使用权

（一）沿海滩涂的使用权界定

如上所述，沿海滩涂具有"生态"与"资源"的双重属性，尤其是其"资源"属性，成为沿海滩涂使用和利用的重要内容。在使用沿海滩涂的过程中，如何实现保护与开发的平衡，并使之有效保障使用权利，是沿海滩涂使用制度的重要内容。鉴于沿海滩涂的多种属性，兼具海域、土地、湿地、矿藏等多种资源价值，其使用权的合理界定就显得尤为重要。但是遗憾的是，我国目前相关的法律法规对沿海滩涂使用权的界定非常模糊，从而不利于沿海滩涂的可持续和有效利用。例如由于沿海滩涂的利用方式大多是养殖，因此认为滩涂使用权是渔业生产者使用滩涂从事养殖生产而获取利益的一项用益物权，所以有的法律制度将使用滩涂的权利直接称为"养殖使用权"。《中华人民共和国土地管理法实施条例》中就如此规定。这种将滩涂使用权特种称谓的做法，优点是具体化了沿海滩涂的使用权限，从而在实际发证操作中明确了发证的内容、主体和客体；弊端则是大大局限了沿海滩涂的使用权限，从而将沿海滩涂局限于滩涂养殖。有的相关法规将使用滩涂的权利直接称为"滩涂使用权"，例如《上海市滩涂管理条例》，但是没有对滩涂使用权进行明确和精细的划分，从而在实际操作中造成了沿海滩涂使用权的混乱。因此，要实现沿海滩涂的合理使用和有效补偿，需要进行沿海滩涂使用权的合理界定。此外，我国的部分地方法规采用了"水面滩涂使用权"或"水域滩涂使用权"的概念，例如《山东省国有渔业养殖水域滩涂使用管理办法》就采用"水域滩涂使用权"这种表达方式。这一概念实际上是对滩涂养殖权的另一种词语表达，是从滩涂的区域角度对其使用权的一种细化。笔者认为这种划分也不失为一种明确的方法，但是相对于权利内容的明确，其科学性大打折扣。因此，笔者没有从这一角度去界定滩涂使用权。

从法理的完整性和逻辑自洽上而言，"沿海滩涂使用权"的语词要优于"沿海滩涂养殖权"，前者更具有延展性和可扩容性，在后续的沿海滩涂使用过程中可以不断完善和发展。相反，后者尽管比较具体，但是概念太过于封闭。因此，笔者采用沿海滩涂使用权（为行文方便和简便，后文中"滩涂使用权"与此相同）这一概念词语。那么，何谓滩涂使用权？笔者认为，滩涂使用权是指相关组织或个人经过沿海滩涂相关管理部门的许可和批准，依法取得沿海滩涂的实际经营、使用和收益的权利。显然，相对于具有多种资源属性和使用价值的沿海滩涂而言，"滩涂使用权"的概念过于宽泛。因此，滩涂使用权只是对沿海滩涂多种使用权限和途径的一种统称，它可以细分为多种权利。

（二）沿海滩涂使用权特性

1. 沿海滩涂使用权是一种用益物权

尽管对于滩涂使用权属于何种权利性质，学界对此有着不同的见解，但是主流学者都认为滩涂使用权应该属于一种用益物权。笔者认可学界主流的这种界定。用益物权属于定限物权、他物权（指于他人不动产上设定以利用该不动产为内容的物权）。[①] 用益物权一般并非各国立法上的概念，而是物权法理论上的一个概念。我国 2007 年出台的《物权法》采用了"用益物权"的概念。理论上对用益物权有不同的界定，但一般认为，"用益物权"是用益物权人对他人所有的

①　王泽鉴：《民法概论》，中国政法大学出版社 2003 年版，第 532 页。

物享有占有、使用和收益的权利，例如德国法的用益物权种类分为地上权、役权和土地负担。

我国宪法第 9 条明确规定："森林、水流、矿藏、荒地、滩涂等自然资源，都属于国家所有，即全民所有，由法律规定属于集体所有的森林、草原、荒地、滩涂除外。"持沿海滩涂是"用益物权"观点的学者主要根据本条规定。沿海滩涂属于国家所有，部分例外的情况为集体所有。从所有权上而言，个人不可能拥有沿海滩涂，因此，滩涂使用权只能为一种用益物权，而不是所有权。

我国的《物权法》第三篇"用益物权"中也有明确规定，"依法取得的探矿权、采矿权、取水权和使用水域、滩涂从事养殖、捕捞的权利受法律保护"。虽然规定得很笼统，但此处体现出将从事海洋养殖、捕捞作业的权利视为一种用益物权。而滩涂养殖权是滩涂使用权中的一种重要权限，既然将滩涂养殖权视为一种用益物权，那么滩涂使用权也应该是一种用益物权。

2. 沿海滩涂使用权是一种复合使用权

滩涂使用权是对沿海滩涂多种使用权利的一种统称。沿海滩涂具有复杂和多样资源价值，因此其使用权也是多样和复杂的。所谓沿海滩涂使用权是一种复合使用权，是指"沿海滩涂使用权"的概念更多的是一个权利概念包，在具体实施和运用中，需要对滩涂使用权进行明确化和具体化。换言之，滩涂使用权的概念，更多是一个法理和理论概念，而在具体的法律规定和操作中，我们需要具体化。

那么，滩涂使用权作为一种复合使用权，它的内部可以划分为哪些具体的权利呢？如果从微观实际的角度，滩涂使用权可以细化为多种非常零碎和交叉的使用权：滩涂养殖使用权、滩涂捕捞使用权、滩涂农地使用权、滩涂盐业使用权、滩涂防护林使用权、滩涂海域使用权、滩涂港口建设使用权……①这种细化太过于零碎，从而也不利于滩涂使用权的全面认知和概括。笔者认为其可以划分为四大类权利类

---

① 樊静、解直凤：《沿海滩涂上的物权制度研究》，《烟台大学学报》（哲学社会科学版）2006 年第 1 期。

型：滩涂海域使用权、滩涂渔业使用权、滩涂土地使用权和滩涂矿产使用权。这四种权利类型几乎全面涵盖了滩涂使用权的全面外延，而且避免了大部分的交叉和重叠。因此，本书也将滩涂使用权划分为这四种权利类型，并在下面对这四种使用权的划分进行更为明确的界定。

3. 沿海滩涂使用权是许可使用和有偿使用权

由于沿海滩涂使用权是一种用益物权，因此它的使用需要在获得相关部门的批准和许可后方能获得。换言之，滩涂使用权是一种许可使用权。目前，我国法律法规对于滩涂使用权的许可单位规定存在差异。例如《渔业法》规定滩涂的养殖权许可和发放由渔业主管部门负责，《海域使用法》则规定滩涂海域的使用权许可由海洋行政主管部门负责。其他一些地方法规也存在类似的情况。《上海市滩涂管理条例》第十二条规定："由市水利局核发《滩涂开发利用许可证》，确认其滩涂使用权。"《广东省河口滩涂管理条例》也将滩涂开发的权限归于水利管理部门。《山东省国有渔业养殖水域滩涂使用管理办法》则将滩涂水域使用权的许可和发放权责交由海洋与渔业管理部门。不同法律法规对滩涂使用权许可审核及发放的不同规定，造成滩涂使用权在实际中的冲突。而之所以造成这种状况，根源之一在于滩涂使用权的多维性，不同的法规及地方规章根据其职能和地域特性，提炼滩涂使用权的不同维度，从而造成了许可权审核和发放的多元。

沿海滩涂使用权在许可审核后，通常不是无偿和免费的，而需要申请人缴纳一定的使用费用，因此，滩涂使用权也是一种有偿使用权。例如《广东省河口滩涂管理条例》第十七条规定，"河口滩涂实行有偿使用。开发利用河口滩涂的单位和个人，应当按规定缴纳河道管理范围占用费"。《浙江省滩涂围垦管理条例》第十三条也规定，"滩涂资源属国家所有，实行有偿使用"。作为一种有偿使用权，意味着滩涂使用权在遭受一定的损失后，需要获得相应的补偿。沿海滩涂使用权是一种有偿使用权，那么其一旦遭受侵害，就需要相应地获得一定的补偿，这也是滩涂补偿制度的重要内容之一。

（三）沿海滩涂使用权划分

1. 滩涂海域使用权

本书所谓的滩涂海域使用权并非单纯指滩涂潮下带区域的海域使用权，而是为了更好地区分和归类滩涂使用权而设立的一个概念，它与"海域使用权"具有相通之处，但是与当前法律法规中的海域使用权存在一定的出入。尽管《海域使用管理法》没有对海域使用权进行非常明确的规定，但是其法律内容中有这样的规定："养殖、盐业、交通、旅游等行业规划涉及海域使用。"① 由此可见，《海域使用管理法》将海域内所有的类型的使用权限都纳入海洋使用权的范畴之内。而本书所构建的"滩涂海域使用权"的外延则要小于一般的海域使用权，它是剔除了养殖、捕捞、矿产开发之外的在滩涂潮下带或潮间带的海域使用权。之所以要缩小滩涂海域使用权的外延，主要目的是为了更好地对滩涂使用权进行归类和划分，从而明晰滩涂使用权的内涵。因此，本书将滩涂海域使用权做了如下界定：滩涂海域使用权是指滩涂潮下带或潮间带区域，除渔业、土地、矿产开发之外的，依法在一定期限内有偿使用相关海域的权利。滩涂海域使用权与一般的海域使用权具有两个区别：一是在区域上，滩涂海域使用权局限于滩涂潮下带或潮间带，而一般的海域使用权的区域范围要广大得多；二是在内容，滩涂海域使用权剔除了一般海域使用权中的渔业、土地、矿产等内容，从而使其使用范畴大大缩小。

具体而言，本书所构建的滩涂使用权可以细分为如下的使用权：

滩涂海洋功能区划使用权。是指依法申请在滩涂潮下带或潮间带设立海洋功能区的权利。

滩涂公用事业使用权。是指为了更好地促进公用事业的发展，在滩涂潮下带或潮间带区域设立相关公用事业设施的权利。

滩涂海域交通权。是指依法申请在滩涂潮下带或潮间带进行公路建设（不影响养殖等其他功能，例如在滩涂进行公路高架桥的建设）、水域交通的权利。

---

① 《中华人民共和国海域使用管理法》第十五条。

　　从某种程度上而言，本书所谓的滩涂海域使用权，更多是一个兜底条款式的使用权类型。它是指在潮下带以及潮间带除了滩涂渔业使用权、滩涂矿产使用权之外的所有使用权。

　　2. 滩涂渔业使用权

　　滩涂渔业使用权是当前滩涂使用权的一种重要形式，也经常成为滩涂使用权的代称。当前，有关于此的称谓也多种多样，包括"渔业水域滩涂使用权""滩涂养殖权""滩涂捕捞权"等。不同的称谓使用，反映了使用者的不同侧重。与上述的滩涂海域使用权不同，本书所谓的滩涂渔业使用权，是渔业使用权或渔业权的一个区域子概念。通常而言，渔业使用权包括海域渔业使用权和滩涂渔业使用权，是指利用海域、滩涂进行养殖和捕捞水生动植物的法定权利。本书采纳学界主流对其的界定，将滩涂渔业使用权界定相关组织及个人利用沿海滩涂进行水生动植物资源的养殖或捕捞作业行为的权利。

　　对于渔业使用权的分类，世界各国及地区存在一定的差异。例如我国台湾地区将渔业权划分为专用渔业权、区划渔业权和定置渔业权。专用渔业权指利用相关海域作为渔场，供具有此种权利的渔民经营养殖、采捕作业水产动、植物的权利；区划渔业权指由渔业行政机关设定相应水域，作为固定场所经营养殖动、植物的权利；定置渔业权指在某一特定水域内，利用相关渔具来经营采捕水产动物的权利。我国《渔业法》则主要从"捕捞"和"养殖"两个方面进行界定。本书采用我国在渔业权设置方面的类型划分，将滩涂渔业使用权划分为滩涂养殖使用权和滩涂捕捞使用权。

　　滩涂养殖使用权。是指相关组织及个人依法在滩涂进行水生动植物养殖的权利。滩涂养殖使用权使用的滩涂性质不同，其使用权的获得方式存在差异。我国《渔业法》第十一条规定："单位和个人使用国家规划确定用于养殖业的全民所有的水域、滩涂的，使用者应当向县级以上地方人民政府渔业行政主管部门提出申请，由本级人民政府核发养殖证，许可其使用该水域、滩涂从事养殖生产。核发养殖证的具体办法由国务院规定。集体所有的或者全民所有由农业集体经济组织使用的水域、滩涂，可以由个人或者集体承包，从事养殖生产。"

质言之，滩涂渔业养殖使用权的获得，除了通过许可之外，也可以通过承包的方式获得。

滩涂捕捞使用权。是指相关组织及个人在保护沿海滩涂生态系统和生态环境的前提下，依法在滩涂区域进行水生动植物捕捞的权利。随着我国沿海滩涂渔业资源的枯竭，滩涂捕捞权应该越来越成为政府管控的重要内容。尤其是对一些滩涂珍贵濒危动植物，更应该进行有效的捕捞权控制。

3. 滩涂土地使用权

鉴于滩涂潮间带法律性质的模糊，在现实中滩涂土地使用权与滩涂海域使用权存在交叉以及权利排斥。本书在沿海滩涂法律属性上，坚持"三元论"，即认为应该打破"非土地即海域"的二元划分模式，将其换分为"土地、海域和滩涂"或者"土地、海域和海岸带"三部分，因此本书的滩涂土地使用权是贯穿于潮上带、潮间带以及包括潮下带。所谓滩涂土地使用权，是指相关组织及个人依照法定程序或依约定对沿海滩涂进行土地利用及收益的权利。我国的沿海滩涂大部分属于国有，相关企业或个人获得滩涂土地使用权需要向相关部门申请以及获得许可和审批。少部分沿海滩涂属于集体所有，此类滩涂土地使用权可以通过合同承包的方式获得。滩涂土地使用权可以细分为如下几种使用权：

滩涂耕地使用权。滩涂耕地使用权主要是针对滩涂潮上带或者一部分潮间带的区域，将其改造成适合农业用地或者林业用地的使用权。从这个意义上而言，将其称为"滩涂农林地使用权"也许更为合适。

滩涂工程建设用地使用权。是指相关组织及个人依法申请，在滩涂区域进行工程建设，从而占用滩涂土地的使用权。相对于滩涂耕地使用权，滩涂工程建设用地使用权的地域范围要广大得多，其在潮上带、潮间带以及潮下带等区域都会发生。滩涂工程建设使用权在现实中，包括在滩涂进行工业园区用地规划、港口码头建设工程、入海河口水利工程、潮汐发电工程等。从某种意义而言，海岸工程建设项目都是滩涂工程建设用地使用权的范畴。其对滩涂生态环境和生态系统的破坏更为严重，这需要更为严格的环境保护，防止对滩涂以及海洋环境的污染损害。[1]

滩涂旅游开发用地使用权。是指将沿海滩涂改造成旅游开发区域的用地使用权。随着旅游业的兴起，沿海滩涂等区域也越来越受到旅游者的青睐。相关区域都对沿海滩涂进行改造，使之成为吸引游客的旅游区域。相对于耕地、工程建设用地使用权，合理规范的滩涂旅游开发用地使用权对滩涂的生态环境破坏最小。特别是随着原生态旅游理念的兴起，追求原生态的旅游理念更为滩涂生态的保护提供了便利。

4. 滩涂矿产使用权

滩涂矿产使用权主要是指相关组织及个人依法申请对沿海滩涂区域内的矿产资源进行挖掘和使用的权利。由于沿海滩涂富有自然资源，而且本身就被认为是一种自然资源，因此其矿产使用权体现了人们对滩涂自然资源的采掘和利用。滩涂矿产使用权是一般矿产资源权的子概念，是矿产资源权在沿海滩涂区域的具体化。矿产资源权一般分为探矿权和采矿权，相应而言，滩涂矿产使用权也可以划分为滩涂矿产采矿权和滩涂矿产探矿权。

在现实中，滩涂矿产使用权主要表现为在沿海滩涂区域进行沙土开采，以及进行金、银、铜等贵重金属的采矿和采挖。此外，在沿海滩涂区域范围内的使用、煤矿的开采，也应该属于这一范畴。

二　沿海滩涂使用权划分之下的补偿内容

沿海滩涂使用权是一种许可使用权和有偿使用权，因此，在使用权受到侵害时，需要获得相应的补偿。而且滩涂使用权作为一种复合使用权，其对某类使用权的许可使用，也就意味着对其他使用权的排斥，因而也需要进行补偿设置。笔者将按照我们构建的四类滩涂使用权进行补偿内容的探讨。

---

① 周珂等：《环境法》（第五版），中国人民大学出版社 2016 年版，第 161 页。

（一）滩涂海域使用权的使用补偿

如上所述，本书所谓的滩涂海域使用权是剔除了土地、养殖、矿产等之外的海域使用权，因此，其使用补偿可以参考和采用海域使用权的补偿内容。在海域使用权补偿上，主要是基于提前回收海域使用权而给相关组织和个人造成一定的损失而给予的补偿。在提前收回的理由方面，大体上来说可以分为因违法行为、闲置、国家征收征用的三大类情况。显然，补偿只适应于国家征收征用这种情况。

目前我国的《海域使用管理法》对海域使用权的补偿进行了相关规定，① 但是过于原则，因此在实践中需要进一步明确和细化。在我国沿海各个省市中，基本是根据《海域使用管理法》制定了地方性法律或者政府规章，还有部分省市（如福建、广西和浙江等）专门制定了海域回收补偿办法。② 关于海域使用权收回的办法，各省海域使用管理法律法规的规定也是各有不同。参考我国的相关法律法规以及沿海省市地方法规有关海域使用权补偿的内容，沿海滩涂海域使用权补偿的类型可以分为以下几个方面：

（1）出于公共利益或者国家安全，需要提前收回滩涂海域使用权的，应该当给予相应补偿。我国的《海域使用管理法》《土地管理法》都对这种情况进行了规定。沿海各个省市的海域使用管理法也对此有着相关规定和说明。辽宁省、山东省、广东省、福建省、广西壮族自治区、天津市的地方海域管理法规都做了规定。因此，基于公共利益或者国家安全对滩涂海域使用权进行回收，应该成为补偿的类型之一。

（2）国家进行海域功能区划的调整，而对滩涂海域使用权人造成一定损失的，需要进行相应的补偿。我国的海洋功能区域包含着沿海滩涂，因此进行海洋功能区划的调整，将涉及沿海滩涂海域使用权的

---

① 《海域使用管理法》第三十条规定："因公共利益或者国家安全的需要，原批准用海的人民政府可以依法收回海域使用权依照前款规定在海域使用权期满前提前收回海域使用权的，对海域使用权人应当给予相应的补偿。"

② 寇大鹏：《沿海滩涂利用纠纷法律问题研究》，硕士学位论文，浙江大学，2013年。

变更或者取消，在这种情况下，需要对相关使用权人进行一定的补偿。

（3）因沿海滩涂形态变化而使滩涂海域使用权无法行使的，需要给予相应的补偿。此种情况主要是由于进行人工滩涂围垦，造成滩涂潮下带或者潮间带发生形态变化，变成不适合海域使用的潮上带或者荒地、耕地等造成的。滩涂形态变化之后，意味着滩涂此种使用权的消失，或者变更为另一种使用权（例如变更为滩涂土地使用权），因此需要对相关滩涂海域使用权人进行相应的补偿。

（二）滩涂渔业使用权的使用补偿

相关的研究者已经指出，渔业权不能完全被海域使用权所吸收或成为海域使用权的一种。① 因此，滩涂渔业使用权作为本书所构建的另一种不同于滩涂海域的使用权，其收回或者被侵占也应该获得相应的补偿，而且其补偿内容与滩涂海域使用权补偿也存在一定的差异。例如滩涂海域使用权的补偿，更多的是基于国家或者公共组织出于公共利益，进行国家行为造成相关使用权人权利受损，而进行利益补偿。尽管滩涂渔业使用权补偿也存在这种类型，但不是唯一的。由于滩涂渔业使用权的主体大部分是处于个体以及弱势群体的渔民，因此当由于自然原因造成一定范围的失海失涂时，也需要获得相应的补偿，从而给予他们继续进行渔业生产以及生活的能力。从这个意义上而言，滩涂渔业使用权补偿更为需要和迫切，也需要更为公平和合理的补偿。

沿海滩涂渔业使用权补偿的类型可以分为以下几个方面：

（1）收回海域使用权补偿。此种补偿是国家处于公共利益的目的，收回以前发放的滩涂养殖甚至捕捞的使用权，从而造成相关人员失海失涂，而给予一定补偿。换言之，此种补偿是相关部门排斥了滩涂相关水域的渔业使用权，而完全代之以海域使用权造成的。在此种补偿，不管滩涂渔业使用权人是否已经进行了前提投资，都应该获得

---

① 毛军响：《海洋渔业权的流转与补偿机制研究》，博士学位论文，中国海洋大学，2011 年。

相应的补偿。甚至需要对非直接利益相关人进行补偿。如上所述，收回海域使用权补偿，不仅仅是对滩涂养殖权的排斥，甚至也包括滩涂捕捞权的排斥。当收回海域使用权补偿也剥夺了相关人员的捕捞权时也应该进行相应的补偿。

（2）渔业附着物补偿。渔业附着物是指沿海滩涂渔业使用权人为了进行渔业养殖，而进行前期建设的基础设施。例如渔民座家船、防护林、航标灯和防浪堤，以及养殖生产器材和池式构筑物等。

（3）养殖产品补偿。也可以称为青苗补偿，是对渔业水域滩涂被征收征用前已放养的鱼、虾、贝、蟹、藻及其他生物的苗种，为达到商品规格所造成的损失的补偿。

（4）安置补助。安置补助是指渔业水域滩涂被征用之后，原拥有使用权、经营权者失去了赖以生存的劳动对象，以致生活得不到保障，当地政府或征用单位给予的安置补助。安置补偿的存在，是为了更好地保障失海失涂渔民的权益，从而保证他们后续的生活和生产。

滩涂渔业使用权作为重要的渔业使用权，具备了一般渔业使用权的特性，但是也存在差异。我国一些地方法规对此也有着相关规定，例如规定"滩涂水产养殖使用权可以依法转让、出租；浅海水产养殖使用权可以依法转让，但不得出租"。① 这体现了滩涂渔业使用权的独特之处。因此，其补偿除了具备一般渔业使用权补偿的特点之外，也具有其独特之处。

（三）滩涂土地使用权的使用补偿

由于滩涂潮上带在地形上非常接近土地，因此滩涂土地使用权的补偿，可以参考相关法律对土地征收补偿的规定。我国《宪法》第9条规定："矿藏、水流、森林、山岭、草原、荒地、滩涂等自然资源，都属于国家所有，即全民所有；由法律规定属于集体所有的森林和山岭、草原、荒地、滩涂除外。"因此，沿海滩涂的潮上带部分，其权属分为国家所有和集体所有。对于国有的沿海滩涂土地部分，因为其本身即为国家所有，不存在征收征用的问题，仅仅存在使用权层面的

---

① 《福建省浅海滩涂水产增养殖管理条例》第十五条。

纠纷，主要是国家提前收回使用权的补偿问题。对于集体所有的滩涂土地，法律对其征收征用规定了相应的补偿制度。①

滩涂土地使用权的回收一般包括两种情况：一是基于公共利益的需要，无偿取得划拨土地使用权的土地使用者，因迁移、解散等原因停止使用土地的，国家可以提前收回使用权；二是土地使用人违反相应规定而闲置土地的、未按照约定进行开发和利用的，国家也可以提前收回。② 对于滩涂土地使用权的补偿，则应区分出让、租赁和划拨三种类型进行具体分析，其中对于出让的，应当根据剩余年限土地使用权的价格进行评估，然后进行相应的补偿。结合相关法律对土地使用权补偿的规定，本书认为滩涂土地使用权补偿的内容应该包括以下几种：

（1）滩涂土地补偿。此种补偿是国家基于公共利益，提前收回滩涂土地，或者对相关滩涂土地进行征收征用，从而造成相关人员失去滩涂土地使用权而给予的一定补偿。滩涂土地补偿是对相关人员完全失去滩涂土地使用权的一种补偿，其补偿不仅包括直接费用，也应该涵盖机会成本。

（2）安置补偿。亦可称为安置补助，是指在占用滩涂土地使用权中，影响到滩涂土地使用权人的生产生活，从而对其生产生活安顿进行一定的补助补偿。对于直接在滩涂土地上进行生产和生活的相关人员，给予一定的动迁补助，有助于使用权人的后续生产和生活。

（3）地上附着物补偿。指在征收征用滩涂土地使用权过程中，造成滩涂土地使用权人地上物损失，从而给予一定的补偿。滩涂地上附着物补偿包括地上的各种建筑物、构筑物，如房屋、水井、道路、管线、水渠等的拆迁和恢复费用。尤其是在滩涂潮上带的土地功能改造过程中，使用权人会建设各种基础设施。

（4）青苗补偿。指滩涂土地使用权征收征用过程中，造成使用权

---

① 《物权法》第四十二条规定："征收集体所有的土地，应当依法足额支付土地补偿费、安置补助费、地上附着物和青苗的补偿费等费用，安排被征地农民的社会保障费用，保障被征地农民的生活，维护被征地农民的合法权益。"

② 寇大鹏：《沿海滩涂利用纠纷法律问题研究》，硕士学位论文，浙江大学，2013 年。

人所种植的农作物、经济作物以及红树林等林业作物正处在生长阶段而未能收获，国家应给使用权人一定的经济补偿或其他方式的补偿。

（四）滩涂矿产使用权的使用补偿

矿产资源虽然赋存于土地之中，却不属于土地的组成部分，而是独立的物，专属于国家所有，与其所赋存的土地所有权无关。[①] 因此，滩涂矿产权使用权补偿尽管与滩涂土地使用权补偿存在很大的重叠之处，但是也不尽相同。而且具体到滩涂矿产使用权补偿，并不仅仅局限于潮上带的土地，很多情况涉及潮下带的海域，其补偿涉及现有的土地、海域法律法规。

滩涂矿产使用权的使用补偿，主要是国家出于公共利益、国家安全，或者出于对沿海滩涂保护的需要，对已经批准的滩涂矿产使用权进行征收，给使用权造成一定的损失，从而给予一定的经济补偿。在实际操作中，进行滩涂矿产使用和开采的，大部分都是企业单位，相对于滩涂渔业使用权补偿涉及大量渔民等个体等，其补偿的内容要单一。尽管如此，滩涂矿产使用权的征收，其补偿也应该合理、公正，从而给相关企业一定的损失弥补，不要过多降低其企业经济发展能力。

相比其他三种滩涂使用权，滩涂矿产开采对滩涂生态环境造成的损害更明显，也更直接。随着沿海滩涂保护力度的逐渐加强，滩涂矿产使用权的许可越来越趋于严格，将逐渐限制甚至取消滩涂矿产使用权，从而对滩涂矿产使用权的使用补偿也将随着减弱乃至取消。

第二节　沿海滩涂的生态补偿制度

一　沿海滩涂生态补偿简述

1997 年，Robert Costanza 等人在著名的《自然》杂志上发表了《世界生态系统服务价值和自然资本》（The Value of the World's Ecosystem

---

① 郭丽韫：《矿业用地使用权法律问题研究》，《内蒙古社会科学》（汉文版）2014 年第 3 期。

Services and Natural Capital）一文。该文首次系统地对全球生态系统服务与自然资本的价值进行研究，测算出全球生态系统服务功能的总价值为 16 万亿—54 万亿美元/年，平均为 33 万亿美元/年。[①] 2005 年 3 月 30 日，联合国《千年生态系统评估报告》正式发布，该报告对"生态系统服务功能"也给予了极大的关注，并对其进行了界定，指出生态系统服务功能是指人类从生态系统中所获得的效益，生态系统为人类提供各种效益，主要包括供给功能、调节功能、文化功能以及支持功能。[②] Costanza 和联合国《千年生态系统评估报告》对生态补偿制度的研究起到了划时代的作用。这些研究成果表明生态系统能够对人类福祉产生重要影响。《千年生态系统评估报告》认为生物多样性和生态系统具有内在价值，因此，人类既要考虑自身的利益，也要考虑生态系统的内在价值。

生态系统服务（Ecosystem Services）是指人类直接或间接从生态系统得到的利益，主要指生态系统向经济社会系统输入有用的能量和物质，接受和转化来自经济社会系统的废弃物和向人类社会成员提供各种服务，如提供清洁空气、清洁水等自然资源以及旅游、休闲、娱乐、审美、科学研究等。[③] 十余年来，生态系统服务这一自然科学概念已在全球范围内引起各国学者的广泛关注。国际、国内围绕各种"生态系统服务"功能进行了多种形式的生态系统服务功能的补偿政策与制度创新。

目前，学界对"生态补偿"（Ecological Compensation，EC）一词尚未形成一致的见解。国际上常用的概念是"生态效益付费"（Payment for Ecological Benefit，PEB）或"生态服务付费"（Payments for Environmental Services，PES），在这一概念中"生态效益"或"生态服务"被视为一种产品，而消费这种产品需要支付相应的费用。国内

---

① Costanza, R., et al., *The value of the world s ecosystem services and natural capital*, Nature, Vol. 387, 15 May 1997.

② 联合国：《千年生态系统评估报告》（MA, 2005）

③ 曹明德：《对建立生态补偿法律机制的再思考》，《中国地质大学学报》2010 年第 5 期。

研究更倾向于使用"生态补偿"，并且认为生态补偿更能体现出这一研究内涵和特性。① 西方发达国家（尤其是美国）有关生态补偿研究主要侧重运用计量经济技术方法探索生态补偿资金在时空上的高效配置。早在 19 世纪 70 年代，美国麻省马萨诸塞大学的拉尔森（Larson）提出了第一个帮助政府颁发湿地开发补偿许可证的湿地快速评价模型。② 1993 年荷兰政府把生态补偿原则作为修建公路决策时的考虑因素之一，目的是对已经尽了最大努力来减轻生态破坏影响的地区，如果仍然不能消除这些生态破坏的影响，要通过生态补偿来恢复这些区域的生态功能和自然属性。美国学者 William G. Boggess 提出了评估生态保护程序设计的框架，并在此基础上研究了生态保护资金的区域分配问题。③ 德国学者乔斯特（Johst）以人类土地利用活动影响下产生的时空结构景观中白鹳的保护为例，设计了一套生态经济模拟程序，用于计算物种保护的补偿成本和费用。④ 荷兰学者 Cuperus 等人对生态补偿的内涵进行了探讨，认为生态补偿是对由于发展而削弱的生态功能或质量的替代。⑤ 瑞士学者 Herzog 等人则通过绘制鸟类空间分布图和记录生态补偿区域中的植物种类，研究了生态补偿区域对

---

① 例如刘国涛认为，生态补偿主要是从社会的角度看问题，是一部分获利者对付出者的补偿。生态系统服务，则是从自然的角度看问题，是探究自然对社会提供的生态服务。生态补偿不宜混同于资源使用费（税），甚而不能混同于传统意义上的资源补偿费，与从客体（自然）角度考虑的生态系统服务等概念也要有所区分。具体参见刘国涛《生态补偿概念和性质》，《山东师范大学学报》2010 年第 5 期。

② Larson J S. *Rapid assessment of wetlands. history and application to management*，Old Wodd and NewElsevier，1994，pp. 623 –636.

③ William G Boggess. *the optional allocation of conservation fund*，Journal of Environmental Economics and Management，1999（38），p. 302.

④ Johst K，Drechsler M，Watzold F. *An ecological—economic modeling procedure to design compensation payments for the efficient spatiotemporal allocation of species protection measures*，Ecological Economics，2002（41），pp. 37 –49.

⑤ Cuperus. R.，Canters K. J.，Helias A. U.，et al. *Guidelines for ecological compensation associated with highway*. Biological Conservation，1999（90），pp. 41 –51.

瑞士鸟类多样性和农业景观中植物的影响。①

国内在生态补偿方面的研究，还主要处于概念阐述和框架构建的层面。1991 年出版的《环境科学大辞典》曾将自然生态补偿（Natural Ecological Compensation）定义为"生物有机体、种群、群落或生态系统受到干扰时，所表现出来的缓和干扰、调节自身状态使生存得以维持的能力，或者可以看作生态负荷的还原能力"。② 而在 2008 年出版的修正版《环境科学大辞典》中，将生态补偿机制（mechanism of ecological compensation）定义为："为维护、恢复或改善生态系统服务功能，调整相关利益者的环境利益及其经济利益分配关系，以内化相关活动产生的外部成本为原则的一种具有激励性质的制度。"③ 不仅《环境科学大辞典》前后两个版本存在差异，不同的研究者对生态补偿的界定也不尽相同。毛显强将生态补偿界定为"通过对损害（或保护）资源环境的行为进行收费（或补偿），提高该行为的成本（或收益），从而激励损害（或保护）行为的主体减少（或增加）因其行为带来的外部不经济性（或外部经济性），达到保护资源的目的"。④ 成伟认为：生态补偿是政府主导下合理分配社会—经济—生态复合系统中的各个不同利益主体间合作所带来的收益与成本，以达成生态正义、保护自然资本的政治经济安排。⑤ 曹明德认为"生态补偿是指生态系统服务的受益者向生态系统服务功能的提供者支付费用的机制"。⑥ 孔凡斌认为生态补偿具有多重含义，总体上可以分为：

---

① Herzog F, Dreier S. Hofer G., et al. *Effect of ecological compensation areas on floristic and breeding birddiversity in Swiss agricultural landscape*, Agriculture, Ecosystems and Environment, 2005（108），pp. 189–204.

② 环境科学大辞典编委会：《环境科学大辞典》，中国环境科学出版社 1991 年版，第 326 页。

③ 环境科学大辞典编委会：《环境科学大辞典》（修订版），中国环境科学出版社 2008 年版，第 566 页。

④ 毛显强等：《生态补偿的理论探讨》，《中国人口·资源与环境》2002 年第 4 期。

⑤ 成伟：《生态补偿问题研究》，《河南社会科学》2009 年第 6 期。

⑥ 曹明德：《对建立生态补偿法律机制的再思考》，《中国地质大学学报》2010 年第 5 期。

自然生态补偿、对生态系统的补偿、促进生态保护的经济手段和制度安排等三种理解。其中，生态补偿机制则是指为维护、恢复和改善生态系统的服务功能，调整相关利益攸关方因破坏或保护生态环境活动产生的经济利益及其环境利益分配关系，以内化相关活动产生的外部成本为原则的一种具有经济激励特征的机制。① 概括而言，在 20 世纪 90 年代前期的研究文献中，生态补偿通常是生态环境损害者付出赔偿及补偿的代名词；而 90 年代后期，生态补偿则更多地指对生态环境保护者及其建设者的财政转移补偿机制，例如国家对实施退耕还林等方面的补偿等，同时出现了要求建立区域生态补偿机制的呼声。②

　　基于上述学者的研究，笔者将生态补偿界定为国家或其他社会组织主体对损害环境的行为向资源开发利用主体进行收费或向保护环境的主体提供利益补偿性措施，并将所征收的费用或补偿性措施的惠益通过约定的某种形式转达到因保护环境或资源开发利用而自身利益受到损害的主体，以达到保护生态环境的目的的过程。其中，生态补偿制度是生态补偿现实的核心。所谓生态补偿制度，是以保护生态环境、促进人与自然和谐发展为目的，根据生态保护成本、发展机会成本、生态系统服务价值，运用行政手段和市场手段，调节生态保护利益相关者之间利益关系的公共制度。③ 在生态补偿制度的建立方面，很多国家也取得了许多实践成果。以污染损害补偿为典型特征的是日本的《公害健康损害补偿法》。该法律建立了比较全面的环境外部性损害补偿体制。从财产保障角度较早进行环境补偿实践的是国际海事组织（IMO）的两套早期条约：《1969 年国际油污损害民事责任公约》（1969 Civil Liability Convention，CLC 公约）和《1971 年设立国际油污损害赔偿基金国际公约》（1971 Fund Convention）。这两套国

---

① 孔凡斌：《中国生态补偿机制：理论、实践与政策设计》，中国环境科学出版社 2010 年版，第 21—22 页。

② 杜万平：《完善西部区域生态补偿机制的建议》，《中国人口·资源与环境》2001 年第 3 期。

③ 中国生态补偿机制与政策研究课题组：《中国生态补偿机制与政策研究》，科学出版社 2007 年版，第 2 页。

际条约从油轮泄漏导致污染损害的补偿方面最先提出了海洋环境补偿实践。以环境管理法规方式全面体现环境补偿的典型法律是美国国会1990 年颁布的《综合环境反应、补偿与责任法案》（The Comprehensive Environmental Response Compensation and Liability Act，CERCLA），即所谓的《超级基金法案》（Superfund）。该法律授权环境保护署（The Environmental Protection Agency，EPA）建立一个托管基金（Trust Fund）。基金来源于两方面，一是从国家总税收中提取一部分；二是以环境税形式向化工与石油企业征收。①

　　目前，我国尚没有出台一部专门的生态补偿法律法规，其有关生态补偿的一些规定散见于部分相关的环境及资源保护法律法规及政策文件中。这些法律法规规定了对生态保护与建设的扶持、补偿要求及操作方法。在目前的法律条文中，对补偿主体、补偿范围、补偿方式、补偿对象以及补偿标准都做了一些相应的规定。② 例如，国务院在 2002 年出台的《退耕还林条例》中，对退耕还林的资金和粮食补助等生态补偿方式进行了明确规定；在 2005 年出台的《关于实施〈中华人民共和国民族区域自治法〉若干规定》中规定："国家加快建立生态补偿机制，根据开发者付费、受益者补偿、破坏者赔偿的原则，从国家、区域、产业三个层面，通过财政转移支付、项目支持等措施，对在野生动植物保护和自然保护区建设等生态环境保护方面做出贡献的民族自治地区，给予合理补偿。" 在 2008 年修订的《水污染防治法》中，也以法律形式对水环境生态补偿机制做出了明确的规定。近几年来，国家及各地在流域、矿产资源开发、自然保护区等多领域积极开展了多类型多层次的生态补偿试点。与这种实践工作相呼应，有关生态补偿制度的专门地方性法规也已在很多地方逐步建立，并趋于完善。例如，1998 年 10 月，广东省政府通过并发布了《广东

---

① 孔凡斌：《中国生态补偿机制：理论、实践与政策设计》，中国环境科学出版社2010 年版，第 15 页。

② 黄寰、周玉林、罗子欣：《论生态补偿的法制保障与创新》，《西南民族大学学报》2011 年第 4 期。

省生态公益林建设管理和效益补偿办法》，其中第七条规定："禁止采伐生态公益林。政府对生态公益林经营者的经济损失给予补偿。省财政对省核定的生态公益林按每年每亩 25 元给予补偿，不足部分由市、县政府给予补偿。"自 2008 年 1 月起，江苏省也开始施行《江苏省环境资源区域补偿办法》，在江苏省太湖流域选择跨行政区域的主要入太湖河流开展试点。其中第 10 条规定：如果交界断面水质超标，将依照化学需氧量每吨 1.5 万元、氨氮每吨 10 万元、总磷每吨 10 万元的标准，由上游地区政府按这三种主要污染物超标浓度，支付给下游地区作为环境资源补偿资金。2010 年 11 月，山东省海洋与渔业厅正式颁布实施了《山东省海洋生态损害赔偿费和损失补偿费管理暂行办法》，明确规定凡利用开发海洋的用海者必须缴纳生态损失补偿费。同时，山东省质监局颁布了《山东省海洋生态损害赔偿和损失补偿评估方法》，作为《山东省海洋生态损害赔偿费和损失补偿费管理暂行办法》的配套办法，使海洋生态损害赔偿有法可依。

国内外有关生态补偿的研究与实践，为沿海滩涂生态补偿制度构建奠定了基础。沿海滩涂作为极具生态特性的区域，其构建的生态补偿制度，既具有生态补偿制度的一般属性，也具有自己的独有特性。

二　沿海滩涂生态补偿制度内容

沿海滩涂生态补偿制度的内容，是指沿海滩涂生态补偿制度的构成要素，包括补偿的主体、客体、对象、标准及方式等。要建立和完善沿海滩涂生态补偿制度，需要从补偿主体、客体、对象、标准及方式五个方面进行构建。

（一）沿海滩涂生态补偿的主体

生态补偿的主体，亦称为生态补偿关系的主体，是指依照法律规定有进行生态补偿权利能力或负有生态补偿职责的法人组织及自然人。沿海滩涂生态补偿的主体包括政府、企业、社会组织及自然人。

1. 政府

政府尤其是沿海地方政府，是沿海滩涂生态补偿的重要主体。实际上，政府是生态补偿的主体，已经为一些研究者所认同。① 在沿海滩涂生态补偿主体中，政府更是其最为重要的主体。这是因为沿海滩涂生态环境的破坏，无外乎两种情况：一是获得政府审批而进行的沿海滩涂开发；二是没有获得政府审批而进行的沿海滩涂开发。前一种情况下，政府出于促进地方经济发展的目的而侵害了沿海滩涂的生态环境，负责审批的政府对于这种侵害沿海滩涂生态环境的行为当然要承担相应的补偿责任；后一种情况下，侵害沿海滩涂生态环境的主体可能与政府无关，主要是企业、社会组织或自然人，但是沿海滩涂作为国有资源，政府负有监管的职责。当政府没有起到监管的职责而放任这种侵害行为发生时，也应该承担相应的生态补偿责任。因此，政府应该是沿海滩涂生态补偿的主体，而且是重要主体。也唯有将政府纳入生态补偿的主体行列，方能实现沿海滩涂"入口管理"向"过程管理"的转变。

2. 企业

企业是当今社会最为普遍的经济组织，企业也是沿海滩涂开发的主体。企业在当前的经济体制及发展模式之下，追求自身利润最大化无可非议。但在追求经济利益最大化的过程中，非常容易产生负外部性。其中，生态环境破坏与污染是负外部性最为典型的表现。负外部性使企业获得了经济利益最大化，却将治理的成本甩给了社会，从而增加了社会治理的成本。因此，要减低社会治理环境的成本，需要企业承担相应的成本，或者通过机制迫使企业将外部性内部化。生态补偿制度就是迫使企业将外部性内部化的方式之一。因此，将企业纳入沿海滩涂生态补偿主体，有利于降低整个社会治理沿海滩涂生态环境的成本，或者本身就降低沿海滩涂生态环境破坏的强度。

---

① 在有的研究者那里，将政府表述为国家或国家机关。具体可参见：曹明德《对建立生态补偿法律机制的再思考》，《中国地质大学学报》2010 年第 5 期；贾欣、王淼《海洋生态补偿机制的构建》，《中国渔业经济》2010 年第 1 期；程功舜《海洋生态补偿的法律内涵及制度构》，《吉首大学学报》2011 年第 4 期。

3. 社会组织

社会组织，亦可以称为非营利组织、非政府组织、第三部门等，是指以服务大众或促进公共利益为宗旨、而不以营利为目的，具有志愿性和自治性的正式组织。大部分社会组织以促进社会公共利益为宗旨，因此，环境保护类社会组织已经成为重要的构成部分。社会组织成为生态补偿主体，可以通过多种途径来实现生态补偿。例如在某些市场经济国家，社会组织还可以通过购买绿色电力或其他带有绿色标识的能源、产品，以对那些环境友好型的企业或行业给予生态补偿。①社会组织通过募捐可以获得沿海滩涂生态补偿的资金，通过宣传环保而使沿海滩涂生态补偿获得社会认可。也可以对政府的沿海滩涂生态环境保护提供技术、人力、资金支持。当然，与政府和企业不同，社会组织成为沿海滩涂生态补偿的主体，主要是基于自愿行为，而非强迫。

4. 自然人

沿海滩涂生态补偿主体中的自然人，既可以是直接补偿主体，也可以是间接补偿主体。直接补偿主体，是指生活在沿海滩涂周围的渔民、居民等，由于他们享受了沿海滩涂生态环境保护带来的利益而应该成为补偿主体；间接补偿主体，是指一国内的所有公民。由于所有公民都会因沿海滩涂保护而获益，国家以税收或其他方式向其收取资金。

（二）沿海滩涂生态补偿的客体

生态补偿的客体，亦可称为生态补偿法律关系客体，是指生态补偿法律关系主体的权利和义务所指向的共同对象，又可称为生态补偿的权利客体和义务主体。生态补偿法律关系的客体可以划分为两类：一是物，主要指资源和环境。二是行为，主要指主体所从事的各种保

---

① 曹明德：《对建立生态补偿法律机制的再思考》，《中国地质大学学报》2010年第5期。

护环境及资源的行为。① 因此，沿海滩涂生态补偿的客体包括四个方面：（1）沿海滩涂的面积；（2）沿海滩涂的生物多样性；（3）沿海滩涂的环境，即不被污染的状况；（4）保护沿海滩涂的行为。

（三）沿海滩涂生态补偿的对象

生态补偿的对象，亦可以称为生态补偿的受偿主体，是指因向社会提供生态系统服务或者因其居所、财产位于重要生态功能区致使其生活工作条件或者财产利用、经济发展受到限制，应当得到补偿的法人组织及自然人。沿海滩涂生态补偿的对象包括沿海滩涂保护者、沿海滩涂周边的渔民及居民、政府。

1. 沿海滩涂保护者

生态环境保护需要付出成本，这种成本既包括资金、物力、人力的投入，也包括机会成本。因此，作为沿海滩涂生态环境保护者，理应获得生态补偿。相对于其他的补偿对象，沿海保护者的范畴界定并不明确，因为沿海滩涂的保护可以通过多种途径和方式进行，因而哪些机构或者个人属于沿海滩涂保护者，在现实中还会存在模糊。尽管如此，沿海滩涂保护者还是可以做出大致的界定和判断。笔者认为以下几类机构和个人应该纳入沿海滩涂保护者的范畴内：为沿海滩涂生态保护提供资金及物力、人力者，包括银行②、非营利组织等；为沿海滩涂保护提供技术支撑及指导者，如生态保护科研机构等；为沿海滩涂生态环境恢复付出成本者，这其中既可能包括企业，也可能包括个人；为沿海滩涂保护放弃滩涂开发者，这种付出主要是机会成本的补偿。

---

① 曹明德：《对建立生态补偿法律机制的再思考》，《中国地质大学学报》2010 年第5 期。

② 在美国，为了有效保护湿地，一般各州都设立缓解银行。尽管这些缓解银行不同于一般的商业银行，但是很多是由银行发起的，从而为湿地保护提供资金及各种支持。具体可参见吴卫星、卢娓娓《美国湿地缓解银行制度及对我国的启示》，载徐祥民主编《中国环境法学评论》（2012 年卷），科学出版社 2012 年版，第 92—102 页；张立《美国补偿湿地及湿地补偿银行的机制与现状》，《湿地科学与管理》2008 年第 4 期。

2. 沿海滩涂周边的渔民及居民

沿海滩涂周边的渔民及居民既可能成为补偿主体，也可能成为补偿对象。如果沿海滩涂周边的渔民及居民由于滩涂面积萎缩，生物多样性减低以及滩涂污染，影响到了生活及发展，他们有权获得生态补偿。部分沿海滩涂周边的渔民及居民可能是沿海滩涂保护者，这种情况下，它们可以获得双重生态补偿。

3. 政府

与沿海滩涂周边的渔民及居民一样，政府既可以是沿海滩涂生态环境补偿的主体，也可以是其对象。当政府出于生态环境保护的目的，禁止滩涂开发，或者进行滩涂生态环境恢复时，它有权获得一定的生态补偿。

（四）沿海滩涂生态补偿的标准

生态补偿标准是指补偿时据以参照的条件，主要包括生态补偿客体的生态服务功能价值、环境治理成本以及机会成本等。一般而言，生态补偿标准的确定需要参照生态系统服务的价值、生态环境保护者的直接投入和机会成本、生态受益者的获利、生态破坏的恢复成本等方面进行初步核算。[①] 生态补偿一般进行经济性补偿，采用货币方式进行衡量。生态补偿的标准确立并不容易，主要原因在于补偿客体的生态服务功能价值以及为生态环境保护所付出的机会成本衡量存在困难。而且生态系统提供的服务是动态的，有些生态服务是在域内（on-site）产生并且不会流转，而有些生态服务是在域内产生但却会在域外（off-site）发生作用。[②] 对于沿海滩涂生态环境保护的标准确定而言，其困难同样存在。要实现补偿标准的科学性和可行性需要考虑以下几个方面的因素。

[①] 李文华、刘某承：《关于中国生态补偿机制建设的几点思考》，《资源科学》2010年第5期。

[②] Groot R., Wilson M. A., Boumans R., et al. A typology for the classification description and valuation of ecosystem functions, goods and service. Ecological Economics, 2002, 41 (3): pp. 393 – 408.

1. 沿海滩涂保护的直接投入

这种直接投入既包括资金投入，也包括人力、物力以及技术等方面的投入。

2. 沿海滩涂的生态服务价值功能

在全球生态系统服务价值评价方面，国外已经有了比较成熟的研究。① 我国在森林、生物多样性、湿地等生态系统服务价值评价方面也进行了一些研究，② 为沿海滩涂的生态服务价值功能评价奠定了一定的基础。沿海滩涂生态服务价值功能由于没有"价格"（即没有建立一种市场衡量机制），因而其确立还是非常困难的。目前，国际上比较常用的一种技术手段是由 Davis 提出的 CVM（contingent valuation method）。③ CVM 法通过调查民众的支付意愿 WTP（willingness to pay）来确定生态服务功能价值。美国内政部已经将 CVM 推荐为测量自然资源、环境存在价值和遗产价值的基本方法。④ 当然，一般而言，民众的支付意愿数额低于实际需要的恢复成本，但是可以通过改善调查方法和问卷格式得以逐渐解决。⑤ 因此，沿海滩涂的生态服务价值功能评定，也可以采用 CVM 法。

---

① 具体可参见：Costanza R., d'Arge R., de-Groot R., et al. *The value of the world's eco-system services and natural capital. Ecological Economics*, 1997（25），pp. 3 – 15；Pimentel D., Wilson C., McCullum C., et al. Economic and environmental benefits of biodiversity. Bioscience, 1997（47），pp. 747 – 757；Turner, R. K., Daily, G. C., The ecosystem services framework and natural capital conservation. Environ Resource Econ, 2008（39），pp. 25 – 35。Costanza、Pimentel 率先对全球生态系统服务功能的价值进行评价。Turner 构建了生态系统服务框架（ESF）。

② 乔旭宁：《流域生态补偿研究现状及关键问题剖析》，《地理科学进展》2012 年第 4 期。

③ Davis R. K., *Recreation planning as all economic problem*, Natural Resources Journal, 1963（3），pp. 239 – 249.

④ Mitchell, D. C., Carson, R. T., *Using Surveys to Value Public Goods：The Contingent Valuation Method. Washington DC：Resources for the Future, 1989.

⑤ Loomis, J. B., Walsh, R. G., *Recreation Economic Decisions：Comparing Benefits and Costs. 2nd ed. Pennsylvania：Venture Publishing Inc., 1997.

3. 沿海滩涂保护的机会成本

与沿海滩涂保护的直接投入不同，其机会成本的衡量存在一定困难。但是如果忽视了机会成本的补偿，其补偿将是不完整的，也有失公允。目前国内外的一些生态补偿实际中，存在补偿过低的状况。而其原因之一就是机会成本统一不完全，当地居民或农（渔）民的损失被低估了。① 因此，对沿海滩涂生态环境的机会成本测算，应当首先划分补偿等级，选择破坏风险较大的滩涂区域进行补偿，再综合考虑需求方的支付能力、当地居民及渔民的建设成本、机会成本和受偿意愿，通过博弈最终确定补偿标准。②

（五）沿海滩涂生态补偿的方式

生态补偿方式是指生态补偿得以实现的手段、方法和形式。按照不同的分类标准，生态补偿的方式有不同的划分。③ 确定生态补偿形式主要应考虑以下几个因素：一是补偿权利主体利益的现实性需求；二是沿海滩涂生态环境的整体性要求；三是沿海滩涂经济发展的可持续性要求；四是沿海滩涂环境管理的可行性要求；五是资金来源的可靠性要求。结合这些考虑因素以及借鉴现有的研究成果，笔者将沿海滩涂生态补偿的方式划分为以下几种。

1. 货币补偿

货币补偿，亦可称为经济补偿，是生态补偿最为常用的方式，也是最能体现补偿特性的补偿方式，对于补偿对象而言，也是最为便利

---

① 秦艳红：《国内外生态补偿现状及其完善措施》，《自然资源学报》2007 年第 4 期。

② 在补偿标准的具体计算方面，我国现有的一些研究者已经对此做了尝试性研究。具体参见张思锋、杨潇《煤炭开采区生态补偿标准体系的构建与应用》，《中国软科学》2010 年第 8 期。

③ 不同的研究者对生态补偿方式有着不同的分类。如有的划分为国家补偿、区域补偿和产业补偿；有的划分为自组织的私人交易补偿、开发的市场贸易补偿、生态认证或生态标识补偿、直接的公共财政支出补偿；有的划分为政府补偿和市场补偿；有的划分为经济补偿、智力补偿、政策补偿、市场补偿和自我修复能力补偿。具体参见：曹明德《对建立生态补偿法律机制的再思考》，《中国地质大学学报》2010 年第 5 期；程功舜《海洋生态补偿的法律内涵及制度构建》，《吉首大学学报》2011 年第 4 期；徐永田《我国生态补偿模式及实践综述》，《人民长江》2011 年第 11 期；洪尚群《补偿途径和方式多样化是生态补偿基础和保障》，《环境与科学技术》2001 年第 24 期。

的方式。对于沿海滩涂生态补偿而言，货币补偿的形式可以包括补偿金、复垦费、税费减免或退税、补贴、财政转移支付、开发押金等。

2. 实物补贴

沿海滩涂的生态补贴实物补贴，可以分为两类：一是为补偿对象补偿异地滩涂。这种实物补偿，实质就是滩涂"零净损失"制度的构成内容。二是为补偿对象一定的土地使用权。这种实物补偿，主要出发点是为了补偿受偿对象的经济损失。

3. 智力补偿

智力补偿即向受偿主体提供智力服务，如生产技术咨询，增强受偿者的生产技能或提高其管理水平，为其培养输送各级各类人才等。沿海滩涂的智力补偿主要是指为滩涂恢复提供技术、科研数据以及人才。

4. 政策补偿

政策补偿实质上是上级政府对下级政府权力和机会的补偿。[①] 上级政府给予下级政府，或下级政府给予其管辖范围内的社会成员某些优惠政策，使补偿对象在政策范围内享受优惠待遇。沿海滩涂的政策补偿，体现在中央政府对于保有或者修复沿海滩涂的沿海地方政府，或者沿海地方政府对于沿海滩涂周边居民或渔民给予一些优惠政策，以弥补保有或修复滩涂所付出的代价。这些优惠政策既可以是财政上的，体现在税收优惠或财政补贴，也可以是项目上的，体现在设立国家项目、生态移民、异地开发等。政策补偿的最大优势是可以在宏观上对补偿对象的发展起到一种方向性的引导作用。[②] 沿海滩涂政策补偿方式，体现了国家对沿海滩涂保护的重视，从而对全社会起到一种引导作用。

5. 滩涂自我修复能力补偿

相对于其上述的补偿方式，滩涂自我修复能力补偿是一种直接补

---

① 洪尚群：《补偿途径和方式多样化是生态补偿基础和保障》，《环境与科学技术》2001 年第 24 期。

② 贾欣、王淼：《海洋生态补偿机制的构建》，《中国渔业经济》2010 年第 1 期。

偿，也是最能实现滩涂保护的补偿方式。滩涂自我修复能力补偿可以通过以下形式实现：沿海滩涂的退耕，即将已经变为耕地的滩涂重新变更为滩涂；人工红树林的建设；人工鱼礁设置或珊瑚放养；增值放流以弥补物种多样性不足；清除滩涂污染物。

第九章　沿海滩涂保护的政府责任

第一节　沿海滩涂保护政府环境责任构建的必要性

一　直接利益相关者的缺位召唤政府环境责任

随着人类加速向沿海一线迁移，沿海城市成为人们生活的首选。而且大部分海岸线都成为城市建设的重点。当大片的滩涂被横亘在城市建设的面前时，改造或者侵占滩涂几乎成为再自然不过的选择。地方政府是滩涂改造的直接推手，尤其是在当前 GDP 主导的政绩考核指标体系之下，改造滩涂，围海造田，将获得不菲的政绩。作为沿海地区稀缺的资源之一，土地是争夺的焦点。在城市扩容的过程中，向当地居民或农民所要土地，其"高昂"的动迁成本、避免居民不满的协调成本，都让沿海地方政府为之头痛。而向海洋要地，侵占沿海滩涂，其成本却最为低廉。在寸金寸土的沿海，侵占滩涂，围海造田的成本却低得惊人，造田一平方米只需要二三百元。① 因此，侵占滩涂成为沿海地区最为正常的选择。除了侵占沿海滩涂，其对滩涂的改造也是城市建设的组成部分。很多城市都将滩涂改造作为自己城市建设的名片。日照市沿海一线的奥林匹克水上公园，其前身就是一片滩涂改造之后成为日照市的一张城市名片，市政府也将之作为日照对外

---

① 《揭海岸线蚕食内幕：1 平仅 300 元　疯狂利润成推手》，青岛新闻网，http://www.qingdaonews.com/gb/content/2012－02/21/content_9122415.htm。访问日期：2012 年 2 月 22 日。

展示自己的窗口。

　　除了沿海地方政府有着这种改造滩涂的冲动外，沿海居民也对改造滩涂心向往之。尽管环境问题在工业革命之后才引起人们的注意和重视，但是人类对环境的改造却可以追溯很远。我们对生态环境的改造，从来都是以宜居为宗旨，因此，我们眼中的环境从来都不是"原始的自然"。关于"原始的自然"的模式只是一个幻境，是对童真崇拜的产物。①甚至我们对自然的向往，也是需要加入人类改造的状态。我们对自然的图景描述，更向往有着人类痕迹的自然山水。一副让我们着迷的山水名画，大多显露一些人类的痕迹，一条山间小径，密林中的飞檐一角，这样的自然才是我们向往的自然。我们对自然可能心存向往，尤其是当自然越来越远离我们的时候。但是我们中的大部分人可能并不喜欢生活在"原始的自然"之中，这种对改造的自然环境向往的天性，使沿海滩涂不可避免地受到人们的改造。从自然的特性而言，沿海滩涂并非适合人类居住。它或者淤泥纵横，或者杂草丛生，抑或怪石嶙峋。尤其对于生活在都市的人们而言，改造沿海滩涂几乎成为他们的第一反应。

　　在生态环境保护上，我们一直预设，当地民众会对破坏环境的行为深恶痛绝，与之抗争。而实际上，这种主观臆断的想象并非与事实相符。很多的当地民众对污染主体并不排斥，甚至欢迎。当污染企业能给他们带来经济收益，改善他们的生活时，他们甚至与污染企业成为统一战线。②而破坏沿海滩涂的生态环境，尤其是侵占滩涂面积与破坏生物多样性时（暂且不论其污染），当地的民众对这种生态环境破坏几乎不会产生反感。滩涂被改造成耕地或者城市建设用地，尽管破坏了其生态系统，降低了生物多样性，也减弱了滩涂的生态调控功能，但是对于居住在沿海滩涂周边的民众而言，这种改造甚至会受到他们的欢迎。滩涂湿地所显示出的自然原始性，并不一定比人造花园

---

　　① ［德］约阿希姆·拉德卡：《自然与权力：世界环境史》，王国豫等译，河北大学出版社 2004 年版，第 4 页。

　　② 巩固：《环境法律观检讨》，《法学研究》2011 年第 6 期。

更有吸引力。非常有代表性的天津滨海新区海岸线，2010 年，自然岸线的长度为 68.49 公里，仅占 26.05%，而人工岸线的长度增加到 194.41 公里。按照规划，到 2020 年，自然岸线长度将只剩下 38.64 公里，人工岸线的比例更是增加到 84.93%。① 这种改变不仅是政府的推动，而且也受到大部分沿海居民的欢迎。

在沿海滩涂的居民中，渔民可能是对沿海滩涂最富于感情和利益者。很多沿海渔民从沿海滩涂中猎取鱼类和贝类，从而获得生活来源。沿海滩涂是他们赖以生存的根本。当滩涂生态环境遭受破坏，他们是最大的直接受害者，因而可能会对破坏沿海滩涂生态环境的行为进行反对。但是随着经济的发展，滩涂渔业已经被边缘化，甚至滩涂养殖也受到排挤。大量的滩涂渔民改变身份，放弃了滩涂渔业或养殖，而成为市民。他们对滩涂的感情也逐渐淡化，与滩涂的利益关联也逐渐松散，他们也与市民一样，更喜欢经过人工改造的滩涂，修建上走廊和栏杆，或者填埋改造成滨海公园，抑或建成居住的楼房，成为远眺大海的海景房。换言之，有关沿海滩涂的环境意识还没有形成。环境意识包括环境认识观、环境价值观、环境伦理观、环境法制观和环境保护自觉参与观。② 不但普通民众没有形成沿海滩涂环境意识，即使是沿海滩涂周边的居民也没有清晰的沿海滩涂环境意识。

因此，实际的情况是，几乎没有强烈反对侵占滩涂面积或降低生物多样性的人群，反而有着觊觎滩涂的集团。滩涂的生态价值并没有为滩涂的周边居民所关注。但是如上所述，滩涂的生态价值，体现在使全人类收益。沿海滩涂作为全球重要的气候调整系统和生态维护系统，一旦遭受严重破坏，对全球的环境而言是一种灾难。滩涂被侵占，其引发的环境灾难将是致命的：它将加重部分地区的旱情，降低渔业资源，诱发洪灾，加重赤潮危害。③ 在这种状况下，政府责无旁

---

① 孟庆伟等：《天津滨海新区围海造田的生态环境影响分析》，《海洋环境科学》2012 年第 1 期。

② 崔凤、唐国建：《环境社会学》，北京师范大学出版社 2010 年版，第 99—100 页。

③ 蒋高明：《假如没有了滨海湿地》，《人与生物圈》2011 年第 1 期。

贷地需要承担起保护沿海滩涂生态环境的责任。

沿海滩涂的生态环境是一种典型的公共物品，更精确地说，是一种全球公共物品。按照经济学的界定，公共物品即为消费中不需要竞争的非专有货物。① 它具有"非竞争性"和"非排他性"两个特征，因而在供给中很容易产生"搭便车"现象。而全球公共物品不仅具有一般公共物品所具有的非竞争性和非排他性，还一个独有特征：存量外部性（stock externalities）。所谓存量外部性，是指目前的影响或损害依赖于长期累积起来的资本或污染存量。例如全球变暖问题，温室气体的影响依赖于温室气体在大气中的聚集，而不仅仅依赖于目前的排放量。② 因此，对于全球公共物品而言，"搭便车"现象更为普遍。③ 但全球公共物品的供给一旦错过最佳时期，其灾难将是致命的。由于"存量外部性"的存在，沿海滩涂生态环境破坏对全球生态维护的削弱，将是缓慢和隐形的。而如果放任这种破坏，沿海滩涂完全有可能丧失自己的气候调控与生态维持功能，全人类将蒙受灾难。目前，在全球范围内，还没有一个组织可以实现全球公共物品的有效供给，因此，各个国家的政府需要承担起自己的职责。尽管如上所述，侵占沿海滩涂可以获得经济利益，甚至获得当前部分民众的支持和拥护，但是它所损害的是整个国家、整个世界的利益。沿海滩涂生态环境的这种特性，召唤政府的环境责任。而唯有政府负起自己的环境责任，才有可能实现沿海滩涂生态环境的保护。

二　滩涂法律体系的完善需要政府环境责任

目前，政府已经将权力和职能扩展到了立法领域和司法领域，并不断拓展自己的自由裁量权。美国行政学家沃尔多将这种现象称为

---

① ［美］萨缪尔森：《经济学》，高鸿业译，中国发展出版社1992年版。第194页。

② 赵中伟、王静：《全球公共物品的提供：以国际运输业为例》，《世界经济与政治论坛》2005年第4期。

③ 覃辉银：《国际合作中的集体行动问题》，《深圳大学学报》（人文社会科学版）2010年第1期。

"行政国家"。① 政府不仅获得了大量的行政立法权，而且也成为立法机关法案的主要提案者。而且立法机关在感觉立法不成熟的时候，也授予政府出台大量实验性立法的权力。在我国，政府颁布的行政法规和行政规章要远远多于人大颁布的法律和地方法规。这种状况在实现中的优劣不能一概而论。具体到沿海滩涂，从积极的方面而言，政府出台的行政法规和行政规章填补了法律缺失的空白，使我国的沿海滩涂生态环境有法可依，而且也成为立法机关进一步立法的参考，为提高滩涂立法积累了经验；从消极的方面而言，由于大量行政法规和行政规章的存在，使立法机关感受不到滩涂立法的紧迫性，降低了立法效率，而且大量的行政法规与行政规章的存在，使滩涂立法面临协调的难度。

我国目前沿海滩涂的立法滞后，与上述消极状况不无关系。政府，尤其是沿海地方政府"垄断"了沿海滩涂的主要立法，使得滩涂立法法阶较低，内容单一。我国目前的立法存在的一个典型现象，就是政府部门希望将自己的部门利益纳入立法之中。当管理出现职能交叉和重叠的时候，这种现象就尤为突出。例如在海洋立法中，我国分散的海洋执法体制，使各涉海部门海上执法均需要行业立法支撑，而全国又缺乏统一的海洋立法规划，从而使立法进程和质量受部门和行业利益的影响。② 正如九届全国人大常委会第十一次会议分组审议《海洋环境保护法修订草案》时，严克强委员所说：我们的立法现在有个问题，起草部门将本部门的利益全写进法中，其他相关部门为本部门利益进行争执，综合部门抹稀泥。最后，通过的法律成了"四不像"。鉴于常委委员许多是兼职的，一部法律在开会时才发给委员们，审议时也提不出太多的意见。建议常委会对这个问题进行研究，制定某部法律时，由常委会组成专门的班子（吸收有关专家参加），站在国家利益的高度来研究制定法律，以摆脱目前立法中的部门利益过多

---

① Dwight Waldo, The Administrative State: A Study of the Political Theory of American Public Administration, 2nd ed., New York Holmes& Meier, Publishers, 1984.

② 徐祥民、李冰强：《渤海管理法的体制问题研究》，人民出版社2011年版，第8页。

的弊端。具体到《海洋环境保护法》，"五龙闹海"的现象，不能再发生了。①

而实际上，在沿海滩涂的管理体制中，存在与海洋管理相同的结症。一方面，政府"侵占"了大量的立法权限，另一方面，却又过度关注自己部门的利益，努力扩充自己部门的权力，造成立法的滞后。破解沿海滩涂这一立法困境的出路之一就是明确政府的环境责任。我国目前之所以存在部门争权争利的现象，一个很重要的原因在于没有给权力匹配相应的责任，权大责小的状况使政府部门争夺管理以及立法权限也就不难理解。英国思想史学家阿克顿勋爵曾经有一句名言："绝对的权力导致绝对的腐败"。没有责任匹配的权力是可怕的权力。因此，给政府权力匹配责任是现代政府构建的原则之一。基于政府责任历史演变的视角，我们也会发现，从古代的政府无责，到近代的政府有限责任，发展到今天，政府已经需要为公务人员的错误承担完全责任。责任遵循了一条从无到有、从小到大的演变过程。因此，明确政府责任，是避免政府部门权力争夺的最好方法。具体到沿海滩涂的生态环境保护，需要明确政府的环境责任。环境责任的明确，使沿海滩涂管理机构争夺管理权限面临被追责的风险。换言之，管理权限越大，其所需要承担的责任也就越大。这种状况下，尽管不能完全避免立法过程中部门争权争利的现象，但是它可以有效降低争夺的强度，增加协调的力度，从而促进沿海滩涂法律体系的完善。

三　威权政府的"绿化"需要匹配政府环境责任

政府从来都是法律实施的主体。如果从公共行政学的角度而言，政府诞生的理由和主要任务就是执行法律。尽管从执行法律这一点上而言，政府的性质是一样的，但是政府执行法律的能力却存在很大的差异。在生态环境保护上，戴维·希尔曼等认为民主国家更会制造环境危机，尤其阻碍着危机的解决。戴维·希尔曼指出："一个利他主

---

① 和先琛：《浅析我国现行海洋执法体制问题与改革思路》，《海洋开发与管理》2004年第4期。

义的、有能力的、威权的领导者，如果精通科学和个人技能熟练，可能有能力克服环境危机。……民主社会不会去解决这种问题，也不会鼓励问题的解决。"① 希尔曼之所以下此论断，是因为选举制导致总统受制于为其政治募捐的利益集团，任期制与多党制政策利益短视，无力顾及长远利益，民主的原则鼓励国家内部各利益集团的博弈，而其实质是放纵了真正有实力的压力集团追逐金钱的跨国企业对政治的影响。戴维·希尔曼的论断也许还需要进一步推敲，但是他对西方国家政府受利益集团左右的描述却是值得肯定的。在西方国家，生态环境保护如果没有非常强大的利益相关集团的支持，很难获得政府的政策倾斜。而沿海滩涂的生态环境恰恰缺少强大的利益相关集团的关注。或者说，侵占或破坏沿海滩涂的集团，其力量和对政府的影响力要远远大于保护沿海滩涂的集团。在这种状况下，的确需要构建"威权政府"来实现沿海滩涂生态环境的保护。

中国政府被认为是非常有代表性的威权政府。首先，不同于西方国家的政府受到压力集团的影响，威权政府能够在衡量各利益相关者的利益诉求之后，以人民的根本利益为宗旨进行目标的设定，谋求国家的乃至人类的根本利益和长远利益。其次，政府有足够的能力集中社会的资源和力量完成巨大的社会工程。再次，一党领导下的多党合作制避免了西方自由民主制度中多党制和任期制所导致的政府利益"短视"思维，使政策具有连续性和发展性，同时有利于着眼国家的长远利益进行战略规划。② 而着眼于人类的长远利益和根本利益，并将其放在政策议程的中心和首位，不受其他因素影响而坚定地贯彻实行，正是实现生态环境保护的最重要"国家素质"。戴维·希尔曼甚至预言："现存国家为了应对它们的文明危机，将会抛弃自由民主制

---

① ［澳］戴维·希尔曼、约瑟夫·韦恩·史密斯：《气候变化的挑战与民主的失灵》，武锡申等译，社会科学文献出版社2009年版，第20页。

② 王书明、崔璐：《从工业文明走向生态文明的契机》，《自然辩证法研究》2011年第5期。

的结构。比当前存在的威权结构更为威权的结构将会出现。"①

实际上，诚如戴维·希尔曼所言，西方国家的政治构建并非有利于生态环境的保护，但也不能断定威权政府一定会倾向于保护生态环境。威权政府的确不会轻易向一些大型的经济集团妥协，它会更关注长期利益，但是如果没有为威权政府匹配上政府环境责任的话，威权政府在环境保护与经济发展的选择中，依然没有固定答案。威权政府完全有可能为了经济发展而放弃生态环境的保护，尤其是地方政府。具体到沿海滩涂的生态环境保护上，如果没有环境责任的束缚，威权政府会在充分挖掘滩涂土地价值和资源价值的理念下，放任滩涂生态环境的恶化，沿海地方政府不断侵占沿海滩涂就是一个很好的佐证。因此，认为构建了威权政府就一定能实现沿海滩涂生态环境的保护，是一种太过乐观的"幼稚想法"。而如果威权政府匹配上了政府环境责任的话，威权政府在生态环境保护上的优势，就可以充分体现出来。不受多党轮流执政影响而具有政策的连续性，轻易不向大型经济集团妥协，更关注长期利益，这些优势在政府环境责任的束缚下，可以使威权政府在经济发展与生态保护的选择上，更倾向于选择后者。因此，我们可以作此论断：威权政府的确有着沿海滩涂生态环境保护的优势，但是要将这些优势转化成生态环境保护的现实，还需要匹配政府环境责任。匹配了政府环境责任的威权政府才是一个"绿化"的政府，是一个更倾向于生态环境保护的政府。

第二节　沿海滩涂保护政府环境责任
状况及确立原则

一　我国沿海滩涂保护的政府环境责任状况

总体上而言，我国法律对政府环境责任的规定存在很多不足。政

---

① ［澳］戴维·希尔曼、约瑟夫·韦恩·史密斯：《气候变化的挑战与民主的失灵》，武锡申等译，社会科学文献出版社 2009 年版，第 162 页。

府不履行环境责任以及履行环境责任不到位，已成为制约我国环境保护事业发展的严重障碍。① 国家环境保护总局政策法规司司长杨朝飞在谈及我国环境保护法修改问题时也认为，政府在环境保护方面不作为、干预执法及决策失误是造成环境顽疾久治不愈的主要原因。② 其潜台词就是政府环境责任缺失是环境问题屡禁不止的根源之一。有研究者总结了我国政府环境责任方面存在的不足：（1）尚未明确政府环境责任的指导思想，政府环境责任形式的规定比较零乱，难成体系。（2）强调或重视的主要是政府的第一性质环境责任形式，特别是政府权力的分配即政府各职能部门的权力配置和利益分配，轻视第二性质政府环境责任形式，特别是轻视对政府环境法律责任的追究，即重视政府权力制度、轻视政府问责制度。（3）重视环保部门的环境责任形式，轻视其他政府机关的环境责任形式；重视政府机关环境责任形式，轻视其他国家机关的环境责任形式。③ 这种状况在沿海滩涂的生态环境保护中同样存在。具体而言，法律规定的我国沿海滩涂政府环境责任存在以下问题。

（一）现有法规对沿海滩涂生态环境恶化的政府责任规定不清

我国现有的环境保护法规尽管对政府责任有所规定，但是太过笼统，例如《环境保护法》中只有第16条和第45条涉及政府责任。第16条规定："地方各级人民政府，应当对本辖区的环境质量负责，采取措施改善环境质量。"这一规定只是原则性的，地方政府应该对何种程度的环境恶化状况负责，没有明确的规定。这一原则性规定的结果就是在实践中，只有发生重大的环境污染事件时，才会追究政府及其领导人的责任。第45条规定："环境保护监督管理人员滥用职权、玩忽职守、徇私舞弊的、由其所在单位或者上级主管机关给予行政处分；构成犯罪的，依法追究刑事责任。"尽管第45条的规定较之第

---

① 李妍辉：《从"管理"到"治理"：政府环境责任的新趋势》，《社会科学家》2011年第10期。

② 杨朝飞：《〈环境保护法〉修改思路》，《环境保护》2007年第2期。

③ 徐安住、佘芮：《政府环境责任形式研究》，《唯实》2011年第10期。

16 条详细一些，但是其责任追究主要还是针对程序性的，即政府及其公务员违反执法程序和规定，将承担责任。但如上所述，深谙执法之道的公务员，很容易通过"遵循程序"来逃避自己的责任。这可以解释实现中为何很多管理部门都履行了合法的程序，而环境依然继续恶化。

　　具体到沿海滩涂的生态环境保护，法规对政府责任的规定并没有突破《环境保护法》的原则性框架，其法条也只是原则性的和程序性的。例如《浙江省滩涂围垦管理条例》第 32 条规定："滩涂围垦管理人员违反本条例规定，玩忽职守、徇私舞弊，不构成犯罪的，给予行政处分；构成犯罪的，由司法机关依法追究刑事责任。"《江苏省滩涂开发利用管理办法》第 28 条规定："滩涂行政管理人员违反本办法规定，玩忽职守、滥用职权、徇私舞弊尚未构成犯罪的，由其所在单位或者上级机关依法给予行政处分；构成犯罪的，由司法机关依法追究刑事责任。"对于一部执行性的法规和规章而言，对政府责任的规定应该较之全国性法律更为详尽和具体，但遗憾的是，在当前沿海地方政府出台的有关滩涂管理的法规或规章中，没有对此进一步地深入拓展。对政府责任规定的"单薄"，使沿海滩涂生态环境恶化的政府责任含糊不清，难以起到有效追究政府环境责任的效果。

　　（二）侧重滩涂污染的政府责任，忽视滩涂侵占与生态恶化的政府责任

　　这种太过原则和程序性的政府责任规定，尽管可以锁定滩涂重大污染事件的责任追究，但是显然难以应对滩涂生态的隐形恶化。沿海滩涂生态环境恶化表现在三个方面：滩涂面积被人为侵占；滩涂的生物多样性减低，生态系统遭受破坏；滩涂环境受到污染。在这三类生态环境恶化状况中，滩涂环境污染是政府环境责任最为突出的领域。甚至可以说政府环境责任就是为防止滩涂环境污染而设。但是由于滩涂环境污染成因复杂，过于笼统和原则性的政府责任规定也使责任认定非常困难。政府很少对滩涂面积的减损承担环境责任。如果说政府还需要对滩涂面积的人工侵占承担一定责任的话，也只是承担履行合法程序的责任。由于沿海滩涂的面积保护还没有上升到与耕地面积保

护相提并论的高度，这使滩涂面积减损的政府责任追究很少有人关注。而滩涂生物多样性降低更是典型的"隐形"生态环境恶化，这种"隐形"生态环境恶化主要表现在两个方面：一是生态破坏需要很长时间才能显现，而时间的延长使环境破坏的因果认定更加困难；二是很少有人关注滩涂的生物多样性降低。政府在滩涂修复或者海岸工程过程中，造成的滩涂生态破坏，甚至会受到当地居民的欢迎，更没有人去追究政府在此方面的环境责任。

（三）法规规定滩涂生态环境恶化的主要责任体是企事业单位，而非政府

实际上，这种状况不仅仅体现在沿海滩涂的环境责任追究上，环境保护法总体上存在重政府环境权力、轻政府环境责任，重政府环境主导、轻公众环境参与，重对行政相对人的法律责任追究、轻对政府的问责的不足。[①]《环境保护法》第四章"防治环境污染和其他公害"对企业和事业单位的环保义务做了详尽的规定，基本上是对企业和事业单位的责任规定。仅第 32 条对环境受到严重污染威胁居民生命财产安全时规定了相应的政府积极作为义务。第五章"法律责任"也是详细规定了企业事业单位违反《环境保护法》规定的义务的行政责任、民事责任和刑事责任，仅在最后第 45 条一个条文概括地对执行公务人员的渎职行为规定了行政处分和刑事处罚。

沿海地方政府出台的滩涂管理条例和办法中同样秉承了这种责任认同方式，将企业和事业单位作为滩涂生态环境恶化的主要责任体，而政府的责任主要体现在明显违法行为上的责任追究。这种责任认定方式，其实质就是将政府保护沿海滩涂的环境责任转嫁给企业、事业单位等其他社会组织。政府保护沿海滩涂的环境责任形同虚设。

二　沿海滩涂保护的政府环境责任确立原则

我们已经明确了政府环境责任在沿海滩涂生态环境法律保护中的重

---

① 钱水苗：《政府环境责任与〈环境保护法〉的修改》，《中国地质大学学报》（社会科学版）2008 年第 2 期。

要性，以及我国目前政府环境责任存在的问题，那么应该以何种原则来确立政府环境责任呢？笔者认为，沿海滩涂生态环境保护中的政府环境责任确立，应该遵循以下两条原则：一是改变政府的权力本位属性，确立政府的责任本位属性；二是政府在沿海滩涂生态环境恶化上应该承担最终责任。第一条原则是第二条原则的基础，而第二条原则是第一条原则的实现途径，两条原则的确立密不可分。下面，笔者分别论述之。

从目前状况来看，我国法律对政府环境责任的规定几乎还是一片空白，只有《环境保护法》第 45 条对执行公务人员的渎职行为规定了行政处分和刑事处罚，但是由于没有其他关于政府环境治理的法律责任条款予以辅助和呼应，第 45 条并不能有效地对政府不履行相关环境治理义务行为追究法律责任，从而导致其他章规定的政府环境权力成为没有限制的权力，使权力的滥用成为一种必然。可以说，对政府环境责任的规制和调整失效是环境法律失灵的一个重要方面环境。①实际上，即使法律对政府及其公务员规定了环境责任，还是不一定能促使政府将生态环境保护放在首位。我们在强调"权责一致"的时候，在强调政府权力的授予必须伴随责任的规定的时候，还是遵循了先有权力后有责任的逻辑思路。陈国权认为，我们需要打破这一思路窠臼，强调责任是政府的基础，权力是政府履行责任的工具，是先有政府责任然后才有政府权力。建立在这一逻辑之上的政府遵循的是一种责任本位，现代政府应该从权力本位转变为责任本位。② 笔者认同陈国权的这一观点。在生态环境保护中，尤其在沿海滩涂的生态环境保护中，确立政府的环境责任尤为重要。尽管在授予职权时，管理沿海滩涂的各级政府和职能部门也匹配了相应的责任，但是目前的责任已经不足以约束权力的放纵行使。如上所述，沿海滩涂生态环境破坏的不良后果（主要是面积侵占和生物多样性减低）显现是如此滞后，

---

① 易波、张莉莉：《论地方环境治理的政府失灵及其矫正：环境公平的视角》，《法学杂志》2011 年第 9 期。

② 陈国权：《责任政府：从权力本位到责任本位》，浙江人民出版社 2009 年版，第 140 页。

管理主体在行使权力时，其所承担的责任很难及时对应。

既然政府确立责任本位如此重要，那么，如何实现政府的责任本位呢？笔者认为环境责任本位的政府应该是对生态环境恶化承担最终责任的政府。当然，现实中的生态环境破坏并不是政府行为造成的，企业、个人等才是生态环境恶化的直接行为者。但是政府具有监管社会其他主体不得破坏环境的职责。如果没有给予政府承担完全责任的义务，政府的环境责任就形同虚设，将衍生以下几个方面的问题：

（1）政府可以通过惩罚污染企业等行为主体来逃避自己的监管职责。

（2）政府及其权力运作者也可以通过遵循程序远离责任。程序既可以作为指导政府及公务员的行动清单和行为标准，确保其安全的行为底线，还可以作为其避免责任追究、抵制外部压力和要求的"防火墙"。① 因为"对程序的依赖（也）是公务员逃避责任的一种方法。当发生什么错误的时候，他们至少可以主张是严格按照既定程序进行的"。② 因此，沿海滩涂的管理机关和公务员可以很容易逃避沿海滩涂生态环境恶化的责任。这就是我们在现实中所看到的事实：政府也行使了正常的监管程序和职责，但是沿海滩涂的生态环境还是不断恶化。企业通过缴纳罚金来摆脱自己的环境责任，政府则通过履行程序来逃避自己的环境责任。最终，形成了没有人对环境破坏负责的局面。

（3）环境保护中最重要的"预防"原则将无法落实。已故的国际环境法专家亚历山大·基斯曾经说，预防性原则可以解释为防止环境恶化原则的最高形式。③ 徐祥民教授也据此做出论断，政府的环境预防责任将是政府环境责任新的责任模式。④ 笔者赞同这一论断，只是预防责任的落实非常不易。因为环境行为与后果因果联系的不确定，使预防责任的承担者有借口予以推诿。要实现环境预防责任，赋

---

① 韩志明：《街头官僚的行动逻辑与责任控制》，《公共管理学报》2008 年第 1 期。

② ［日］青木昌彦：《市场的作用　国家的作用》，林家彬等译，中国发展出版社 2002 年版，第 42 页。

③ ［法］亚历山大·基斯：《国际环境法》，法律出版社 2000 年版，第 94 页。

④ 徐祥民、孟庆垒：《政府环境责任简论》，《学习论坛》2007 年第 12 期。

予政府完全责任是最重要的举措。

因此，要实现政府的责任本位，要使政府真正承担起沿海滩涂生态环境保护的职责，关键就是政府需要对沿海滩涂生态环境破坏承担最终责任。沿海滩涂的主管机构，需要对沿海滩涂的面积侵占、生物多样性降低以及污染承担最终责任。即使主管机关行使了必要的措施，履行了合法的程序，甚至进行了一定的预防措施，但是如果发生沿海滩涂生态环境恶化的状况，主管机构依然需要为环境的恶化承担责任。

第三节　沿海滩涂保护的政府环境责任内容

政府环境责任，亦称为政府生态责任，是指在生态文明时代，在责任政府的现代化背景中，政府在生态建设、环境保护以及社会可持续发展方面应承担的义务和职责。① 有关政府环境责任内容的分类，学界已经有不少在此方面的研究。李俊斌和刘恒科将政府环境责任划分为道义责任、法律义务、法律责任三个层面。② 而徐安住则从形式体系的角度，将政府环境责任划分为规划决策类、实施执行类、保障措施类、监督机制类和责任追究类五类。③ 许继芳则将政府环境责任划分为政府环境政治责任、政府环境行政责任、政府环境法律责任和政府环境道德责任。④ 本书认为它们的划分对于深入认识政府环境责任非常有帮助，但是其内容划分还需斟酌。例如李俊斌和刘恒科所划分的"法律义务"与"法律责任"的区别度不高，而徐安住的划分则局限于形式，没有关注其内容。许继芳的内容划分最为规范，本书予以借鉴。但是在环境法学界，对于环境行政责任与环境行政法律责任没有一个明确的界限。正是基于这样的现实，笔者将沿海滩涂法律

① 高卫星：《论构建和谐社会中的政府责任》，《河南师范大学学报》（哲学社会科学版）2006 年第 3 期。
② 李俊斌、刘恒科：《地方政府环境责任论纲》，《社会科学研究》2011 年第 2 期。
③ 徐安住、佘芮：《政府环境责任形式研究》，《唯实》2011 年第 10 期。
④ 许继芳：《建设环境优化型社会中的政府环境责任研究》，博士学位论文，苏州大学，2010 年。

保护中的政府环境责任划分为政府环境政治责任、政府环境法律责任和政府环境道德责任。下面分别予以阐述。

一　沿海滩涂保护的政府环境政治责任

政府环境政治责任是政府政治责任的内容之一，是政治责任在生态环境领域中的体现。我国政治学家张明贤将政治责任界定为政治官员制定符合民意的公共政策或推动符合民意的公共政策执行的职责，以及没有履行好相关职责时受的谴责和制裁。并将前者界定为积极意义的政治责任，将后者界定为消极意义的政治责任。[1] 张明贤对政治责任的界定及其分类非常具有代表性。这种界定和分类甚至可以从《布莱克法律辞典》对责任政府的界定中得到印证。《布莱克法律辞典》从公法的视角认为责任政府是一种对权力做出制度安排，即"这个术语通常用来指这样的政府体制，在这种政府体制里，政府必须对其公共政策和国家行为负责，当议会对其投不信任票或他们提出的重要政策遭到失败，表明其大政方针不能令人满意时，他们必须辞职"。[2] 但是张明贤对政治责任的界定存在一个显著的缺陷，就是消极意义的政治责任很容易与法律责任相混淆。换言之，政府承担的消极政治责任一般是通过法律责任（包括行政责任、民事责任、刑事责任）来体现的。基于这种状况，本书将沿海滩涂的环境政治责任集中在第一个方面，也就是积极意义的政治责任，主要体现在政府需要出台沿海滩涂生态环境保护的法律法规。而对于张明贤所谓的消极政治责任，本书则将之划分为两个方面：政府需要承担的制裁，是政府环境法律责任；政府需要承担的谴责，是政府环境道德责任。

从某种程度上而言，沿海滩涂生态环境保护缺乏相应的行动者和直接利益相关者。周边居民应该是沿海滩涂最为主要和重要的直接利

---

[1]　参见：张贤明《论政治责任》，吉林大学出版社 2000 年版，第 4—25 页；《政治责任与法律责任的比较分析》，《政治学研究》2000 年第 1 期；《论政治责任的相对性》，《政治学研究》2001 年第 4 期。

[2]　邓正来：《布莱克法律辞典》，中国法制出版社 1988 年版，第 1180 页。

益相关者。如前所述，生活在沿海滩涂周边的居民随着职业的转变，对其沿海滩涂生态环境保护的意识和热情逐渐下降。能够激发沿海滩涂周边居民进行生态环境保护动力的因素，最为明显的就是滩涂污染。但是单纯的滩涂污染防治并不是沿海滩涂生态环境保护的全部，甚至不是主要的内容。滩涂的面积侵占以及生物多样性的降低，是更为隐性和影响更为深远的生态环境恶化。但恰恰是滩涂面积侵占和生物多样性降低缺乏相应的直接利益相关者。滩涂面积被侵占，其用途无外乎改为耕地、工业用地、城市建设用地以及改建为城市花园。①这种侵占不但不会受到周围居民的反对，反而受到他们的欢迎。而滩涂的生物多样性降低同样为周边居民所忽视，只有部分人士对滩涂湿地日益减少的鸟类、贝类等表示出担忧。但是相对于改造成城市花园而言，更多的周边居民默认了这种代价，或者认为付出这样的生态代价是值得的。②

　　但是沿海滩涂的生态环境价值并不仅仅局限在有利于周边居民上。它对全球气候的调适作用，以及保全的生物多样性，都具有全球价值，有利于全人类的福祉。因此，可以将沿海滩涂生态环境归为全球公共物品。③1999 年，Kaul、Grunberg 和 Stern 曾对全球公共物品提

---

　　①　例如日照市的奥林匹克水上公园就是由沿海滩涂改建而成，现在已经成为日照市对外宣传的窗口，也是日照市民非常喜欢的一个休闲、娱乐和观光的去处。

　　②　这种状况，在笔者调研的城市沿海滩涂非常明显。相对于高涨的房价以及改善的娱乐环境，沿海滩涂的原居民更喜欢改造后的沿海滩涂。尽管有一些居民对消失的成群鸟类、贝类心存怀念，但是他们还是默认了这种经济发展的环境代价。

　　③　公共物品（public goods）是经济学上的一个概念。保罗·萨缪尔森是公共物品概念的最早提出者，其在代表性著作《经济学》中对公共物品下了一个非常经典的定义：公共物品即为消费中不需要竞争的非专有货物。萨缪尔森用"竞争性"（rivalry，又译"对抗性"）和"排他性"（excludability）两个标准的来划分公共物品与私人物品。所谓"竞争性"，是指一个单位的某种物品，它只能被一个个体来享用或消费，当出现两个或两个以上的个体要求共同享用或消费这类物品的时候，有关这种物品的使用和消费就会发生零和的竞争和对抗状态。"排他性"则指一种物品只能被特定的个人或一个有限的团体来消费，对物品的使用和消费一旦发生拥挤（congestion），就会出现排他性。私人物品具有竞争性和排他性，而公共物品则具有非竞争性和非排他性。而全球公共物品则是公共物品中最具非排他性与非竞争性的公共物品。

出一个定义。他们认为，全球公共物品是提供给全球公共而不是给予个人的公共物品。全球公共物品受益范围广泛。覆盖众多的地区、集团，既包括发达国家，又包括发展中国家；施惠于按贫富程度、知识、种族、性别、宗教和政治派别等条件分类的幅度宽泛的全球人群；既满足当前一代人的需要，又考虑到后代人的需要。① William D. Nordhaus 还对全球公共物品的特征进行了概括。指出全球公共物品不仅具有一般公共物品所具有的非竞争性和非排他性，还一个独有特征：存量外部性（stock externalities）。所谓存量外部性，是指目前的影响或损害依赖于长期累积起来的资本或污染存量。例如全球变暖问题，温室气体的影响依赖于温室气体在大气中的聚集，而不仅仅依赖于目前的排放量。② 联合国《执行联合国千年宣言的行进图》报告指出，在全球公共领域，需要集中供给 10 类公共物品：基本人权、对国家主权的尊重、全球公共卫生、全球安全、全球和平、跨越国界的通信与运输体系、协调跨国界的制度基础设施、知识的集中管理、全球公地的集中管理、多边谈判国际论坛的有效性。③ 可以说，全球公共物品的供给有利于全球的稳定和发展，有利于全人类的福祉。

　　沿海滩涂的生态环境同样是全球公共物品的典型代表。沿海滩涂的全球气候调节作用，是"全球安全"的组成部分；其生物多样性的保有则是"全球公共卫生"的生物基因保障。但是与大部分的全球公共物品具有相同的命运：沿海滩涂的生态环境同样存在供给不足。沿海滩涂的生态环境保护需要所在地区和国家付出一定的延迟开发代价，尤其是当沿海滩涂所在区域成为当地重要的经济发展及时，这种生态保护与经济发展的矛盾就更为突出。很多地区和国家出于经

　　① Kaul, Grunberg and Stern. *Defining Global Public Goods.* In：Kaul, Grunberg and Stern (eds.) · *Global Public Goods* · Oxford（U. K.）：Oxford University Press. 1999. pp. 10 – 12

　　② 赵中伟、王静：《全球公共物品的提供：以国际运输业为例》，《世界经济与政治论坛》2005 年第 4 期。

　　③ United Nations. Road Map Towards the Implementation of the United Nations Millennium Declaration：Report of the Secretary-General. 2001 – 09 – 06. A/56/326. http：//www. un. org/documents/ga/docs/56/a56326. pdf

济发展的考虑，而将滩涂改造成耕地或城市建设用地，使滩涂丧失了调节全球气候和保有生物基因的全球公共物品属性。很多国家希望其他的国家或地区能够保有滩涂的这种全球公共物品属性，而自己将更多的精力和关注度集中在滩涂污染防治上。这种"搭便车"的心态和行为特性使沿海滩涂的人工侵占现象非常明显。

在国际上，国家是最为主要的行为体。因此，也是全球公共物品供给的主要提供者。确立政府的沿海滩涂生态环境保护责任，有利于在国际上树立一国负责任大国的形象。而且更为重要的是，政府积极地保护沿海滩涂生态环境，可以保持一国的长远福祉，有利于其后代子孙的利益。从这个意义上而言，确立政府沿海滩涂生态环境保护的积极政治责任，不仅可以促进一国进行全球公共物品的供给，而且有利于一国的长远利益。要保障地区甚至一国为了短期经济利益而损害沿海滩涂的生态环境，确立政府的积极政治责任是非常必要的举措之一。基于确立政府沿海滩涂生态环境保护的积极政治责任的必要性，笔者认为应该从以下几个方面确立其积极环境政治责任：

（1）中共中央出台沿海滩涂生态环境保护的国家纲要和规划。作为中国的执政党，中国共产党通过政治领导、组织领导和思想领导实现对国家的领导和指引。中共中央作为党的核心，其出台的国家发展纲要和规划，对政府有着重要的指导和规范作用。因此，中共中央出台沿海滩涂生态环境保护的国家纲要和规划，是实现政府积极环境政治责任的重要内容。其纲要和规划可以包括以下内容：沿海滩涂生态环境保护的地位；沿海开发与滩涂生态保护的平衡原则；政府在沿海滩涂生态环境保护中的责任确立。

（2）全国人大出台沿海滩涂生态环境保护的法律。全国人大作为我国最高的权力机关和立法机关，拥有监督政府以及追究政府责任的职权。按照马克思设计的"议行合一"的政治体制，行政机关（即为狭义的政府）和司法机关所行使的权力都来自立法机关的授予，要对立法机关负责。从公共行政学的角度而言，政府所行使的职能就是执行立法机关出台的法律，"政治是国家意志的表达，行政是国家意志的执行"是早期行政学家古德诺的经典论述。① 因此，全国人大出台沿海滩涂生态环境保护的有关法律，是确立政府积极环境政治责任的重要内容，也是沿海滩涂消极政府环境政治责任的基础。

（3）政府本身出台沿海滩涂生态环境保护的政策或法规。在中共中央所确立的纲要、规划以及全国人大出台的法律框架内，中央政府以及沿海地方政府都可以出台有关沿海滩涂生态环境保护的政策及法规，从而进一步细化沿海滩涂生态环境保护的实施途径和方法。

（4）政府需要进行沿海滩涂生态环境保护的教育和宣传。海滩涂生态环境保护之所以缺乏相应的利益相关者诉求，一个重要的原因在于民众没有意识到沿海滩涂生态环境保护的价值所在，他们只是关注于沿海滩涂表面的不易居性，而忽视了沿海滩涂对人类赖以生存的基础环境的保护价值。因此，政府负有进行沿海滩涂生态环境保护宣传和教育的责任，从而在滩涂开发与生态保护中，能够实现利益和力量的平衡。

二　沿海滩涂保护的政府环境法律责任

很多环境法学学者已经对环境法律责任做出了界定。例如我国环境法专家周珂先生将环境法律责任界定为"指造成或可能造成环境污染和破坏的当事人依法所应承担的法律后果"。② 金瑞林先生没有给出直接的界定，而是从责任设立的意义、特点等方面加以阐释："环境法律责任制度是一种综合法律责任制度。除环境法本身对法律责任做出规定外，还涉及其他相关部门法，如民法、刑法、行政法，等等。因此，国家整个法律责任制度适用的原则、条件、形式、程序，一般地说，也适用于环境法。但环境法又有许多区别于一般法律责任制度的特殊规定。这些特殊规范，既体现在环境法中，也体现于其他部门法中。"③ 周训芳则回避了对环境法律责任的界定，直接将之分成环境行政责任、环境

---

① ［美］沙夫里茨、海德：《公共行政经典》（第 4 版），中国人民大学出版社 2003 年版。

② 周珂：《环境法》，中国人民大学出版社 2000 年版，第 53—54 页。

③ 金瑞林：《环境法学》，北京大学出版社 1999 年版，第 137 页。

民事责任和环境刑事责任这三种责任方式加以讨论。①

　　这些研究为深入探讨政府环境法律责任奠定了基础。钭晓东指出，环境法律责任必须突破"禁锢于'复仇与报应'、局限于'事后追责'、拘泥于'损害赔偿'"的传统思维惯性，否则必将面临效力不彰的境地。② 环境法律责任新的原则确认，将政府推到了责任的最前沿。有的研究者在环境法律责任研究的基础上，对政府环境法律责任进行了界定。例如缪仲妮将政府环境法律责任界定为政府在环境保护领域的责任，即国家行政机关（政府）及其执行公务的人员根据环境保护需要和政府的职能定位所确定的分内应做的事，以及没有做或没有做好分内应做的事所承担的不利后果。③ 具体而言，沿海滩涂保护的政府环境法律责任可以分为政府环境民事责任、政府环境行政责任和政府环境刑事。下面分别阐述之。

　　（一）沿海滩涂保护的政府环境民事法律责任

　　很多研究者都将环境民事法律责任局限在民事侵权责任方面。例如罗丽将之界定为因产业活动或其他人为的活动，致使污染环境和其他破坏环境的行为发生，行为人对因此而造成他人生命、身体健康、财产乃至环境权益等损害所应当承担的民事责任。④ 这种局限于侵权的思路并不利于生态环境的真正保护。徐祥民先生指出，环境法的逻辑起点是环境损害，而环境损害是对人类赖以生存、繁衍的自然环境的损害。⑤ 因此，沿海滩涂保护的政府民事法律责任重点并非对相关人的权利的保护（充其量只能是政府民事法律责任的一部分），而是对沿海滩涂生态环境本身的保护。沿海滩涂保护的政府环境民事法律责任包括两个方面的内容。

　　1. 沿海滩涂生态环境的复原

　　沿海滩涂的生态环境复原是环境复原的有机组成部分。柯泽东教授

---

① 周训芳：《环境法学》，中国林业出版社 2000 年版，第 71 页。
② 钭晓东：《论环境法律责任机制的重整》，《法学评论》2012 年第 1 期。
③ 缪仲妮：《关于政府环境保护的法律责任》，《山东社会科学》2009 年第 11 期。
④ 罗丽：《环境侵权民事责任概念定位》，《政治与法律》2009 年第 12 期。
⑤ 徐祥民、刘卫先：《环境损害：环境法学的逻辑起点》，《现代法学》2010 年第 4 期。

在其《环境法论》中专门就侵权行为人的环境恢复与再生责任作了论述。他将其称为"实物补偿"责任——"实物补偿公害损坏之理论为公害之付税并非唯一能满足环境牺牲方法，应更为高层次之赔偿制度，而要求以实物补偿，对环境损害之复原与复建。可能有人会认为以付税方式等于给予污染者免责，令其恢复环境实物赔偿始属真正之赔偿管理制度。在外国实务上此一制度之运用甚为普遍，通常欲在已拥挤之城市增建，乃限于恢复旧市区景观；砍伐森林之同时，以种植新树木及维护森林资源作为补偿；破坏某空间时，以改善或复建某空间以为平衡补偿。因此付费原则，已非单纯之付税原则，而为依公害所造成社会成本之集体环境损失之此重，以同额之金钱赔偿，或同额之实物补偿。这是一种社会成本角度计算公害损失的方式。"① 很多时候，环境损害的复原与复建比金钱赔偿更能表达责任的深层含义。

在现实中，环境恢复与再生责任问题除了要求扩展侵权人的责任范围外，也带来了国家责任的启动，受到了许多国家和地方政府的关注。2001 年 1 月，日本专门召开了"21 世纪环境恢复与再生世纪国际研讨会"，来自 10 多个国家和地区的代表对环境恢复与再生的一系列问题进行了交流和探讨，并参观了日本神通川和水俣两大公害发生地的环境恢复与污染受害者的治疗和康复情况。波兰华沙和德国的一些城市正重建被战争破坏的老城，以恢复原有的城市风貌；德国和意大利正把以前的一些军事基地和军港改建为生态社区；美国的波士顿实施了一个 20 年的规划，把以前所建的地上立交桥全部拆除而改为地下交通；日本花费 265 亿日元将神通川流域被镉污染的 791 公顷土地上的污染土壤全部清除，回填新土，改造为正常的耕地；日本在水俣病发生地建立了专门治疗水俣病的医院，对受害者进行治疗和康复，并对污染受害者给予巨额赔偿，同时花巨资对水俣湾的含汞污泥采取安全填埋的方法进行治理。这种变化促进了有关环境恢复与再生的政策与法律的制定和实施。德国制定专门的《矿山还原法》，要求

---

① 柯泽东：《环境法论》，国立台湾大学法律学系法学丛书编辑委员会 1988 年版，第 159 页。

凡是被破坏的土地（包括农田和草地等）必须还原再造，以恢复原来的自然景观。美国制定了《资源保护和恢复法》《露天采矿控制和复垦法》和《超级基金法》等，对环境的恢复和再生做出了许多具体的规定。日本制定了《农业用地土壤污染防治法》，要求都、道、府、县知事制定农业用地土壤污染对策计划，在计划中应包括通过"客土"方式恢复被污染的农业用地土壤的内容。为此，一些环保组织及相关机构甚至指出，21 世纪应当是环境恢复与再生世纪。①

沿海滩涂生态环境的复原，是上述生态与环境复原的一个具体化。其复原包括三个方面：一是滩涂面积的保持。滩涂面积的保持既可以是当地滩涂形态的复原，也可以是滩涂的异地购买，其根本原则就是保持滩涂的总面积保持不减少。二是滩涂生态的复原，具体而言就是滩涂生态系统的自我循环与修复能力不被破坏，生物多样性得到维持。汉斯·尤纳斯（Hans Jonas）在他的重要著作《责任律令》中将生命纳入责任的范畴，提出了生命存在的责任律令概念："要如此行为以保证你的行为后果不摧毁未来生命的可能性。"② 尤纳斯提出责任律令，是因为他意识到生命保护在生态环境保护中的重要性，一个没有生物多样性的生态环境是不完善的生态环境。三是滩涂污染的清除，即对遭受污染的滩涂进行环境整治。沿海滩涂生态环境的复原，是政府环境民事责任的重要组成内容。

2. 沿海滩涂生态环境恶化的生态利益补偿

政府的生态利益补偿是沿海滩涂生态补偿法律制度的组成部分，也是保障沿海滩涂生态补偿制度能否成功实施的关键。沿海滩涂的开发过程中发生的生态环境恶化，政府有责任对此进行生态利益补偿。政府对沿海滩涂生态环境的补偿责任体现在两个方面：

（1）由于政府规划等方面的政府行为而导致滩涂形态改变，使依靠沿海滩涂捕捞、养殖生存的沿海渔民失去一定的经济收入，政府需

---

① 钭晓东：《论环境法律责任机制的重整》，《法学评论》2012 年第 1 期。

② Hans Jonas. *The Imperative of Responsibility*：*In Search of an Ethics for the Technological Age*，The University of Chicago Press，1984：p. 81.

要对这些渔民进行一定的利益补偿。第一方面的利益补偿在沿海滩涂生态补偿的初级阶段可能会占据主要部分，但是随着经济发展和转轨，拥有渔民身份的沿海民众数量会不断减少，从而使这一方面的补偿比重不断降低。

（2）由于沿海滩涂具有调节气候、保有生物多样性的属相，政府改变沿海滩涂的性质（例如将之改为耕地、城市建设用地），将使沿海滩涂的生态功能降低，从而不仅影响到沿海滩涂周围的沿海居民，还影响到一个地区、一个国家甚至全人类，因此，政府需要对改变滩涂形态的行为进行补偿。其补偿的受益对象，既可以是其他保有沿海滩涂面积的地方政府和民众，也可以是设立的沿海滩涂生态环境保护基金。其设立的保护基金作为一个资金账户，吸收政府保护沿海滩涂生态环境不利的资金，从而作为改善全国生态环境的一个资金来源。随着沿海滩涂面积的不断缩小，滩涂价值的不断凸显，第二方面的生态利益补偿比重将不断增加。

（二）沿海滩涂保护的政府环境行政法律责任

很多研究者已经对环境行政法律责任的概念进行了阐释。但是早期的研究者对环境行政法律责任的认定，更多的是从政府管控社会的角度，而非规范政府的角度来界定环境行政法律责任。例如马骧聪将之界定为"仅限行政处罚，是指由特定的国家行政机关对犯有一般环境违法行为、尚不够刑事处分的单位和个人追究的法律责任"。① 进入 21 世纪后，研究者的思路开始摆脱这种忽视政府责任的窠臼。例如 2007 年刘志坚将环境行政法律责任界定为"国家环境行政主体及

---

① 马骧聪：《环境保护法基本问题》，中国社会科学出版社 1983 年版，第 86 页。这种研究的思路一直影响到 20 世纪末。例如解振华则将之界定为"指环境行政法律关系的主体违反环境行政法律规范或不履行环境行政法律义务所应承担的否定性的法律后果。它以当事人违法或不履行环境行政法律义务、主观上存在故意或过失为前提"。解振华《中国环境执法全书》，红旗出版社 1997 年版，第 189 页。韩德培将之界定为"违反了环保法，实施破坏或者污染环境的单位或个人所应承担的行政方面的法律责任"。韩德培主编《环境保护法教程》（第三版），法律出版社 1998 年版，第 288 页。金瑞林则将之界定为"指违反环境法和国家行政法规所规定的行政义务或法律禁止事项而应承担的法律责任"。金瑞林《环境法学》，北京大学出版社 1999 年版，第 206 页。

其工作人员，以及作为环境行政相对人的公民、法人或者其他组织违反环境行政法律规范应予承担的不利法律后果"。① 刘志坚已经将政府纳入环境行政法律责任的考量之中。

笔者认为这种界定环境行政法律责任思路的转变非常值得肯定。在生态环境不断恶化的今天，对于掌控大量社会资源和权力的政府而言，同样需要承担起保护生态环境的责任。常纪文也认为，环境行政法律责任适人范围的拓展主要表现为地方行政首长正在成为环境行政法律责任制度规制的对象。② 本书所提出的"政府环境行政法律责任"概念正是对这种思路转变的一种回应。沿海滩涂保护的政府环境行政法律责任，是指负有保护沿海滩涂生态环境的环境行政主体及其工作人员，因其工作失职或违法环境法规而应该承担的不利行政法律责任。

与一般的行政法律责任不同，沿海滩涂保护的政府环境行政法律责任具有一些独特的特性。一般而言，行政法律责任的承担需要具备四个要件：行为人的主观过错；行为的行为具有违法性；行为造成严重后果；违法行为与后果之间存在因果联系。但是沿海滩涂保护的政府环境行政责任承担不需要如此严格的要件限制。概括而言，其政府环境行政法律责任具有以下要件：

（1）政府实施（或不实施）了某种涉及沿海滩涂生态环境保护的行政行为。这一要件的构成既可以是积极行为，也可以是消极行为。所谓积极行为，是指政府实施了有关沿海滩涂开发的行政许可或批准等。所谓消极行为，是指负有监控或保护沿海滩涂生态环境保护的政府放任破坏沿海滩涂生态环境的行为发生而不采取行动。例如，负有保护沿海滩涂的沿海地方政府放任围垦滩涂或进行滩涂采砂的行为发生而坐视不理。

（2）政府实施（或不实施）的行政行为造成了沿海滩涂生态环境环境的恶化。换言之，其行政行为造成了沿海滩涂环境不利的法律

---

① 刘志坚：《环境保护基本法中环境行政法律责任实现机制的构建》，《兰州大学学报》（社会科学版）2007 年第 6 期。

② 常纪文：《中国环境行政责任制度的创新、完善及其理论阐释》，《现代法学》2002 年第 6 期。

后果。需要特别指出的是，滩涂污染是最为明显的法律后果，但却并非最为严重的法律后果。由于滩涂围垦而造成的大规模生物物种灭绝，尽管隐性但有可能是更为严重的法律后果。

（3）政府实施（或不实施）的行政行为与沿海滩涂生态环境的恶化之间存在因果联系。一般的行政法律责任需要严格的因果联系证明，而沿海滩涂保护的政府行政环境法律责任的因果联系却不需要如此严格的证明。环境行为与环境后果之间因果关系证明的困难早以为环境法学界所认同。由于环境侵权案件具有长期性、潜伏性、复杂性、广泛性和科技性等特征，决定了环境行为与环境后果因果关系判断的极端困难性。① 正是由于这种因果联系证明的困难，很多有关于此的因果联系学说随之诞生。② 尽管不同的学说对这种因果联系的证明给出了不同的学理阐述，但是都认同环境行为与环境后果之间的因果联系证明不必遵循传统法律如此严格的证明规则。笔者认同这种观点，而且认为在沿海滩涂生态环境保护中，这种证明应该更为宽松。这是因为政府如果对沿海滩涂生态环境保护负有最终责任的话，那么，政府就有义务对辖区内的生态环境恶化的所有后果负有责任，而不管是实施行为，抑或是不作为行为。只有战争、严重自然灾害等不可抗力所造成的生态环境恶化，政

---

① 邹雄：《论环境侵权的因果关系》，《中国法学》2004 年第 5 期。

② 这些学说包括：（1）优势证据说。是指在环境诉讼中，在考虑民事救济的时候，不必要求以严格的科学方法来证明因果关系，只要考虑举证人所举的证据达到了比他方所举的证据更优。叶明《试论环境侵权因果关系的认定》，《广西政法管理干部学院学报》2001 年第 4 期。（2）比例规则说。就是根据侵权行为人对受害人造成损失的原因力的大小，来认定其承担赔偿责任的比例。曹明德《环境侵权法》，法律出版社 2000 年版，第 178—179 页。（3）疫学因果说。是指就疫学上可能考虑的若干因素，利用统计的方法，调查各因素与疾病之间的关系，选择相关性较大的因素，对其做综合性的研究，以判断其与结果之间有无联系。常纪文《环境法律责任原理研究》，湖南人民出版社 2001 年版，第 220 页。（4）间接反证说。又称举证责任倒置，即如果受害人能证明因果关系锁链中的一部分事实，就推定他事实存在，而由加害人承担证明其不存在的责任。张新宝《中国侵权行为法》，中国社会科学出版社 1995 年版，第 350 页。（5）盖然性说。只要求原告在相当程度上举证，不要求全部技术过程的举证。所谓相当程度的举证，即盖然性举证，在侵权行为与损害之间，只要证明"如无该行为，就不致发生此结果"的某种程度的盖然性，即可推定因果关系的存在。邹雄《对民事诉讼举证责任若干问题的思考》，《西南政法大学学报》2004 第 2 期。

府才可以免于责任。当然，政府承担最终责任，但是这并不妨碍政府有权力对造成沿海滩涂生态环境恶化的个人或组织追究责任。

上述阐述的理由同样可以解释为何沿海滩涂保护的政府环境行政法律责任不必有"行政行为具有违法性"的要件。在一般行政法律责任确认中，"行政行为具有违法性"是其成立的必要条件，即没有这一要件一定不会发生行政责任；而在沿海滩涂保护的政府环境行政法律责任中，"行政行为具有违法性"是其成立的充分条件，而非必要条件，即行政行为具有违法性，一定会发生行政责任，而行政行为没有违法性，也可能会发生行政责任。即使政府合法履行了程序，但是造成沿海滩涂生态环境恶化，也应该承担责任。实际上，我国的现有法律对这方面已经有所规定。例如《行政许可法》第8条第2款规定："行政许可所依据的法律、法规、规章修改或者废止，或者准予行政许可所依据的客观情况发生重大变化的，为了公共利益的需要，行政机关可以依法变更或者撤回已经生效的行政许可。由此给公民、法人或者其他组织造成财产损失的，行政机关应当依法给予补偿。"行政机关要给予补偿的规定，意味着政府即使合法履行了程序但是造成不利后果的，也依然要承担责任。实际上，不管是在实际司法还是学术界，都普遍认为环境侵权应该采取无过错责任原则。[①] 沿海滩涂保护的政府行政环境法律责任同样适用无过错责任原则。

（三）政府的环境刑事法律责任

环境刑事责任是指自然人或法人违反环境保护法规，故意或过失地不合理开发利用自然资源，破坏环境和生态平衡，或者无过失地超标排放各种废弃物，造成严重损害或损害危险的以及抗拒环保行政监督，情节严重的行为，已经构成了犯罪应受到的刑事制裁。[②] 而沿海滩涂保护

---

① 很多环境法学者都对环境侵权适用无过错责任原则进行过非常详细和充分的论证。具体看参见：徐祥民、吕霞《环境责任"原罪"说——关于环境无过错归责原则合理性的再思考》，《法学论坛》2004年第6期；曹明德《环境侵权法》，法律出版社2000年版，第156页；吕忠梅《超越与保守——可持续发展视野下的环境法创新》，法律出版社2003年版，第403页。

② 雷鑫：《论环境犯罪刑事责任实现方式的多元化——以李华荣、刘士密等人盗伐防护林案为例》，《法学杂志》2011年第3期。

的政府环境刑事法律责任则是指负有保护沿海滩涂生态环境的政府及其工作人员，由于违法行为而造成严重生态环境恶化，触犯刑法而应该承担的法律责任。刑事法律责任作为最为严厉的法律制裁手段，在沿海滩涂生态环境保护中，也是一项不可或缺的政府责任。当然，相对于政府环境行政法律责任，它需要更为严格的要件约束。沿海滩涂保护的政府环境刑事法律责任需要具备四个要件：一是政府工作人员具有主观过错。二是行政行为具有违法性。没有违法性的行政行为可能造成民事责任、行政责任，而不会造成刑事责任。三是行政行为造成严重的沿海滩涂生态环境恶化。这种严重性体现在显性上、持续性上、影响深远上。四是行政违法行为与严重的法律后果之间存在因果关系。这种因果关系的证明尽管不必像其他刑事案件的证明那样严格，但是相对于政府环境行政法律责任中的因果关系而言，则需要较为严格的证明。

三　沿海滩涂保护的政府环境道德责任

道德责任包含着两方面的意义：一是指在一定道德意识支配下，人们对社会、集体和他人所自觉承担的责任；二是指人们对自己行为的过失及其不良后果在道义上所应当负的责任。前者通常称为应尽的道德责任；后者称为应负的道德责任。[①] 拥有道德责任是人类区别于其他动物的一个显著特征。康德早就说过："责任的戒律越是崇高，内在尊严越是昭著，主观原则的作用也就越少。尽管我们起劲地反对它，但责任戒律的约束性并不因之减弱，也丝毫影响不了它的效能。作为社会的人，都负有这样那样的道德责任。"[②]

政府作为人类社会的核心组织，政府的道德责任同样是其不可或缺的构成。有的论者认为，与政治责任和行政责任等相比，政府道德责任居于更为核心的地位。[③] 政府道德责任同样可以分为应尽的道德责任和应负的道德责任，或者按照特里·L.库珀的区分，可以分为

---

① 包连宗：《略论道德责任》，《江苏社会科学》1992 年第 1 期。

② ［德］康德：《道德形而上学原理》，苗力田译，上海人民出版社 1986 年版，第 425 页。

③ 昂永生：《论我国行政道德责任的重构》，《中国行政管理》2002 年第 3 期。

主观责任和客观责任。前者植根于我们自己对忠诚、良知、认同的信仰，后者源于法律、组织机构、社会对政府及其行政人员的角色期待。① 客观责任是一种应负的责任，而主观责任则是一种应尽的责任。政府的环境道德责任是政府在生态环境保护方面负有的应尽道德责任和应负道德责任。相对于一般的政府道德责任而言，政府的环境道德责任更为重要和复杂。之所以说其更为重要，是因为政府的环境道德责任是政府的环境政治责任和环境法律责任的基础。政府的环境道德责任确立了环境政治责任和环境法律责任的价值基础。唯有在确立价值观的基础上，人们才可以对政府进行政治责任和法律责任的追究。关于价值观确立的这种基础性作用，张国庆曾经做出过论述。张国庆将价值观的确立看成是元政策，即政策的政策。没有进行价值确立，是无法进行政策制定的。② 而政府的环境道德责任，同样在生态环境保护领域起着基础性的作用。之所以说政府的道德责任更为复杂，是因为一般的道德责任只涉及人与人的关系、人与社会（群体）的关系，而根本没有涉及人与自然界之间的道德关系，没有涉及人对自然负有的道德责任。③ 而生态伦理学的研究，已经将环境道德责任扩展到人与自然之间的道德关系，尽管这种关系是否存在还在争议中。政

---

① 特里·L. 库珀：《行政伦理学：实现行政责任的途径》，张秀琴译，中国人民大学出版社 2001 年版，第 62—74 页。

② 张国庆：《公共政策分析》，北京大学出版社 1997 年版。

③ 有关环境道德责任的研究是生态伦理学的一个重点。西方关于生态伦理的理论派别林立，有以黑迪为代表的"现代人类中心主义"、以帕斯莫尔和麦克斯基为代表的"开明人类中心主义"、以诺顿为代表的"弱势人类中心主义"、以辛格为代表的"动物解放主义"、以施韦兹为代表的"敬畏生命的伦理学"、以泰勒为代表的"尊重自然界的伦理学"以及以莱奥波尔德为代表的"大地伦理学"等。尽管在生态伦理上存在如此众多的派系，但是它们大体可以分为两派：一派是以人类为核心的"人类中心主义"，认为只有人类才是自然界唯一具有内在价值的存在物，离开了人类，自然界就无价值可言；另一派则是将道德关怀扩展到动物、植物以及山川河流等各种自然存在物上的"自然中心主义"，它们认为人以外的自然存在物和人一样，也有其自身存在的内在价值和权利。自然中心主义认为人与自然之间也存在伦理道德关系。参见：王宏维《论人类对自然的道德责任》，《现代哲学》1997 年第 1 期；赵勇《西方人与自然伦理关系思想评述》，《西北农林科技大学学报》2005 年第 6 期；傅华《生态伦理学探究》，华夏出版社 2002 年版，第 7—25 页。

府的环境道德责任也不可能简单地将道德责任局限于人与人之间的关系中。

　　基于上述政府环境道德责任的阐述，沿海滩涂保护的政府环境道德责任应该包含下述两个方面的内容。

　　1. 政府有责任确立沿海滩涂生态环境保护为根本的价值取向

　　如上所述，沿海滩涂价值认知错位，是造成沿海滩涂法律制度保护其生态环境不利的重要原因之一。因此，理顺沿海滩涂的价值认知是其法律制度构建的内容之一。实际上，人类的价值认知（或者称之为价值观）存在多元化，例如美国学者斯布兰格将人类价值观分为六大类：审美价值观，它以外形协调和匀称为中心；理性价值观，它以知识和真理为中心；政治性价值观，它以权力为中心；经济性价值观，它以有效和实惠为中心；社会性价值观，它以群体和他人为中心；宗教性价值观，它以信仰为中心。① 这几类价值观之间可能还存在排斥之处。在沿海滩涂的价值取向中，经济性价值观和审美价值观是主导性价值取向。经济性价值观更倾向于将沿海滩涂看成一种资源，因此，开发沿海滩涂是经济性价值观的行为选择。在目前的状况下，经济性价值观占据主流。审美价值观则立足于将沿海滩涂改造成适合人类居住和符合人类审美情趣的区域，因此，按照适合人类宜居的标准对沿海滩涂进行改造，是审美价值观的行为选择。

　　但是经济性价值观和审美价值观在沿海滩涂生态环境保护中可能造成不可逆转的严重后果。如上所述，沿海滩涂具有两个非常重要的生态功能：一是因其具有海洋与湿地双重特性而具有很好的气候调控功能；二是沿海滩涂是海陆生物最为密集的区域之一，其保有的生物多样性对整个世界的生态系统都具有举足轻重的作用。而且生物多样性对于保证人类的粮食生产和医药生产也具有至关重要的作用。但是，经济性价值观和审美价值观的价值取向，有可能造成沿海滩涂这两大生态功能的丧失。在经济性价值取向下，大规模开发滩涂，将滩

---

　　① Don Hellriegel, John W. Slocum, *Organizational Behaviour*, West Publishing Co, 1979, pp. 83 – 89.

涂作为后备土地是最为典型的做法。被改造成耕地和城市建设用地的沿海滩涂，已经丧失了调节气候和保有生物多样性的特性。同样，在审美价值取向下，对沿海滩涂的人为改造也不可避免地会降低或者丧失沿海滩涂的生态功能。

因此，在沿海滩涂生态环境保护价值取向缺失的状态下，政府确立这一价值取向就显得尤为重要。在沿海滩涂生态环境的保护，其成本—收益难以通过市场机制有效匹配。沿海滩涂生态环境保护需要付出巨大的成本，[①] 而生态环境保护的收益却并不为付出巨大成本的地区或组织独享，没有付出任何成本的其他区域以及未来人都会从中获益。换言之，沿海滩涂生态环境保护具有巨大的经济外部性，但是市场机制却难以将这种经济外部性内化。难以做到经济外部性内化就会造成供给不足，因此，社会自身缺乏对沿海滩涂生态环境保护的动力和机制也就不足为奇。正是这种状况，使政府需要确立沿海滩涂生态环境保护为根本的价值取向，唯有如此，才能与社会自发形成的经济性价值取向和审美价值取向相抗衡，从而实现人类的长远利益和整体利益。

2. 政府应该为自己没有尽到沿海滩涂生态环境保护的职责而承担道义上的责任

承担责任后果是道德责任的构成部分。尽责和问责是道德责任实现的两种方式。尽责是主体的道德自觉，是主动担负道德责任，问责是对主体行为后果尤其是不良后果的责任追究，是一种被动性的责任实现。[②] 因此，政府在沿海滩涂生态环境保护中承担的道义责任可以从两个方面实现：

一是政府需要勇敢面对沿海滩涂生态环境保护不利的局面，在面

---

① 这种成本不仅仅是资金上的，还包括机会成本。尤其是在沿海发达地区，放任沿海滩涂"荒废"而不开发，需要付出巨大的经济代价。正是由于机会成本的存在，因而本文提出需要对未开发沿海滩涂的区域进行生态利益补偿，以弥补其保有沿海滩涂而付出的机会成本。

② 章建敏：《道德责任的界定及其实现条件》，《当代世界与社会主义》2010年第2期。

对其生态环境恶化的状态时，承认自己在监管方面的失职，而非狡辩与推脱。造成沿海滩涂生态环境恶化的主体可能不是政府，而是企业或个人，但是政府负有保护沿海滩涂生态环境的职责，尤其当政府拥有更多的权力和资源来实现自己职责的时候。因此，民众有理由让政府来承担沿海滩涂生态环境恶化的道义责任。造成沿海滩涂生态环境监管不力的机构可能也并非一个，我国沿海滩涂分散的管理体制使得沿海滩涂生态环境保护的职能分散在多个管理机构，因此，当民众指责其中的一个管理机构监管不力时，管理机构也不应该一味地推诿与扯皮，而应该认识到自己作为政府的组成部分，有责任去承担这种指责。

二是社会（包括权力机关）可以对政府保护沿海滩涂生态环境不利进行谴责，甚至对主要官员进行弹劾。环境道德责任的进一步追究，就会上升为环境政治责任和环境法律责任。或者说，政府环境道德责任是其环境政治责任和环境法律责任的基础。环境道德责任的追究还是非常重要的，因为人们皆因自身的角色身份同时负有特定的道德责任和法律责任，而这两种责任也并非在任何时候都具有绝对的一致性。尤其是在当前中国转型阶段，法律制度和规范尚有较多的空白。① 因此，在政府环境法律责任还没有完善的时候，建立社会对政府环境道德责任的追究机制也就尤为重要。当然，这种环境道德责任的追究，需要建立在确定沿海滩涂生态环境恶化的程度上，没有特定行为结果的责任追究就失去了现实基础，这也是汉斯·约纳斯为何将因果力量，即影响世界的行为作为道德责任条件的首要因素。② 从这个意义上而言，深入细化沿海滩涂生态环境的衡量指标体系是进行政府环境责任追究的前提。

---

① 鲁新安:《价值冲突下的道德责任能力建设》,《学术研究》2007 年第 8 期。

② Hans Jonas, *The Imperative of Responsibility*, Chicago & London: The University of Chicago Press, 1984, p. 90.

参考文献

中文著作：

马骧聪：《环境保护法基本问题》，中国社会科学出版社 1983 年版。

周珂：《环境法》（第五版），中国人民大学出版社 2016 年版。

周训芳：《环境法学》，中国林业出版社 2000 年版。

吕忠梅：《环境资源法学》，中国法制出版社 2001 年版。

徐祥民：《环境与资源保护法学》，科学出版社 2008 年版。

徐祥民、李冰强：《渤海管理法的体制问题研究》，科学出版社 2011 年版。

鹿守本：《海岸带综合管理——体制与运行机制研究》，海洋出版社 2001 年版。

夏东兴：《海岸带地貌环境及其演化》，海洋出版社 2009 年版。

孟尔君：《江苏沿海滩涂资源及其发展战略研究》，东南大学出版社 2010 年版。

刘容子、吴珊珊：《环渤海地区海洋资源对经济发展的承载力研究》，科学出版社 2009 年版。

李展平、张蕾：《城郊绿化与造景艺术》，中国林业出版社 2008 年版。

方如康：《环境学词典》，科学出版社 2003 年版。

严恺：《海岸工程》，海洋出版社 2002 年版。

胡序威：《中国海岸带社会经济》，海洋出版社 1992 年版。

薛鸿超：《海岸及近海工程》，中国环境科学出版社 2003 年版。

孟伟:《海岸带生境退化诊断技术:渤海典型海岸带》,科学出版社 2009 年版。

中国自然资源丛书编撰委员会:《中国自然资源丛书》,中国环境科学出版社 1995 年版。

黄鹄、戴志军等:《广西海岸环境脆弱性研究》,海洋出版社 2005 年版。

罗有声、项福椿:《怎样利用与保护滩涂资源》,海洋出版社 1984 年版。

沈国英、黄凌风等:《海洋生态学》(第三版),科学出版社 2010 年版。

上海市农业区划委员会办公室:《上海滩涂农业开发利用》,上海科学技术出版社 1989 年版。

杨金森、刘容子:《海岸带管理指南——基本概念,分析方法,规划模式》,海洋出版社 1999 年版。

郭怀成、尚金城等:《环境规划学》,高等教育出版社 2001 年版。

程胜高、张聪辰:《环境影响破解与环境规划》,中国环境科学出版社 1999 年版。

李德顺:《价值论》,中国人民大学出版社 1987 年版。

王琪:《海洋管理:从理念到制度》,海洋出版社 2007 年版。

李金昌:《应用抽样技术》,科学出版社 2006 年版。

环境科学大辞典编委会:《环境科学大辞典》,中国环境科学出版社 1991 年版。

孔凡斌:《中国生态补偿机制:理论、实践与政策设计》,中国环境科学出版社 2010 年版。

中国生态补偿机制与政策研究课题组:《中国生态补偿机制与政策研究》,科学出版社 2007 年版。

刘康、李团胜:《生态规划理论、方法与应用》,化学工业出版社 2004 年版。

国家海洋局:《全国海洋主体功能区划规划编制工作方案》,海洋出版社 2006 年版。

朱传耿、马晓冬等：《地域主体功能区划：理论·方法·实证》，科学出版社 2007 年版。

世界银行：《中国：空气、土地和水——新千年的环境优先领域》，中国环境科学出版社 2001 年版。

俞可平：《治理与善治》，社会科学文献出版社 2000 年版。

罗豪才：《软法与公共治理》，北京大学出版社 2006 年版。

王金南：《环境税收政策及其实施战略》，中国环境科学出版社 2006 年版。

邓正来：《布莱克法律辞典》，中国法制出版社 1988 年版。

曹明德：《环境侵权法》，法律出版社 2000 年版。

吕忠梅：《超越与保守——可持续发展视野下的环境法创新》，法律出版社 2003 年版。

译著：

［美］E. 博登海默：《法理学：法律哲学与法律方法》，邓正来译，中国政法大学出版社 2004 年版。

［法］亚历山大：《国际环境法》，张若思译，法律出版社 2000 年版。

［美］理查德·波斯纳：《法律的经济分析》（第 7 版），蒋兆康译，法律出版社 2012 年版。

［美］约翰·R. 克拉克：《海岸带管理手册》，吴克勤等译，海洋出版社 2000 年版。

［澳］罗伯特·凯、杰奎琳·奥德：《海岸带规划与管理》，高健等译，上海财经大学出版社 2010 年版。

休谟：《人性论》，关文运译，商务印书馆 1996 年版。

［美］斯蒂芬·P. 罗宾斯：《管理学》（第四版），黄卫伟、闻洁等译，中国人民大学出版社 1994 年版。

［美］萨缪尔森：《经济学》，高鸿业译，中国发展出版社 1992 年版。

［美］曼瑟尔·奥尔森：《集体行动的逻辑》，陈郁等译，格致出

版社、上海三联书店、上海人民出版社 1995 年版。

　　［美］哈罗德·J. 伯尔曼：《法律与宗教》，梁治平译，中国政法大学出版社 2003 年版。

　　［德］乌尔里希·贝克：《世界风险社会》，吴英姿、孙淑敏译，南京大学出版社 2004 年版。

　　［美］西奥多·H. 波伊斯特：《公共与非营利组织绩效考核：方法与应用》，中国人民大学出版社 2005 年版。

　　［美］奥斯特罗姆：《公共事务的治理之道》，上海译文出版社 2012 年版。

　　［日］植草益：《微观规制经济学》，中国发展出版社 1996 年版。

　　［日］宫田三郎：《环境行政法》，信山社 2011 年版。

　　［英］丹尼斯·罗伊德：《法律的理念》，张茂柏译，新星出版社 2005 年版。

　　［美］汤姆·泰坦伯格：《环境与自然资源经济学》，严旭阳译，经济科学出版社 2003 年版。

　　［美］保罗·R. 伯特尼：《环境保护的公共政策》（第 2 版），穆贤清等译，上海三联书店、上海人民出版社 2004 年版。

　　［德］约阿希姆·拉德卡：《自然与权力：世界环境史》，王国豫等译，河北大学出版社 2004 年版。

　　［日］青木昌彦：《市场的作用　国家的作用》，林家彬等译，中国发展出版社 2002 年版。

　　［德］康德：《道德形而上学原理》，苗力田译，上海人民出版社 1986 年版。

中文论文：

宋国君、李雪立：《论环境规划的一般模式》，《环境保护》2004 年第 3 期。

　　王刚：《沿海滩涂的概念界定》，《中国渔业经济》2013 年第 1 期。

　　王刚、王印红：《中国沿海滩涂的环境管理体制及其改革》，《中国人口·资源与环境》2012 年第 12 期。

王刚：《中国沿海滩涂的环境管理状况及创新》，《中国土地科学》2013 年第 4 期。

王刚：《环境治理新概念引入的价值与限度》，《重庆大学学报》2016 年第 2 期。

王刚：《沿海滩涂"零净损失"法律制度研究》，《中国海洋大学学报》2014 年第 2 期。

王刚：《沿海滩涂功能区划：定位、标准与划分》，《中国海洋大学学报》2015 年第 1 期。

康勤书、周菊珍：《长江口滩涂湿地重金属的分布格局和研究现状》，《海洋环境科学》2003 年第 3 期。

王孟本：《"生态环境"概念的起源与内涵》，《生态学报》2003 年第 9 期。

马太建：《海岸带法初探》，《中国法学》1990 年第 3 期。

彭建、王仰麟：《我国沿海滩涂的研究》，《北京大学学报》（自然科学版）2000 年第 6 期。

彭建、王仰麟等：《中国东部沿海滩涂资源不同空间尺度下的生态开发模式》，《地理科学进展》2003 年第 5 期。

汪龙腾：《围海堵口工程龙口水力条件及堵口程序》，《华东水利学院学报》1979 年第 4 期。

毛昶熙、段祥宝等：《堤护坡块体的稳定性分析》，《水利学报》2000 年第 8 期。

陈德春、吴继伟等：《围海工程堵口合龙技术研》，《河海大学学报》（自然科学版）2002 年第 5 期。

黄世昌、谢亚力等：《对低滩上海堤护面结构的稳定性试验》，《东海海洋》2003 年第 2 期。

陆国庆等：《沿海滩涂资源开发利用研究》，《中国土地》1996 年第 2 期。

李九发、万新宁等：《上海滩涂后备土地资源及其可持续开发途径》，《长江流域资源与环境》2003 年第 1 期。

杨宝国等：《中国的海洋海涂资源》，《自然资源学报》1997 年第
4 期。

陈廷、丁慧：《试论滩涂在法律上的性质》，《辽宁师范大学学
报》（哲学社会科学版）2000 年第 5 期。

叶知年：《海域使用权基本法律问题研究》，《西南政法大学学
报》2004 年第 3 期。

樊静、解直凤：《沿海滩涂上的物权制度研究》，《烟台大学学
报》（哲学社会科学版）2006 年第 1 期。

王益澄、徐永健等：《浙北沿海滩涂可持续利用研究与对策》，
《海洋科学》2005 年第 11 期。

王加连、刘忠权：《盐城滩涂生物多样性保护及其可持续利用》，
《生态学杂志》2005 年第 9 期。

贾文泽、田家怡等：《黄河三角洲浅海滩涂湿地环境污染对鸟类
多样性的影响》，《重庆环境科学》2005 年第 11 期。

周锁铨、边巴次仁：《江苏沿海滩涂开发利用对气候可能影响的
数值研究》，《气象科学》1999 年第 4 期。

张晓龙、李培英等：《中国滨海湿地研究现状与展望》，《海洋科
学进展》2005 年第 1 期。

丁东、李日辉：《中国沿海湿地研究》，《海洋地质与第四纪地
质》2003 年第 1 期。

王建春等：《我国沿海湿地及其保护研究》，《林业资源管理》
2007 年第 5 期。

吕士成、孙明等：《盐城沿海滩涂湿地及其生物多样性保护》，
《农业环境与发展》2007 年第 1 期。

陈吉余、程和琴等：《滩涂湿地利用与保护的协调发展探析——
以上海市为例》，《中国工程科学》2007 年第 6 期。

呇涛、薛雄志等：《海岸带湿地变化及其对生态环境的影响：厦
门海域案例研究》，《海洋环境科学》2006 年第 1 期。

姜宏瑶、温亚利：《我国湿地保护管理体制的主要问题及对策》，
《林业资源管理》2010 年第 3 期。

刘武朝：《环境行政处罚种类界定及其矫正》，《环境保护》2005年第 10 期。

袁贵仁：《价值概念的语义分析》，《社会科学辑刊》1991 年第5 期。

王琪：《关于海洋价值的理性思考》，《中国海洋大学学报》（社会科学版）2004 年第 5 期。

韩志明：《街头官僚的行动逻辑与责任控制》，《公共管理学报》2008 年第 1 期。

刘志坚：《环境保护基本法中环境行政法律责任实现机制的构建》，《兰州大学学报》（社会科学版）2007 年第 6 期。

王相：《美国湿地的法律保护》，《世界环境》2000 年第 3 期。

张蔚文、吴次芳：《美国湿地政策的演变及其启示》，《农业经济问题》2003 年第 11 期。

苏力：《从契约理论到社会契约理论——种国家学说的知识考古学》，《中国社会科学》1996 年第 3 期。

蒋楠等：《不同遥感数据融合方法在南方水稻面积监测中的应用研究》，《西南大学学报》（自然科学版），2012 年第 6 期。

曹明德：《对建立生态补偿法律机制的再思考》，《中国地质大学学报》2010 年第 5 期。

刘国涛：《生态补偿概念和性质》，《山东师范大学学报》2010 年第 5 期。

毛显强等：《生态补偿的理论探讨》，《中国人口·资源与环境》2002 年第 4 期。

成伟：《生态补偿问题研究》，《河南社会科学》2009 年第 6 期。

杜万平：《完善西部区域生态补偿机制的建议》，《中国人口·资源与环境》2001 年第 3 期。

黄寰、周玉林、罗子欣：《论生态补偿的法制保障与创新》，《西南民族大学学报》2011 年第 4 期。

蔡为民：《湿地自然保护区的外部性及生态补偿问题研究——以七里海湿地为例》，《重庆大学学报》2010 年第 6 期。

谢永刚：《湿地自然保护区生态需水供水成本补偿机制探讨——以黑龙江省扎龙湿地为例》，《求是学刊》2006 年第 1 期。

陈洪全、张华兵：《江苏盐城沿海滩涂湿地资源开发中生态补偿问题研究》，《国土与自然资源研究》2011 年第 6 期。

贾欣、王淼：《海洋生态补偿机制的构建》，《中国渔业经济》2010 年第 1 期。

程功舜：《海洋生态补偿的法律内涵及制度构》，《吉首大学学报》2011 年第 4 期。

张立：《美国补偿湿地及湿地补偿银行的机制与现状》，《湿地科学与管理》2008 年第 4 期。

秦艳红：《国内外生态补偿现状及其完善措施》，《自然资源学报》2007 年第 4 期。

张思锋、杨潇：《煤炭开采区生态补偿标准体系的构建与应用》，《中国软科学》2010 年第 8 期。

葛瑞卿：《海洋功能区划的理论和实践》，《海洋通报》2001 年第 4 期。

蔡佳亮、殷贺：《生态功能区划理论研究进展》，《生态学报》2010 年第 11 期。

许开鹏、黄一凡等：《已有区划评析及对环境功能区划的启示》，《环境保护》2010 年第 14 期。

王倩、郭佩芳：《海洋主体功能区划与海洋功能区划关系研究》，《海洋湖沼通报》2009 年第 4 期。

何广顺、王晓惠：《海洋主体功能区划方法研究》，《海洋通报》2010 年第 3 期。

李东旭、赵锐：《近海海洋主体功能区划技术方法研究》，《海洋环境科学》2010 年第 6 期。

徐丛春、赵锐：《近海主体功能区划指标体系研究》，《海洋通报》2011 年第 6 期。

徐丛春：《海洋主体功能区划指标体系研究》，《地域研究与开发》2012 年第 1 期。

许振成：《全国环境功能区划的基本思路初探》，《改革与战略》2011 年第 9 期。

顾海波：《俄罗斯环境管理体制及其改革评析》，《东北亚论坛》2003 年第 4 期。

李国强：《澳大利亚湿地管理与保护体制》，《环境保护》2007 年第 7A 期。

李建章：《国外流域综合管理的实践经验》，《中国水利》2005 年第 10 期。

周珂、楚道文：《生态文明语境下环境资源法学研究的创新与发展》，《法学家》2008 年第 1 期。

徐祥民、尹鸿翔：《渤海特别法的关键设置：渤海综合管理委员会》，《法学论坛》2011 年第 3 期。

徐祥民、张红杰：《关于设立渤海综合管理委员会必要性的认识》，《中国人口·资源与环境》2012 年第 12 期。

徐祥民：《告别传统，厚筑环境义务之堤》，《郑州大学学报》2002 年第 2 期。

徐祥民、吕霞：《环境责任"原罪"说——关于环境无过错归责原则合理性的再思考》，《法学论坛》2004 年第 6 期。

徐祥民、刘卫先：《环境损害：环境法学的逻辑起点》，《现代法学》2010 年第 4 期。

徐祥民，孟庆垒：《政府环境责任简论》，《学习论坛》2007 年第 12 期。

蔡曙山：《认知科学框架下心理学、逻辑学的交叉融合与发展》，《中国社会科学》2009 年第 2 期。

费多益：《认知视野中的情感依赖于理性、推理》，《中国社会科学》2012 年第 8 期。

王曦、邓旸：《从"统一监督管理"到"综合协调"——〈中华人民共和国环境保护法〉第 7 条评析》，《吉林大学社会科学学报》2011 年第 6 期。

高晓露：《大部制背景下中国环境管理体制之反思与重构——以

〈环境保护法〉第 7 条的修改为视角》,《财政监督》2012 年第 17 期。

王清军、Tseming Yang:《中国环境管理大部制变革的回顾与反思》,《武汉理工大学学报》2010 年第 6 期。

李侃如（Kenneth Lieberthal）:《中国的政府管理体制及其对环境政策执行的影响》,李继龙译,《经济社会体制比较》2011 年第 2 期。

周申蓓、张阳:《我国跨界水资源管理协商主体研究》,《江海学刊》2007 年第 4 期。

叶功富:《海岸带退化生态系统的恢复与海岸带综合管理》,《世界林业研究》2006 年第 4 期。

蔡守秋、张百灵:《论我国滨海湿地综合性法律调整机制的构建》,《长江流域资源与环境》2011 年第 5 期。

刘耀辉、龚向和:《环境法调整机制变革中之政府环境义务嬗变》,《法学杂志》2011 年第 5 期。

夏光:《环境保护的经济手段及其政策》,《管理世界》1994 年第 3 期。

张璐:《环境规划的体系和法律效力》,《环境保护》2006 年第 11 期。

吴健、马中:《美国排污权交易政策的演进及其对中国的启示》,《环境保护》2004 年第 8 期。

邢晓军:《排污权交易及其规范》,《中国人口·资源与环境》1998 年第 2 期。

汪传才:《押金初探》,《政治与法律》1999 年第 2 期。

付慧姝、俞丽伟:《中国环境税立法探析》,《南昌大学学报》2010 年第 1 期。

巩固:《环境法律观检讨》,《法学研究》2011 年第 6 期。

孟庆伟等:《天津滨海新区围海造田的生态环境影响分析》,《海洋环境科学》2012 年第 1 期。

罗丽:《环境侵权民事责任概念定位》,《政治与法律》2009 年第 12 期。

赵雪雁、李巍等:《生态补偿研究中的几个关键问题》,《中国人口·资源与环境》2012 年第 2 期。

陆新元、汪冬青等:《关于我国生态环境补偿收费政策的构想》,《环境科学研究》1994 年第 1 期。

毛显强、钟瑜等:《生态补偿的理论探讨》,《中国人口·资源与环境》2002 第 4 期。

曹树青:《生态环境保护利益补偿机制法律研究》,《河北法学》2004 年第 8 期。

英文论著:

Bird ECF. Beach Management. Chichester, UK: Wiley, 1996.

Environment Protection Authority. Beachwatch and Harbourwatch 1997, Season Report. Sydney: EPA, 1997.

Short, A. D. (Ed.), Handbook of Beach and Shore face Morphodynamics. John Wiley, London, 1999.

McLeod, K, Leslie, H. Ecosystem-based management for the oceans. Washington, D. C.: Island Press, 2009.

Jae-Won Yoo, In-Seo Hwang, and Jae-Sang Hong, Inference Models for Tidal Flat Elevation and Sediment Grain Size: A Preliminary Approach on Tidal Flat Macrobenthic Community, Ocean Science Journal, Vol. 42, 2007 (2).

Mauricio Almeida Noernberg, Using airborne laser altimetry to estimate Sabellaria alveolata (Polychaeta Sabellariidae) reefs volume in tidal flat environments, Estuarine, Coastal and Shelf Science, 2010 (10).

Yoko Katayama, Effects of spilled oil on microbial communities in a tidal flat, Marine Pollution Bulletin, 2003 (47).

Marc Schierding. Susanne Vahder. Laura Dau. Ulrich Irmler, Impacts on biodiversity at Baltic Sea beaches, Biodivers Conserv, 2011 (20).

Daniel A. Zacarias, Allan T. Williams, Recreation carrying capacity estimations to support beach management at Praia de Faro, Portugal, Applied Geography, 2011 (31).

Jenifer Dugan Alan Jones, Alan Jones, Mariano Lastra, Felicita Scapini, Threats to sandy beach ecosystems: A review, Estuarine, Coastal and Shelf Science, 2009 (81).

Rodney J. James, From beaches to beach environments: linking the ecology, human-use and management of beaches in Australia, Ocean & Coastal Management, 2000 (43).

Micallef, A. T. Williams, Theoretical strategy considerations for beach management, Ocean & Coastal Management, 2002 (45).

Gesche Krausea, Cidiane Soares, Analysis of beach morphodynamics on the Bragantinian mangrove peninsula (Para, North Brazil) as prerequisite for coastal zone management recommendations, Geomorphology, 2004 (60).

Alberto Lamberti, Barbara Zanuttigh, An integrated approach to beach management in Lido di Dante, Italy, Estuarine, Coastal and Shelf Science, 2005 (62).

Finkl, C. W., Coastal classification: systematic approaches to consider in the development of a comprehensive scheme. Journal of Coastal Research, 2004 (20).

Pilkey, O. H., Wright, H. L., Seawalls versus beaches. In: Krauss, N. C., Pilkey, O. H. (Eds.), The Effects of Seawalls on Beaches. Journal of Coastal Research, Special Issue, 1989. (4).

Hsu, T., Lin, T., Tseng, I.,. Human impact on coastal erosion in Taiwan. Journal of Coastal Research2007, (23).

Hayden, B., Dolan, R., Impact of beach nourishment on distribution of Emerita alpoida, the common mole crab. Journal of the Water ways, Harbors and Coastal Engineering Division ASCE, 1974.

Peterson, C. H., Hickerson, D. H. M., Johnson, G. G., Short-term consequences of nourishment and bulldozing on the dominant large invertebrates of a sandy beach. Journal of Coastal Research, 2000 (16).

Jones, A. R., Murray, A., Lasiak, T., Marsh, R. E., b. The

effects of beach nourishment on the sandy-beach amphipod Exoediceros fossor in Botany Bay, New South Wales, Australia. Marine Ecology, 2007, (28).

Araujo, M. C., Costa, M., An analysis of the riverine contribution to the solid wastes contamination of an isolated beach at the Brazilian Northeast. Management Environmental Quarterly, 2007 (18).

Beentjes, M. P., Carbines, G. D., Willsman, A. P., Effects of beach erosion on abundance and distribution of toheroa (Paphies ventricosa) at Bluecliffs Beach, Southland, New Zealand. New Zealand Journal of Marine and Freshwater Research, 2006, (40).

Piriz, M. L., Eyras, M. C., Rostagno, C. M., Changes in biomass and botanical composition of beach-cast eaweeds in a disturbed coastal area from Argentine Patagonia. Journal of Applied Phycology, 2003 (15).

Spicer, J. I., Janas, U., The beachflea*Platorchestia platensis* (Kroyer, 1845): a new addition to the Polish fauna (with a key to Baltic talitrid amphipods). Oceanologia, 2006 (48).

Rahmstorf, S., Cazenave, A., Church, J. A., Hansen, J. E., Keeling, R. F., Parker, D. E., Somerville, R. C. J., Recent climate observations compared to projections. Science, 2007 (316).

National Wetlands Policy Forum, Protecting America's Wetlands: An Action Agenda, The Final Report of the National Wetlands Policy Forum. The Conservation Foundation, Washington, D C., 1988.

Todd Bendor, A dynamic analysis of the wetland mitigation process and its effects on no net loss policy, Landscape and Urban Planning, 2009 (89).

Dennis F. Whigham, Ecological issues related to wetland preservation, restoration, creation and assessment,. The Science of the Total Environment, 1999 (240).

William L Want. Law of Wetlands Regulation [DB/OL]. See west law: Environmental Law Series, Clark Boardman Callaghan.

Dennis F. Whigham, Ecological issues related to wetland preservation, restoration, creation and assessment, The Science of the Total Environment 1999 (240).

Kimura K. The function of water r purification in constructed tidal flat. Jpn. Bottom Sediment Management Assoc. 1994 (60).

Jeoung Gyu Lee, etc, Factors to determine the functions and structures in natural and constructed tidal flats, Wat. Res. Vol. 32, 1998 (9).

Costanza, R., et al. The value of the world s ecosystem services and natural capital, Nature, 1997 (387).

Larson J S. Rapid assessment of wetlands. history and application to management, Old Wodd and NewElsevier, 1994.

Wu J, Boggess W G. the optional allocation of conservation fund, Journal of Environmental Economics and Management, 1999.

Johst K, Drechsler M, Watzold F. An ecological—economic modeling procedure to design compensation payments for the efficient spatiotemporal allocation of species protection measures, Ecological Economics, 2002, (41).

Herzog F, Dreier S. Hofer G., et al. Effect of ecological compensation areas on floristic and breeding birddiversity in Swiss agricultural landscape, Agriculture, Ecosystems and Environment, 2005, (108).

Groot R, Wilson M A, Boumans R, et al. A typology for the classification description and valuation of ecosystem functions, goods and service. Ecological Economics, 2002, 41 (3).

Loomis J B, Walsh R G. Recreation Economic Decisions: Comparing Benefits and Costs. 2nd ed. Pennsylvania: Venture Publishing Inc., 1997.

Mitchell D C, Carson R T. Using Surveys to Value Public Goods: The Contingent Valuation Method. Washington DC: Resources for the Future, 1989.

Merriam C H. Life zones and crop zones of the United Stated. Bulletin Division Biological Survey 10. Washington DC: US Department of Agriculture，1898.

Herbertson A J. The major natural regions：an essay in systematic geography. Geographical Journal，1905，(25).

Wichware G M，Rubec C D. Ecoregions of Ontario. Ecological Land Classification Series，No. 26. Sustainable Development Branch，EnvironmentCanada，Ottawa，Ontario，1989.

Geoff Wescott. The theory and practice of coastal area planning：linking strategic planning to local communities. Coastal Management，2004，(32).

Paul M，Gilliland A，Dan Laffoley. Key elements and steps in the process of developing ecosystem-based marine spatial planning. Marine Policy，2008，(32).

Larry Crowder，Elliott Norse. Essential ecological insights for marine ecosystem-based management and marine spatial planning. Marine Policy，2008 (32).

Kenneth Lieberthal，Governing China：From Revolution Through Reform，New York：W. W. Norton，1995.

David M. Lampton，Policy arenas and the study of chinese politics Studies In Comparative Communism，Volume 7，Issue 4，Winter 1974.

Integrating Environment and Development：Overall progress Achieved since the United Nation Conference on Environment. Prepared by the UN Department for Policy Coordination and Sustainable Development，adopted by the UN Commission on Sustainable Development at Fifth Session，7 - 25，April 1997，New York.

Raul P. Lejano，Rei Hirose，Testing the assumptions behind emissions trading in non-market goods：the RECLAIM program in Southern California，Environmental Science & Policy，2005 (8).

Bohm，Peter. Deposit-Refund Systems：Theory and Applications tp Environmental，Conservation，and Consumer Policy. Baltimore，MD：Johns Hpkins University Press for Resources for the Future，1981.

后　记

　　2005 年，我从东北大学毕业，入职中国海洋大学执教，开始涉猎海洋相关话题。在十余年的懵懂学术之路上，我的研究涉及了"海洋行政管理""海洋执法""海洋软实力"等相关领域。在我所供职的法政学院确立"海洋"与"环境"的研究主旨后，我本人也开始逐渐将研究方向集中在"海洋环境管理"方面，而"沿海滩涂"的研究，是我在海洋环境管理研究方面一个更为明确和集中的体现。

　　有关"沿海滩涂"的研究，始于自己 2009 年攻读环境与资源保护法博士学位期间，我的毕业学位论文所确立的研究主题就是"沿海滩涂保护法律问题研究"。这一研究激发了我的研究兴趣，尤其是在后续的研究中，获得了多个研究机构的基金资助：山东省软科学基金的"生态文明视域下的山东省沿海滩涂可持续利用研究"项目，中国海洋发展中心基金的"我国沿海滩涂可持续利用法律问题研究"项目，中央高校基本科研基金的"我国沿海滩涂保护法律制度研究"等，这些资助基金深化了自己在此方面的研究思路，从而使我在博士学位论文的基础上，贡献了更多的相关研究成果。

　　2014 年，在前期研究成果的基础上，我有幸获得了教育部人文社会科学研究规划基金的立项与资助："生态文明建设中的沿海滩涂使用与补偿制度研究"（批准号：14YJA810008）。教育部人文社会科学研究规划基金的立项，使我有机会和条件在山东东营、潍坊、胶州湾，以及苏北盐城等区域进行了较大规模的走访和调研，从而获得了更多有关沿海滩涂的一手资料，推进了自己在此领域的研究。本书的出版，是教育部人文社会科学研究规划基金"生态文明建设中的沿海滩涂使用与补偿制度研究"的项目结项论著，也是自己七年来在沿海滩涂研究方面的一个总结。

　　书中的部分内容已经见诸学界，在《中国人口·资源与环境》《中国土地科学》《重庆大学学报》《福建师范大学学报》《中国海洋大学学报》等学术期刊发表；部分内容在国内学术会议上也进行了宣读，与国内同仁进行了交流。尽管经过了长达 7 年的积累和大量的学术沟通交流，但是在沿海滩涂的相关研究上，我依然感觉到很多遗憾和不足之处。书中的内容不乏纰漏谬误，一些数据和资料没有反映最新的变化，观点也多值得商榷推敲。希望本书的出版，学界同仁不吝赐教，多加指正，从而匡正我研究的不当之处，推进我国学界在此方面的研究！

王刚

2017 年写于青岛中国海洋大学崂山校区五子顶侧